装备制造大类新形态教材

机电设备装调与维修实训教程

主　编　罗国虎
副主编　何海斌　朱祚祥　邓华军　谢　盛

哈爾濱工業大學出版社

内容简介

本书是由校企合作共同开发的新形态教材，紧跟时代特色，融入课程思政及“1＋X”证书内容，配套江西省职业教育装备制造类精品在线开放课程资源，支持移动学习，可用于线上线下混合教学。本书从实际应用出发，以亚龙 YL－569 型 0i－MF 数控机床装调实训平台为对象，以项目化教学组织实训内容。全书分为 7 个项目，项目 1 介绍机床传动系统装调与维修，项目 2 介绍数控机床安装与精度调整，项目 3 介绍数控系统接口与硬件连接，项目 4 介绍数控机床电气连接与调试，项目 5 介绍机床数控系统设置及应用，项目 6 介绍数控机床 PMC 的编写与调试，项目 7 介绍数控加工中心自动上下料功能开发与调试；每个项目包含若干个实训任务，以实训内容为中心，从实训目标、实训指导、实训步骤等环节展开，充分体现高职实训课程特色。

本书适合作为职业院校机电一体化技术、机械制造及自动化、智能制造装备技术、机电设备技术等专业学生的机电设备装调实训教材及参考书。

图书在版编目(CIP)数据

机电设备装调与维修实训教程/罗国虎主编.—哈尔滨：哈尔滨工业大学出版社，2024.4
ISBN 978－7－5767－1316－9

Ⅰ.①机… Ⅱ.①罗… Ⅲ.①机电设备－设备安装－教材②机电设备－调试方法－教材③机电设备－维修－教材 Ⅳ.①TH17②TM

中国国家版本馆 CIP 数据核字(2024)第 068730 号

策划编辑　王桂芝
责任编辑　杨　硕
出版发行　哈尔滨工业大学出版社
社　　址　哈尔滨市南岗区复华四道街 10 号　邮编 150006
传　　真　0451－86414749
网　　址　http://hitpress.hit.edu.cn
印　　刷　黑龙江艺德印刷有限责任公司
开　　本　787 mm×1 092 mm　1/16　印张 19.25　字数 456 千字
版　　次　2024 年 4 月第 1 版　2024 年 4 月第 1 次印刷
书　　号　ISBN 978－7－5767－1316－9
定　　价　59.80 元

前　　言

本书是装备制造大类新形态教材。职业教育是我国教育体系中的重要组成部分，肩负着“为党育人、为国育才”的神圣使命。本书以习近平新时代中国特色社会主义思想为指导，深入贯彻落实党的二十大精神，彰显职业教育特色，坚持以“守正创新、质量为先、理实结合、突出技能”为编写原则。认真执行思政内容进教材、进课堂、进头脑的要求，将培养学生职业岗位能力和职业素养有机结合起来，将安全操作规范、团队合作、精益求精、工匠精神等理念贯穿其中，引导学生树立团队协作、爱岗敬业的工作作风，培养学生敬业、精益、专注、创新的工匠精神。

本书以亚龙 YL－569 型 0i－MF 数控机床装调实训平台为对象，分 7 个项目，介绍了机床传动系统装调与维修、数控机床安装与精度调整、数控系统接口与硬件连接、数控机床电气连接与调试、机床数控系统设置及应用、数控机床 PMC 的编写与调试、数控加工中心自动上下料功能开发与调试。各项目以工作任务展开实训过程，强调学生主动参与、教师指导引领，实现教、学、做一体化教学模式。学生通过本书的学习可以较为系统地掌握以数控机床为典型代表的机电设备的机械精度检测与调整、电气装调、数控系统参数设置、数控机床 PMC 程序编写与调试、机床与机器人集成应用等知识，逐步形成机电设备装调与维修的基本思路，培养查找问题、解决问题的能力。

本书由江西应用技术职业学院罗国虎担任主编，由江西应用技术职业学院何海斌和朱祚祥、赣州职业技术学院邓华军和江西冠英智能科技股份有限公司谢盛担任副主编。其中，罗国虎负责编写项目 2 和项目 3，朱祚祥负责编写项目 1，邓华军负责编写项目 4，何海斌负责编写项目 5 和项目 6，谢盛负责编写项目 7。

编写本书时，编者查阅和参考了一些参考文献资料，从中得到较多启发，在此向参考文献的作者致以诚挚的谢意。编者所在单位有关领导和同事也对编者给予了大力的支持和帮助，在此一并表示衷心的感谢。

限于编者水平，书中难免存在疏漏和不足之处，恳请读者提出宝贵意见，以便今后修订完善。

编　者

2024 年 1 月

目　录

项目1　机床传动系统装调与维修

项目引入

数控机床作为工业“母机”，技术工艺水平对制造业产业化水平的提升起着重要作用。我国数控机床产业起步晚，但发展迅速，近年来产业发展得到政策的大力支持。政策内容包括支持发展产业集群、促进制造业转型升级指南、数控机床设备规范、数控机床再制造、数控机床设备上云标准、国产化率的提升等。

数控机床的机械系统通常包括：数控机床的主传动系统、数控机床的进给传动系统、数控机床的支承部件、数控机床的工作台、数控机床的自动换刀系统、数控机床的排屑装置等。

项目目标

(1) 熟悉数控机床的主传动系统常用传动方式、机床主轴类型及其结构，掌握数控加工中心主轴安装步骤。

(2) 熟悉数控机床的进给传动系统传动机构组成、工作原理，掌握十字滑台的安装步骤。

(3) 能够根据装配图及工艺要求对数控机床传动系统进行拆装，并进行故障检查及维修。

项目任务

对数控机床传动系统组件进行拆装、检测与维修。

实训任务1.1　认识数控机床

1.1.1　实训目标

(1) 熟悉数控机床机械结构的组成。

(2) 熟悉数控机床机械结构的特点。

1.1.2　实训内容

观察数控机床机械结构，认识数控机床传动系统。

1.1.3 实训工具、仪器和器材

工具:活动扳手、内六角扳手、油石、擦拭布。

1.1.4 实训指导

1. 数控机床机械结构的组成

近年来,随着数控系统和伺服系统的发展,为适应高效率生产的需要,现代数控机械已形成了独特的机械结构,主要由以下几部分组成。

(1) 主传动系统。

数控机床主传动系统是指数控机床的主运动传动系统,包括动力源、传动件及主运动执行件即主轴等。其作用是将驱动装置的运动及动力传给执行件,实现主切削运动。通过图 1.1 可以看出,数控机床的主传动系统是由主轴箱和主轴组成的。

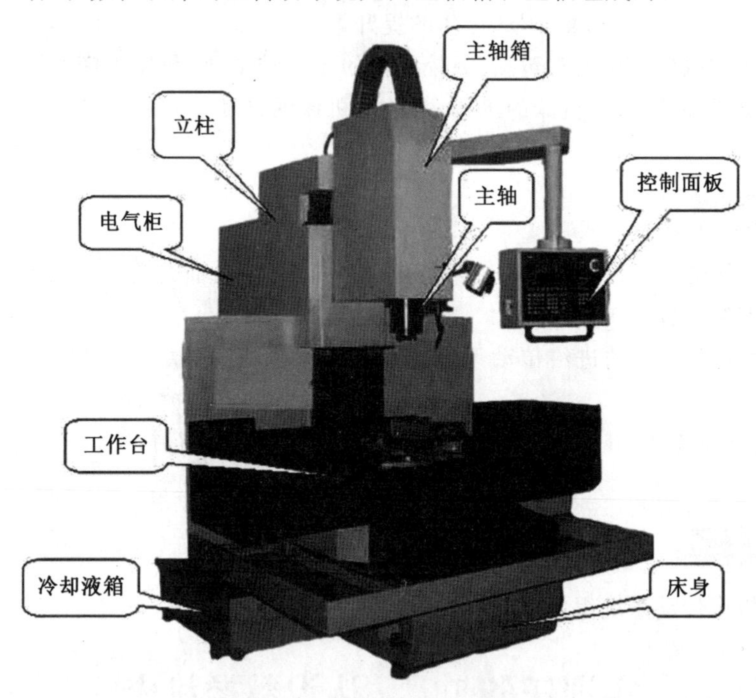

图 1.1　数控机床结构图

(2) 进给传动系统。

进给传动系统是指数控机床进给运动的传动系统,包括动力源、传动件及进给运动执行件 —— 工作台、刀架等。其作用是将伺服驱动装置的运动和动力传给执行件,实现进给运动。数控铣床常用十字滑台作为进给运动执行机构,十字滑台如图 1.2 所示。

(3) 机床基础部件。

机床基础部件包括床身、立柱、导轨、工作台等。基础支承件的作用是支承机床的各主要部件,并使它们在静止或运动中保持相对正确的位置。

(4) 机床辅助装置。

机床辅助装置是指实现某些动作和辅助功能的系统和装置,包括液压气动系统、润滑冷却系统及排屑、防护和自动换刀装置。

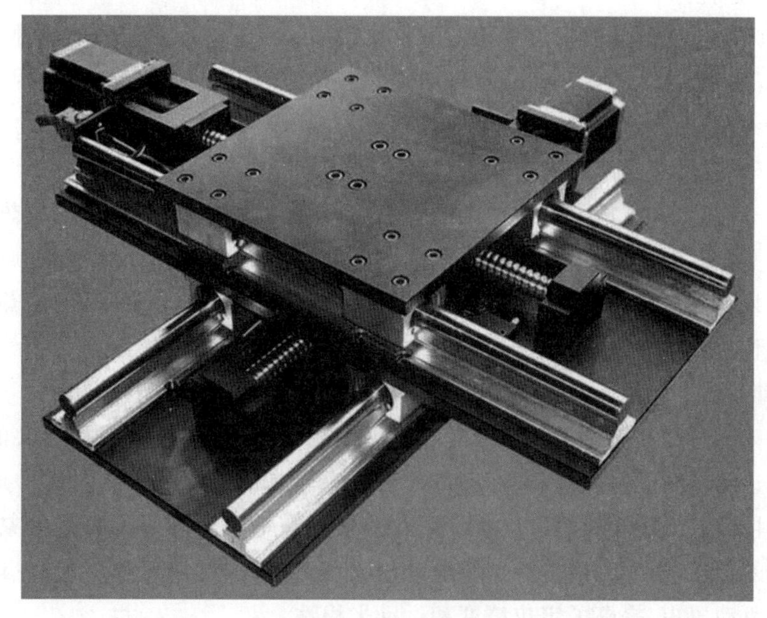

图 1.2 十字滑台

掌握这些结构对于正确合理使用数控机床是非常必要的。

2. 数控机床机械结构的特点

数控机床是高精度、高效率的自动化机床,几乎在任何方面均要求比普通机床设计得更为完善,制造得更为精密。数控机床的结构设计已形成自身的独立体系,其主要结构特点如下。

(1) 静、动刚度高。

机床刚度是指在切削力和其他力的作用下抵抗变形的能力。数控机床要在高速和重负荷条件下工作,机床床身、底座、立柱、工作台、刀架等支承件的变形都会直接或间接地引起刀具和工件之间的相对位移,从而引起工件的加工误差。因此,这些支承件均应具有很高的静刚度和动刚度。为了做到这一点,在数控机床的设计上采取了以下措施:

① 合理选择结构形式;

② 合理安排结构布局;

③ 采用补偿变形措施;

④ 选用合理的材料。

(2) 抗振性好。

数控机床工作时可能产生两种形态的振动:强迫振动和自激振动。机床的抗振性是指抵抗这两种振动的能力。数控机床在高速重切削情况下应无振动,以保证加工工件的高精度和高的表面质量，特别要注意的是避免切削时的自激振动，因此，对数控机床的动态特性提出了更高的要求。

(3) 热稳定性好。

数控机床的热变形是影响加工精度的重要因素。引起机床热变形的热源主要是机床的内部热源，如电动机发热、摩擦热及切削热等。热变形影响加工精度的原因主要是热源分布不均，各处零部件的质量不均，形成各部位的温升不一致，从而产生不均匀的热膨胀变形，以致影响刀具与工件的正确相对位置。

为保证部件的运动精度，数控机床的主轴、工作台、刀架等运动部件的发热量要小，以防止产生热变形。为此，立柱一般采取双壁框式结构，防止因热变形而产生倾斜偏移。采用恒温冷却装置，减少主轴轴承在运转中产生的热量。为减小电动机运转发热的影响，在电动机上安装散热装置。

(4) 灵敏度高。

数控机床通过数字信息来控制刀具与工件的相对运动，它要求在相当大的进给速度范围内都能达到较高的精度，因而运动部件应具有较高的灵敏度。导轨部件通常采用滚动导轨、塑料导轨、静压导轨等，以减小摩擦力，使其在低速运动时无爬行现象。工作台、刀架等部件的移动，由交流或直流伺服电动机驱动，经滚珠丝杠传动，可减少进给传动系统所需要的驱动扭矩，提高了定位精度和运动平稳性。

(5) 自动化程度高，操作方便。

为了提高数控机床的生产率，必须最大限度地压缩辅助时间。许多数控机床采用了多主轴、多刀架及带刀库的自动换刀装置等，以减少换刀时间。对于多工序的自动换刀数控机床，除了减少换刀时间之外，还大幅度地压缩多次装卸工件的时间。几乎所有的数控机床都具备快速运动的功能，使空程时间缩短。

(6) 工艺复合化和功能集成化。

工艺复合化是指一次装夹、多工序加工。功能集成化主要是指数控机床的自动换刀机构和自动托盘交换装置的功能集成化。随着数控机床向柔性化和无人化发展，功能集成化的水平主要体现在工件自动定位、机内对刀、刀具破损监控、机床与工件精度检测和补偿等方面。

数控机床是一种自动化程度很高的加工设备，在机床的操作性方面要注意机床各部分运动的互锁能力，以防止事故的发生。同时，数控机床最大限度地改善了操作者的观察、操作和维护条件，设有紧急停车装置，避免发生意外事故。此外，数控机床上还留有最便于装卸的工件装夹位置。对于切屑量较大的数控机床，其床身结构设计成有利于排屑的结构，或者设有自动工件分离和排屑装置。

由于提高生产率的需求强烈，数控机床的机械结构与数控技术，两者相互促进，相互推动，发展了不少不同于普通机床的、完全新颖的机械结构和部件。

1.1.5 实训步骤

【数控机床机械结构的识别】

选择一台数控机床和一台数控铣床，分别识别出两类数控机床的机床型号、主轴功能、进给数量、名称和进给轴功能，填写表1.1。

表1.1 数控机床传动系统识别记录表

数控机床类型	机床型号	主轴功能	进给轴数量、名称	进给轴功能
数控机床				
数控铣床				

1.1.6 思考题

数控机床与普通机床在传动系统上有何差别？这个差别带来了什么样的影响？

实训任务1.2 认识数控机床主传动系统

1.2.1 实训目标

(1) 熟悉数控机床主传动系统的特点及传动方式。

(2) 熟悉数控机床主轴部件的类型及结构。

(3) 熟悉数控铣床主轴的组成及清洁、清点各零件。

1.2.2 实训内容

观察数控铣床主轴，拆卸主轴各零件并清洁、清点。

1.2.3 实训工具、仪器和器材

工具：圆螺母扳手、勾头扳手、胶锤、内六角扳手、擦拭布、酒精等。

1.2.4 实训指导

1. 机床设计中对主传动系统的要求

数控机床是机电一体化产品的典型代表，它的机械部分是最终执行机构。数控机床的机械结构与普通机床有许多相似之处，但并不是简单在普通机床上配备数控系统，而是在许多方面比普通机床设计得更完善，制造得更精密。为满足高精度、高效率、高自动化，对数控机床的主传动系统有以下要求。

(1) 具有更大的变速范围，并能实现无级调速。数控机床为了保证加工时能选用合理的切削用量，从而获得最高的生产率、加工精度和表面质量，必须具有更大的变速范

围。对于自动换刀的数控机床,为了适应各种工序和各种加工材料的需要,主运动的变速范围还应进一步扩大。

(2) 有足够大的功率和扭矩。转速高、功率大的特性使得数控机床易于实现高速切削和大功率切削,这也是数控机床区别于普通机床的重要特点。因此,数控机床有足够大的功率和扭矩,便于实现低速时大扭矩、高速时恒功率,以保证加工的高效率。

(3) 有较高的精度和刚度,传动平稳,噪声低。数控机床加工精度的提高,与主传动系统具有较高的精度密切相关。为此,要提高传动件的制造精度与刚度,齿轮齿面应加热淬火以增加耐磨性;最后一级采用斜齿轮传动,使传动平稳;采用精度高的轴承及合理的支承跨距等,以提高主轴组件的刚性。

(4) 有良好的抗振性和热稳定性。数控机床在加工时,可能存在断续切削、加工余量不均匀、运动部件不平衡以及切削过程中的自振等原因引起的冲击力或交变力的干扰,使主轴产生振动,影响加工精度和表面粗糙度,严重时可能破坏刀具或主传动系统中的零件,使其无法工作。主传动系统的发热使其中所有零部件产生热变形,降低传动效率,破坏零部件之间的相对位置精度和运动精度,造成加工误差。为此,主轴组件要有较高的固有频率,实现动平衡,保持合适的配合间隙并进行循环润滑等。

2. 主传动系统的特点

主传动系统是数控机床的重要组成部分之一,主轴夹持工件或刀具旋转,直接参加表面成形运动。主轴部件的刚度、精度、抗振性和热变形直接影响加工零件的精度和表面质量。主运动的转速高低及范围、传递功率大小和动力特性,决定了数控机床的切削加工效率和加工工艺能力。数控机床的主传动系统具有如下特点。

(1) 目前数控机床的主传动电动机已不再采用普通的交流异步电动机或传统的直流调速电动机,它们已逐步被新型的交流调速电动机和直流调速电动机所代替。

(2) 转速高,功率大。它能使数控机床进行大功率切削和高速切削,实现高效率加工。

(3) 变速范围大。数控机床的主传动系统要求有较大的变速范围(R_n),一般 $R_n>100$,以保证加工时能选用合理的切削用量,从而获得最佳的生产效率、加工精度和表面质量。

(4) 主轴速度的变换迅速可靠。数控机床的变速是按照控制指令自动进行的,因此变速机构必须适应自动操作的要求。由于直流和交流主轴电动机的调速系统日趋完善,不仅能够方便地实现宽范围的无级变速,而且减少了中间传递环节,提高了变速控制的可靠性。

(5) 为实现刀具的快速或自动装卸,数控机床主轴具有特有的刀具安装结构。主轴上设计有刀具自动装卸、主轴定向停止和主轴孔内的切屑清除装置,这些结构与同类型普通机床刀具卡紧结构完全不同。

主传动系统是实现主运动的传动系统,它的转速高,传递功率大,是数控机床的关键部件之一,对其精度、刚度、噪声、温升、热变形都有严格的要求。

3. 主传动系统的变速方式

数控机床的主传动电动机不仅能方便地实现宽范围的无级变速，而且减少了中间传递环节并提高了变速控制的可靠性。为了扩大变速范围，数控机床主传动系统的变速方式主要有以下几类。

(1) 具有变速齿轮的主传动。

这是大、中型数控机床采用较多的一种变速方式，如图 1.3(a) 所示。通过几对齿轮降速，增大输出扭矩和变速范围，一部分小型数控机床也采用此种传动方式以获得强力切削时所需要的扭矩。数控机床在交流或直流电动机无级变速的基础上配以齿轮变速，使之成为分段无级变速。数控机床大都采用液压变速机构或电磁离合器来自动操纵滑移齿轮实现主轴变速。

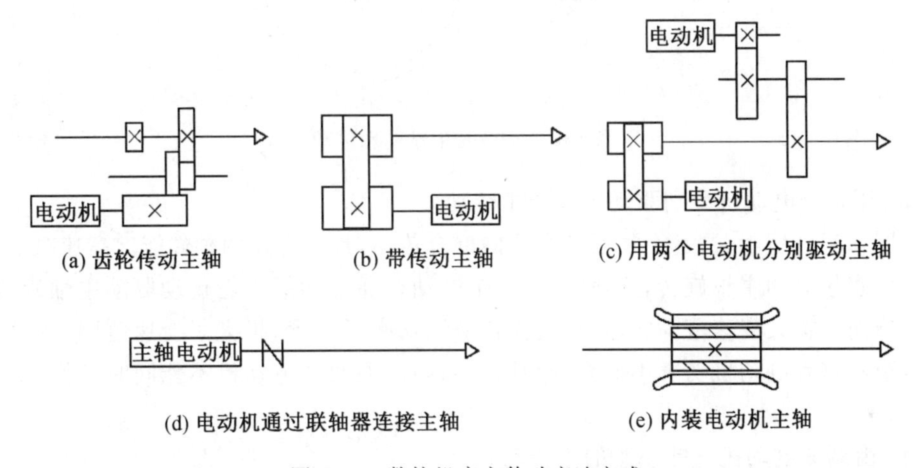

图 1.3　数控机床主传动变速方式

(2) 通过带传动的主传动。

图 1.3(b) 所示为带传动方式的传动图，带传动主要应用在转速较高、变速范围不大的机床上。因为电动机本身的调速就能够满足要求，不用齿轮变速，所以带传动可以避免齿轮传动引起的振动与噪声，适用于高速、低转矩特性要求的主轴。常用的传动带类型有三角带、平带、多楔带和同步带，配置的电动机是性能更好的交、直流主轴电动机，其变速范围宽，最高转速可达 8 000 r/min，且控制功能丰富，可满足中高档数控机床的控制要求。

数控机床上应用的多楔带又称复合 V 带，横向断面呈多个楔形，如图 1.4 所示，楔角为 40°，多楔带综合了 V 带和平带的优点，运转时振动小、发热少、运转平稳、质量轻。

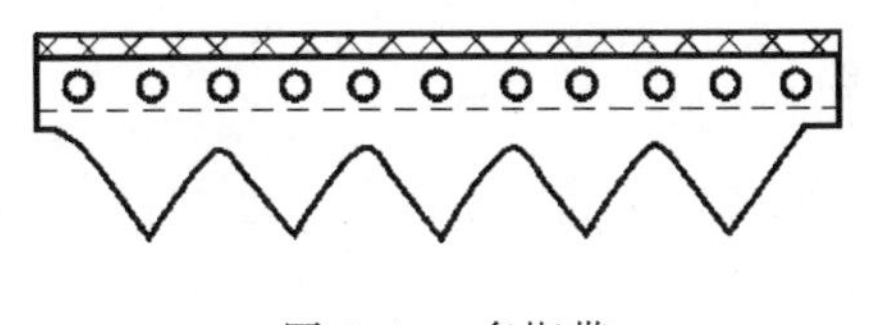

图 1.4　多楔带

同步带传动是综合了带、链传动优点的新型传动。同步带有梯形齿和圆弧齿两种，如

图1.5所示，同步带的结构和传动如图1.6所示。同步带的工作面及带轮外圆上均制成齿形，通过带轮与轮齿相嵌合，做无滑动的啮合传动。

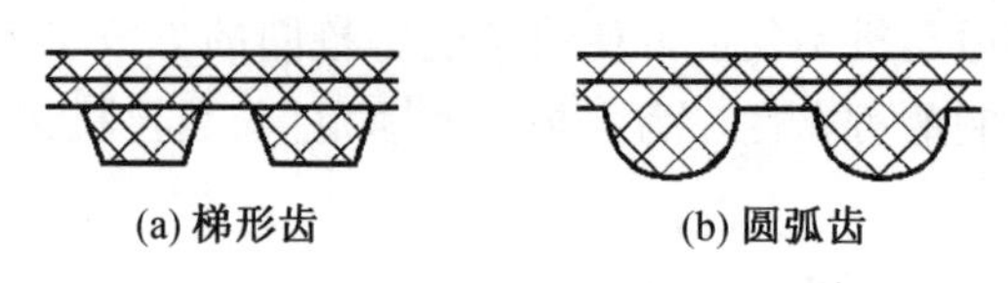

图1.5　同步带

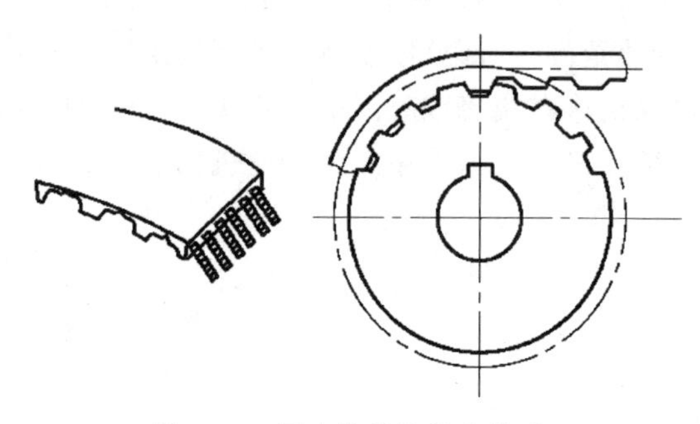

图1.6　同步带的结构和传动

(3) 用两个电动机分别驱动主轴的主传动。

如图1.3(c)所示，这是上述两种方式的混合传动，具有上述两种性能。高速时电动机通过带轮直接驱动主轴旋转；低速时，另一个电动机通过两级齿轮传动驱动主轴旋转，齿轮起到降速和扩大变速范围的作用，这样就使恒功率区增大，扩大了变速范围，克服了低速时转矩不够且电动机功率不能充分利用的问题。但两个电动机不能同时工作，也是一种浪费。

(4) 由调速电动机直接驱动的主传动。

如图1.3(d)所示，这种主传动是由电动机直接驱动主轴，即电动机的转子直接装在主轴上，因而大大简化了主轴箱体与主轴的结构，有效地提高了主轴部件的刚度，但主轴输出扭矩小，电动机发热对主轴的精度影响较大。

(5) 内装电动机主轴的主传动。

内装电动机主轴如图1.3(e)所示，即主轴与电动机转子合为一体。其优点是主轴组件结构紧凑，质量轻，惯量小，可提高启动、停止的响应特性，并利于控制振动和噪声。其缺点是电动机运转产生的热量亦使主轴产生热变形。因此，温度控制和冷却是使用内装电动机主轴的关键问题。日本研制的立式加工中心主轴组件，其内装电动机最高转速可达20 000 r/min。

4. 数控机床的主轴部件

数控机床的主轴部件是影响机床加工精度的主要部件，主轴、主轴支承、装在主轴上的传动件和密封件等组成了主轴部件。主轴部件的回转精度，影响工件的加工精度；主轴部件的功率大小与回转速度，影响加工效率；主轴部件的自动变速、准停、换刀等，影响机床的自动化程度。因此，要求主轴部件具有与本机床工作性能相适应的回转精度、刚度、抗振性、耐磨性和低的温升;在结构上,必须很好地解决刀具或工件的装夹、轴承的配置、轴承间隙、润滑密封等问题。

(1) 主轴部件的类型。

主轴部件按运动方式可分为以下几类。

① 只做旋转运动的主轴部件。此类主轴结构较为简单,如车床、铣床和磨床等的主轴部件。

② 既有旋转运动又有轴向进给运动的主轴部件,如钻床和镗床等的主轴部件。其主轴部件与轴承装在套筒内,主轴在套筒内做旋转主运动,套筒在主轴箱的导向孔内做直线进给运动。

③ 既有旋转运动又有轴向调整移动的主轴部件,如滚齿机、部分立式铣床等的主轴部件。主轴在套筒内做旋转主运动,并可根据需要随主轴套筒一起做轴向调整移动。

④ 既有旋转运动又有径向进给运动的主轴部件,如卧式镗床的平旋盘主轴部件、组合机床的镗孔车端面头主轴部件。主轴做旋转运动时,装在主轴前端平旋盘上的径向滑块可带动刀具做径向进给运动。

(2) 主轴及主轴前端结构。

机床主轴的端部一般用于安装刀具、夹持工件或夹具。在结构上,应能保证定位准确、安装可靠、连接牢固、装卸方便,并能传递足够的扭矩。目前,主轴端部的结构形状都已标准化。图 1.7 所示为机床主轴的几种结构形式。

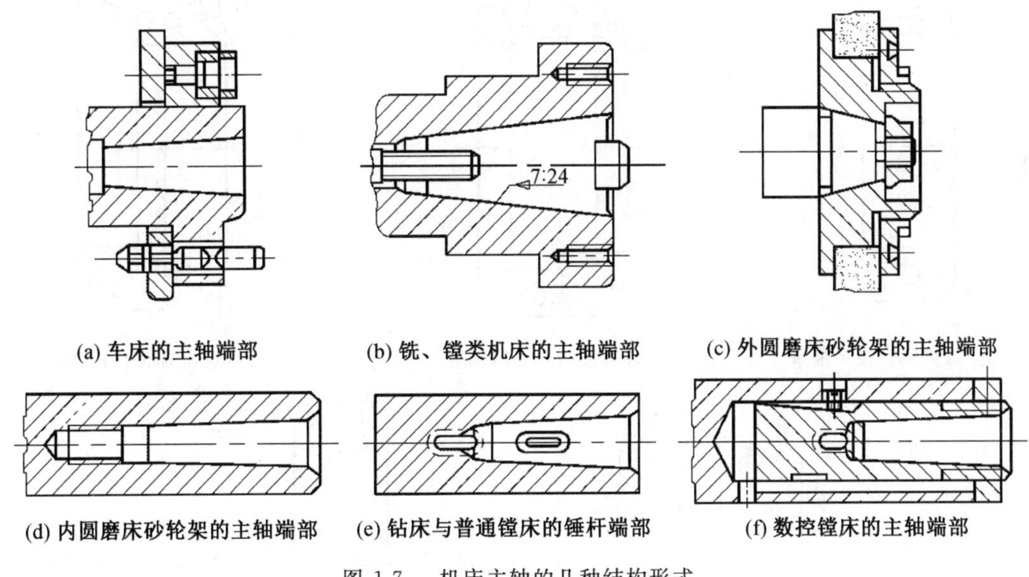

图 1.7 机床主轴的几种结构形式

图 1.7(a) 所示的结构适用于车床的主轴端部,为短锥法兰式结构,它以短锥和轴肩端面作为定位面,卡盘、拨盘等夹具通过卡盘座,用 4 个双头螺柱及螺母固定在主轴上。安装卡盘时只需将预先拧紧在卡盘座上的双头螺柱及螺母一起通过主轴的轴肩和锁紧盘的圆柱孔,然后将锁紧盘转过一个角度,使双头螺柱进入锁紧盘宽度较窄的圆弧槽内,把螺母卡住,再拧紧螺钉和螺母,就可以使卡盘或拨盘可靠地安装在主轴的前端。这种结构

定心精度高，装卸方便，夹紧可靠，主轴前端悬伸长度较短，连接刚度好，应用广泛。

图 1.7(b) 所示的结构适用于铣、镗类机床的主轴端部。铣刀或刀杆由前端 7 ∶ 24 的锥孔定位，并用拉杆从主轴后端拉紧，前端的端面键用于传递扭矩。

图 1.7(c) 所示的结构适用于外圆磨床砂轮架的主轴端部。

图 1.7(d) 所示的结构适用于内圆磨床砂轮架的主轴端部。

图 1.7(e) 所示的结构适用于钻床与普通镗床的锺杆端部，刀杆或刀具由莫氏锥孔定位，锥孔后端第一个扁孔用于传递扭矩，第二个扁孔用于拆卸刀具。

图 1.7(f) 所示的结构适用于数控镗床的主轴端部，主轴内孔为圆锥孔，前端带有莫氏锥孔的刀具拉杆，可安装在主轴孔中。

(3) 主轴的支承。

机床主轴带着刀具或夹具在支承件中做回转运动，需要传递切削扭矩，承受切削抗力，并保证必要的旋转精度。

数控机床主轴支承根据主轴部件对转速、承载能力、回转精度等性能要求采用不同种类的轴承。中小型数控机床(如车床、铣床、加工中心、磨床)的主轴部件多采用滚动轴承；重型数控机床采用液体静压轴承；高精度数控机床(如坐标磨床)采用气体静压轴承；转速达$(2 \sim 10) \times 10^4$ r/min 的主轴可采用磁力轴承或陶瓷滚珠轴承。数控机床常用滚动轴承的结构形式如图 1.8 所示。

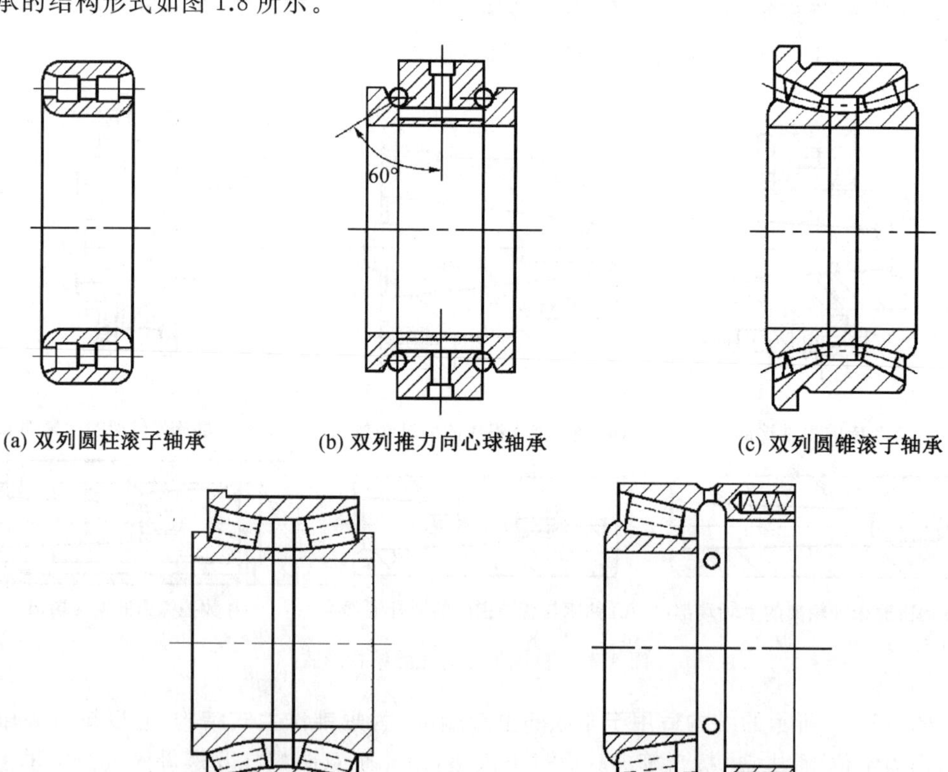

(a) 双列圆柱滚子轴承　(b) 双列推力向心球轴承　(c) 双列圆锥滚子轴承

(d) 带凸缘双列圆柱滚子轴承　(e) 带弹簧单列圆锥滚子轴承

图 1.8　数控机床常用滚动轴承的结构形式

根据主轴部件的要求，合理配置轴承，可以提高主传动系统的精度。目前数控机床主轴轴承的典型配置形式如图 1.9 所示。

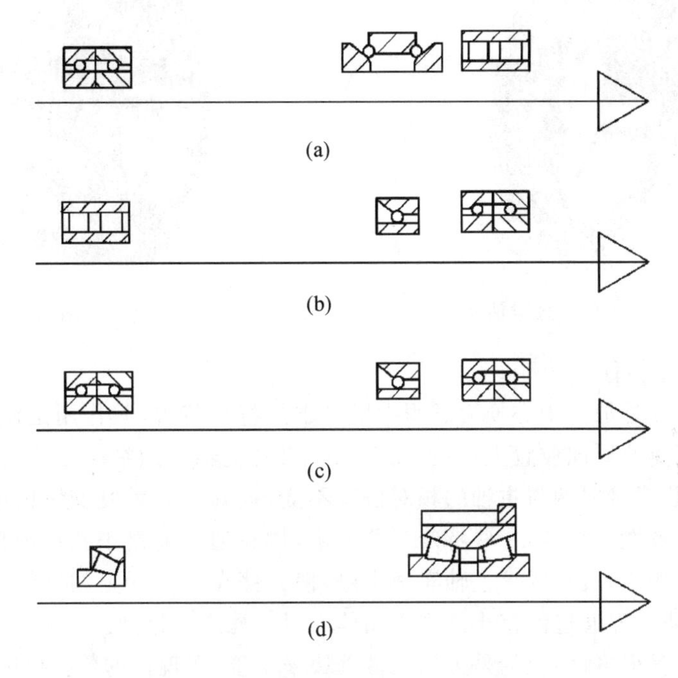

图 1.9　数控机床主轴轴承的典型配置形式

在图 1.9(a) 所示的配置形式中，前支承采用双列短圆柱滚子轴承(图 1.10) 和双向推力角接触球轴承(图 1.11) 组合而成，承受轴向载荷，后支承采用成对角接触球轴承(图 1.12)，这种配置可提高主轴的综合刚度，满足强力切削的要求，普遍应用于各类数控机床；在图 1.9 (b) 所示的配置形式中，前支承采用角接触球轴承，由 2～3 个轴承组成一套，背靠背安装，承受径向载荷，后支承采用双列短圆柱滚子轴承，这种配置适用于高速、重载的主轴部件；在图 1.9(c) 所示的配置形式中，前、后支承均采用成对角接触球轴承，以承受径向载荷和轴向载荷，这种配置适用于高速、轻载和精密的数控机床主轴；在图 1.9(d) 所示的配置形式中，前支承采用双列圆锥滚子轴承(图 1.13)，承受径向载荷和轴向载荷，后支承采用单列圆锥滚子轴承，这种配置可承受重载荷和较强的动载荷，安装与调整性能好，但主轴转速和精度的提高受到限制，适用于中等精度、低速与重载荷的数控机床主轴。

图 1.10　双列短圆柱滚子轴承

图 1.11　双向推力角接触球轴承

图 1.12　角接触球轴承

图 1.13　双列圆锥滚子轴承

(4) 主轴准停装置。

主轴准停装置是加工中心换刀过程中所要求的特别装置，其作用是使主轴每次都准确地停在固定不变的周向位置上，以保证自动换刀时主轴上的端面键能对准刀柄上的键槽，同时使每次装刀时刀柄与主轴的相对位置不变，提高刀具重复安装精度，从而提高孔加工时孔径的一致性。另外，一些特殊工艺要求，如在通过前壁小孔镗内壁的同轴大孔，或进行反倒角等加工时，也要求主轴实现准停，使刀停在一个固定的方位上，以便主轴偏移一定尺寸后，使大刀通过前壁小孔进入箱体内对大孔进行镗削。

主轴准停装置很多，传统的是采用机械挡块来定位，而现代的数控机床一般都采用电气式主轴定位，只要发出指令信号，主轴就可以准确地定位。

电气式的主轴准停装置设置在主轴的尾端，如图 1.14 所示。当主轴需要准停时，无论主轴是转动还是停止状态，一旦接收到数控装置发来的准停开关信号，主轴立即加速或减速至某一准停速度(可在主轴驱动装置中设定)。主轴达到准停速度且到达准停位置时(即固定安装在支架上的永久磁铁 3 对准装在带轮 5 上的磁传感器 4)，主轴立即减速至某一爬行速度(在主轴驱动装置中设定)。当磁传感器信号出现时，主轴驱动立即进入磁传感器作为反馈元件的位置闭环控制，目标位置为准停位置，最后准确停止。准停完成后，主轴驱动装置输出准停完成信号给数控装置，从而可进行自动换刀(ATC)或其他动作。

图 1.15 所示为 JCS－018A 加工中心采用的主轴电气式准停工作原理。其工作原理是：在带动主轴 5 旋转的多楔带轮 1 的端面上装有一个厚垫片 4，垫片上装有一个体积很小的永久磁铁 3，在主轴箱箱体对应于主轴准停的位置上装有磁传感器 2。当机床需要停车换刀时，数控系统发出主轴停转的指令，主轴电动机立即降速，当主轴以最低转速慢转、永久磁铁 3 对准磁传感器 2 时，传感器发出准停信号。此信号经放大后，由定向电路控制主轴电动机准确地停止在规定的周向位置上。

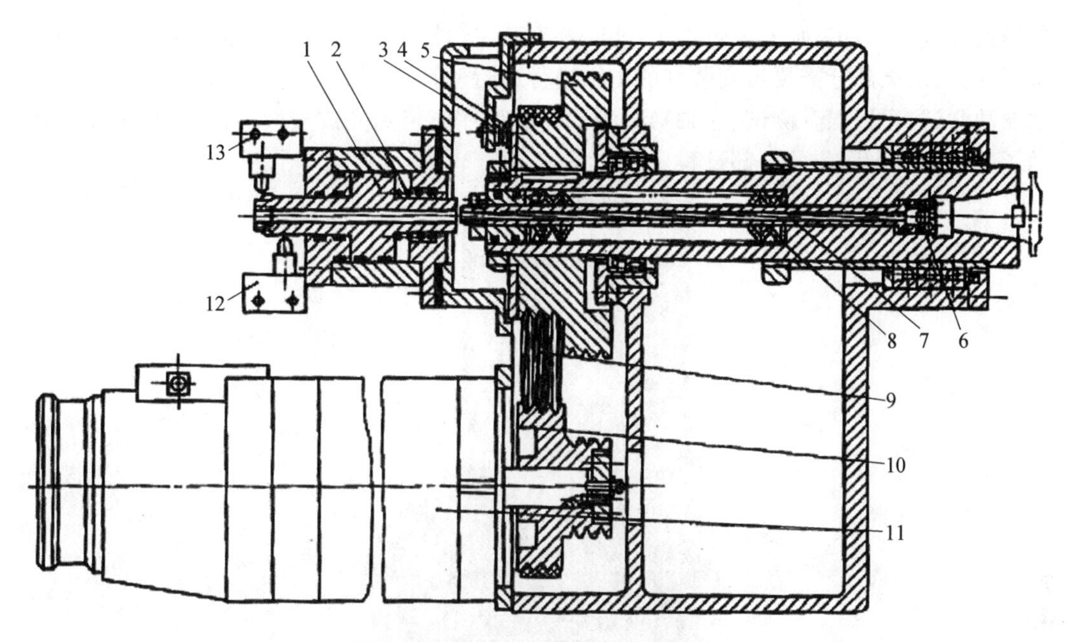

图 1.14　加工中心主轴的准停机构

1— 活塞环；2— 弹簧锁；3— 永久磁铁；4— 磁传感器；5— 带轮；6— 钢球；7— 拉杆；8— 碟形弹簧；9—V 带；10— 带轮；11— 电动机；12、13— 限位开关

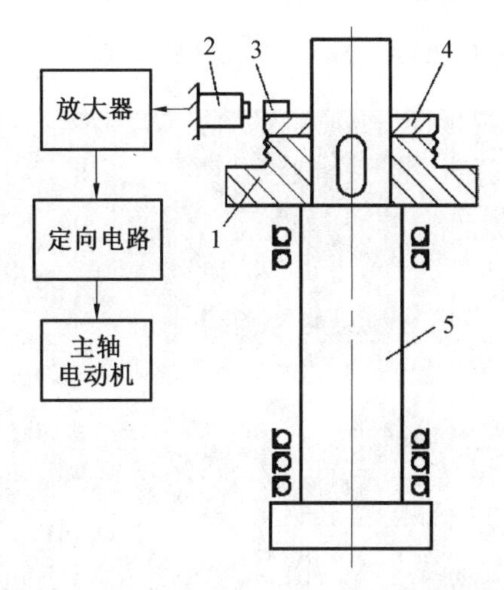

图 1.15　JCS－018A 加工中心采用的主轴电气式准停工作原理

1— 多楔带轮；2— 磁传感器；3— 永久磁铁；4— 垫片；5— 主轴

5. 数控铣床主轴实训单元 YL－1506B

YL－1506B 主轴实训单元由主轴安装单元和机械拆装实训台组成，如图 1.16 和图 1.17 所示，专门供实训使用。主轴安装单元是集加工中心主轴的机械拆装、维修保养、主轴精度调试、主轴性能检测与电气调试为一体的多功能实训设备。主轴安装单元能够在拆装加工中心主轴的同时展示主轴的内部机械结构，并能在安装过程中对主轴各部件间

的精度进行检测。主轴安装过程中，还需要安装主轴检具，通过检具对主轴其他精度进行检测；电气调试部分需要对安装好的主轴进行运行验证；主轴安装完成后，还需要进行主轴振动测试、主轴温升测试、主轴噪声测试。从零件安装到完成安装后的检测，完整地展示了主轴合格出厂前的全部过程。

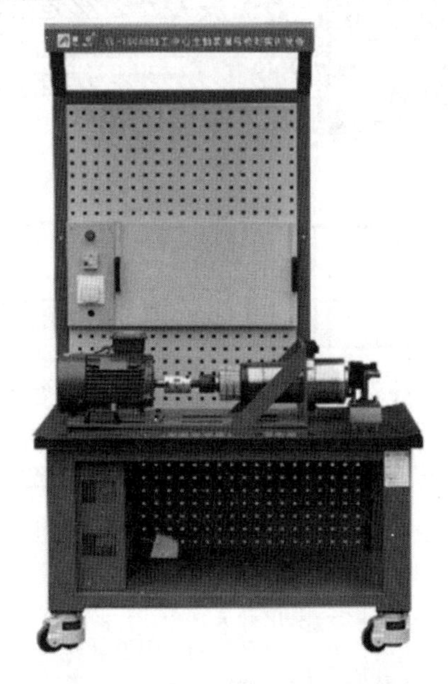

图 1.16　YL－1506B 主轴实训单元

图 1.17　主轴实物图

该设备主轴机械部件采用 BT40 的加工中心主轴，适配有前后轴承和松拉刀机构，主轴与电动机采用联轴节的形式直连。YL－1506B 主轴装配图如图 1.18 所示。

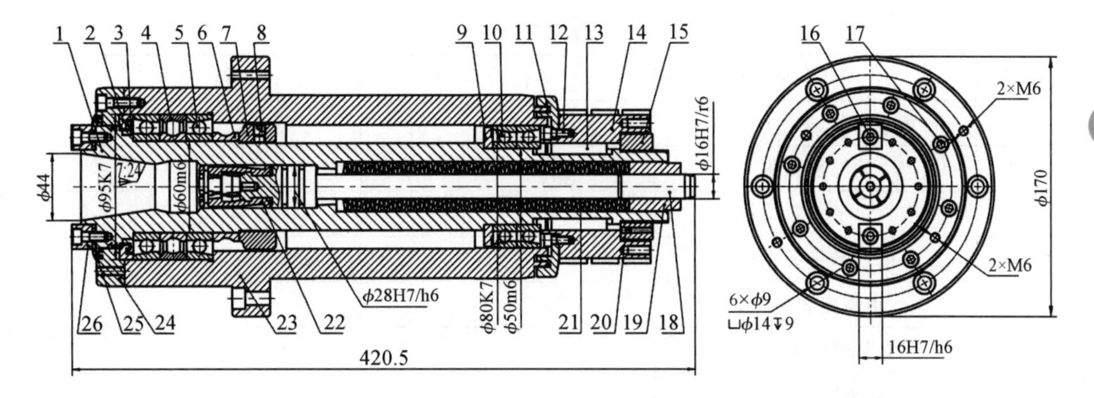

图 1.18　YL－1506B 主轴装配图

1— 主轴；2— 迷宫隔套外环；3— 迷宫隔套内环；4— 轴承隔套外环；5— 角接触球轴承 7012C；6— 轴承隔套内环；7— 前轴承螺母 M60×2；8— 内六角平端紧定螺钉 M8×6；9— 后轴承挡板；10— 角接触球承 7010C；11— 主轴套筒压环；12— 内六角圆柱头螺钉 M5×12；13— 键 10×8×50；14— 皮带轮；15— 预紧螺母；16— 内六角圆柱头螺钉 M6×16；17— 内六角圆在头螺钉 M6×20；18— 拉杆单元；19— 拉杆单元头部；20— 内六角锥端紧定螺钉 M6×10；21— 碟簧；22— 拉刀爪；23— 主轴套筒；24— 主轴前端盖；25— 防水环；26— 定位键

1.2.5　实训步骤

【YL－1506B 型主轴零件清洁与清点】

利用勾头扳手等工具拆开主轴，拆卸步骤见表 1.2，并在表中填写零件在装配图中的标号和型号。拆卸下来的零件用擦拭布和酒精做好清洁、清点工作，为后续工作做好准备。

表 1.2　YL－1506B 型主轴拆卸步骤

步骤	零件名称	零件标号	零件型号
1	内六角圆柱头螺钉		
2	定位键		
3	防水环		
4	内六角圆柱头螺钉		
5	主轴前端盖		
6	内六角锥端紧定螺钉		
7	预紧螺母		
8	皮带轮		
9	键		
10	内六角圆柱头螺钉		
11	主轴套筒压环		
12	主轴套筒		

续表1.2

步骤	零件名称	零件标号	零件型号
13	角接触球轴承 7010C		
14	后轴承挡板		
15	内六角平端紧定螺钉		
16	前轴承锁紧螺母		
17	轴承隔套内环		
18	角接触球轴承 7012C		
19	轴承隔套外环		
20	迷宫隔套内环		
21	迷宫隔套外环		
22	主轴		
23	拉爪刀		
24	拉杆单元		
25	拉杆单元头部		
26	碟簧		

1.2.6 思考题

主轴中采用了角接触球轴承，该轴承有什么特点？

实训任务 1.3 数控机床主轴装配与精度检测

1.3.1 实训目标

(1) 熟悉数控机床主轴的安装步骤。
(2) 熟悉数控机床主轴配合零件间的精度检测和零件检查。
(3) 熟悉数控铣床主轴装配工艺。
(4) 熟悉数控铣床主轴部件精度检测。

1.3.2 实训内容

按照装配工艺安装主轴，并对零件间的装配精度进行检测。

1.3.3 实训工具、仪器和器材

工具：圆螺母扳手、勾头扳手、胶锤、内六角扳手、千分表、磁性表座、深度尺、擦拭布、酒精等。

1.3.4 实训指导

1. 数控机床主轴安装步骤

YL－1506B主轴安装步骤主要分为四步：第一步是装配前准备工作，需要对主轴零件进行清点、清洁并做初步检查；第二步是对配合零件间的精度进行检测和零件检查，确保所有零件符合装配要求；第三步是主轴部件的装配，按装配图的要求对各个零件进行安装；第四步是对装好的主轴进行精度检测，满足精度要求才算装配合格。

2. 数控机床主轴安装工艺

(1) 装配前准备工作。

装配主轴之前需要做好细致的准备工作，保证后面装配能够正常完成。主轴装配前准备工作步骤见表1.3。

表1.3 主轴装配前准备工作步骤

工序号	工序内容	工具材料
1	主轴组件中各零件均需要清洗干净，尤其与轴承接触面需蘸酒精擦拭，并检验无污渍	酒精、清洗剂
2	检查零件定位表面无疤痕、划伤、锈斑，并重点检查接触台阶面与轴承配合外圆面	擦拭布
3	检查各锐边倒角有无毛刺，保证装配时用手触摸光滑顺畅无棱角	锉刀、砂纸、油石
4	检查紧固螺纹孔的残屑和深度，并用丝锥去除残屑，吹净	丝锥
5	清除干净的零件摆放在无灰尘的干净油纸或布上，清洗过且暂时不用的零件需加上防尘盖	擦拭布
6	零件摆放位置应与工作区域保持800 mm以上的距离	—
7	轴承清洗处理	煤油
7－1	轴承清洗液用两个容器分别盛装，一个为清洗用、一个为清涮轴承用	煤油

续表1.3

工序号	工序内容	工具材料
7－2	在初洗轴承过程中，不允许相对转动轴承，可在液体中上下左右晃动	煤油
7－3	清洗完成后将轴承放在涮洗池中，边刷边转动轴承内外环	—
7－4	清洗过程中不得将轴承放入池底，洗完必须将轴承离池	—
7－5	清洗完轴承在离开液池前甩下轴承上的液珠，并在转动轴承后重复此操作	—
7－6	放干净处，进行晾干，用油纸或擦纸遮盖，为缩短晾干时间，可用电吹风吹干，严禁使用空压机风管吹轴承	—
8	主轴前轴承装配相关数据测量（测量各数值时，保证各工件干净，无污渍。等高台在测量前用酒精擦拭纸擦拭干净）	—
8－1	用深度尺测量主轴套筒端面到主轴套隔台的数值 K_1	深度尺
8－2	清洗后的轴承一起叠加放置，具体叠加放置方式分别为角接触球轴承(7012C)、轴承隔套内环、轴承隔套外环、角接触球轴承(7012C)、迷宫隔套内外环，测量叠加高度数值为 K_2	深度尺
8－3	测量主轴前端盖凹台深度数值为 H（在相互垂直的两组位置各测量一次，所得值进行加权计算平均值）	深度尺

（2）主轴配合零件间精度检测和零件检查。

主轴各零件清点、清洁后，需要对主轴配合零件间的精度进行检测和零件检查，相关工作步骤见表1.4。

表 1.4　主轴配合零件间精度检测和零件检查步骤

工序号	工序内容	工具材料	过程示意
1	角接触球轴承(7010C)(7012C)与主轴分别试装	—	—
2	检验平台测量前用抹布擦拭干净,将配合件放在检验平台上,检测各项精度	检验平台	—
2－1	检验前/后轴承(7010C)(7012C)等高精度,要求 $\leqslant 0.002$ mm,内外环逐一检测	杠杆千分表、磁性表座	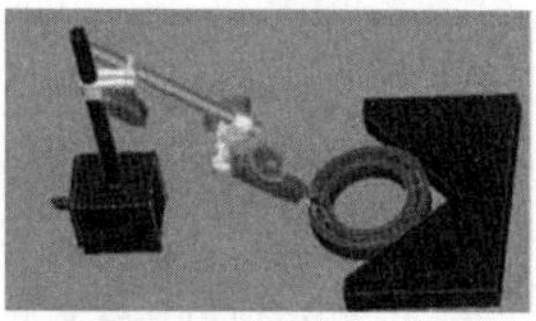
3	皮带轮平衡顶丝(M6×10)用天平称重后分组,各组差重 $\leqslant 0.2$ g	—	—
4	反扣盘上紧固螺丝(M5×12)用天平称重后分组,各组差重 < 0.2 g	—	—
5	主轴前端盖键螺钉(M5×12)用天平称重后分组	—	—
6	皮带轮涨紧固定螺钉用天平称重后分组,各组差重 $\leqslant 0.2$ g	—	—
7	向主轴轴承注入润滑脂	—	—
7－1	注润滑脂前保证轴承已晾干,清洗过的注射器筒装入润滑脂,然后推压排出空气使注射器留有规定容量,前轴承为 3.6 mL,后轴承为 2.6 mL	—	
7－2	对轴承每个滚动体进行均匀注入,并且两面分配	—	
8	主轴前轴承装配相关数据测量(测量各数值时,保证各工件干净、无污渍。等高台在测量前用酒精擦拭纸擦拭干净)	—	—
8－1	用深度尺测量主轴套筒端面到主轴套隔台的数值 K_1	深度尺	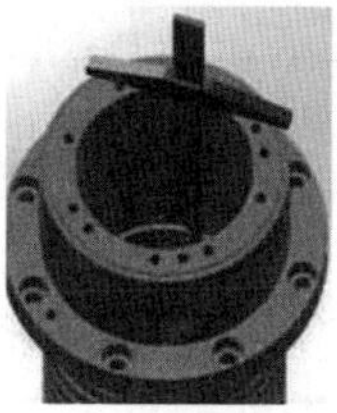

续表1.4

工序号	工序内容	工具材料	过程示意
8－2	清洗后的轴承一起叠加放置，具体叠加放置方式如图所示，分别为角接触球轴承(7012C)、轴承隔套内环、轴承隔套外环、角接触球轴承(7012C)、迷宫隔套内外环，测量叠加高度数值为 K_2	深度尺	
8－3	测量主轴前端盖凹台深度数值为 H(在相互垂直的两组位置各测量一次，所得值进行加权计算平均值)	深度尺	
8－4	出厂安装按 $K=K_2-K_1+0.2$ mm与 H 值的偏差结果修配调整主轴前端盖	—	—

(3) 主轴部件装配工艺。

主轴各零件配对成功，精度检测合格后，下一步可以进行装配，装配工艺和步骤见表1.5。

表 1.5　**主轴部件装配工艺和步骤**

工序号	工序内容	工具材料	过程示意
1	主轴前端面朝下竖立在工作台上	—	—
2	放入迷宫隔套外环，要求迷宫隔套外环环形槽朝上装入主轴	—	
3	将角接触球轴承(7012C)放置在主轴迷宫隔套内环上，要求轴承外圈宽端面一侧朝上装入主轴 备注:为了教学拆卸方便，轴承不用加热处理，常温状态下可直接安装，轴承组合方式是DB	—	
4	将轴承隔套内环装入主轴，再放置轴承隔套外环，将第二个角接触球轴承(7012C)外圈宽端面一侧朝下装入主轴	—	

续表1.5

工序号	工序内容	工具材料	过程示意
5	将另一个轴承隔套内环装入主轴	—	
6	将前轴承螺母(M60×2)装入主轴,要求锁紧力矩为 80 N·m。使用勾头扳手紧固前轴承螺母,再使用 4 mm 内六角扳手将其三颗 M8×6 顶丝紧固	4 mm 内六角扳手、勾头扳手	
7	用磁性表座吸在主轴上,表头接触角接触球轴承(7012C)外环,旋转测量并调整外圆与主轴同心,允差≤0.05 mm	杠杆千分表、磁性表座	
8	用磁性表座吸在角接触球轴承外环上,表头接触主轴,检验其回转跳动,允差≤0.04 mm	杠杆千分表、磁性表座	
9	用磁性表座吸在主轴上,磁性表座不动,让表头接触在角接触球轴承外环端面,转动外环,检查端面跳动,允差≤0.02 mm	杠杆千分表、磁性表座	
10	第“8”工序和第“9”工序检验,若跳动超差,可通过调整前轴承螺母(M60×2)上3个顶丝或轻敲螺母对应方向达到要求为止	—	—

续表1.5

工序号	工序内容	工具材料	过程示意
11	装入后轴承挡板(凸面朝上)	—	
12	装入角接触球轴承(7010C),组合方式DB,放置在后轴承挡板上	—	
13	将主轴套筒套入主轴	—	
14	先使用(M5×12)螺丝组装好主轴套筒压环与皮带轮	—	
15	安装键(C10×8×50)	—	
16	将组装好的主轴套筒压环与皮带轮装入主轴	—	
17	将预紧螺母安装在主轴上,要求锁紧力矩为60 N·m,使用可调式圆螺母扳手将其安装到位,并调整预紧螺母上的三颗顶丝(M6×10)	可调式圆螺母扳手、3 mm内六角扳手	

续表1.5

工序号	工序内容	工具材料	过程示意
18	安装主轴前端盖及防水环,并用 8 颗内六角圆柱头螺钉 M6×20 的螺丝锁紧。计算所得前轴承外环压紧量 A 在技术要求公差范围内,其中 $A=K_2-K_1-H$	—	
19	安装定位键,并用 2 颗内六角圆柱头螺钉 M6×16 的螺丝锁紧	—	

(4) 主轴部件精度检测。

主轴装配完只需要对装配后的主轴径向跳动进行检测,检测要求见表 1.6。

表 1.6 主轴径向跳动检测

工序号	工序内容	工具材料	过程示意
1	将主轴放置在检测台上,检测主轴跳动,要求跳动 ≤ 0.01 mm	杠杆千分表、磁性表座	

1.3.5 实训步骤

1. 装配前准备工作

利用酒精、清洗剂、擦拭布、锉刀、油石、砂纸、丝锥等工具将主轴零件上的污渍、毛刺、锈迹、螺纹孔中的残屑和污垢清洁干净。清洁干净的零件在工作台上摆放好。

(注:轴承是否清洗取决于轴承生锈及润滑脂污染情况,实训室用轴承工作环境较好、负载小,维护保养较好,轴承不容易出现生锈和润滑脂污染的情况。)

2. 主轴配合零件间精度检测和零件检查

根据主轴配合零件间精度检测和零件检查的要求,对轴承以及内外环进行检测,并在表 1.7 中记录相关数据。

表 1.7 主轴零件测量数据

序号	待检测零件名称、型号	测量数据			结果
		测量点 1	测量点 2	测量点 3	
1	—	—	—	—	—
2	—	—	—	—	—
3	—	—	—	—	—
4	—	—	—	—	—
5	—	—	—	—	—
6	—	—	—	—	—

3. 主轴部件装配及检测

根据主轴装配工艺要求，进行主轴装配，并在表 1.8 中记录相关数据。

表 1.8 主轴零件测量数据

序号	项目内容
1	前主轴轴承安装：根据主轴安装工艺要求安装主轴轴承，正确选择轴承安装方向，轴承组对形式正确。测量并调整外圆与主轴同心
2	主轴轴承回转精度调整：测量和调整前轴承外环与主轴后轴承轴径接触外圆之间回转跳动，将测量结果填入下式： $\Delta r =$ ________ mm。 检验前轴承外环端面跳动： $\Delta a =$ ________ mm
3	前后轴承锁紧螺母锁紧。确认轴承系轴向预紧完成后，填写如下数据，在力矩扳手调至前轴承预紧力矩值时： 前轴承 = ________ N·m； 后轴承 = ________ N·m

续表1.8

序号	项目内容
4	用深度尺实测主轴套筒端面到主轴套隔台的长度 K_1 值，记录以下数据： K_1 = ________ mm； K_{11} = ________ mm； K_{12} = ________ mm； K_{13} = ________ mm； … K_{1n} = ________ mm。 实测叠加放置高度 K_2 值，记录以下数据： K_2 = ________ mm； K_{21} = ________ mm； K_{22} = ________ mm； K_{23} = ________ mm； … K_{2n} = ________ mm。 实测主轴前端盖凹台深度数值 H，记录以下数据： H = ________ mm； H_1 = ________ mm； H_2 = ________ mm； H_3 = ________ mm； … H_n = ________ mm。 按照工艺要求计算主轴前端盖压紧量 $A = K_2 - K_1 - H$： A = ________ mm。 检测主轴单锥孔跳动 Δs，记录以下数据： Δs = ________ mm

1.3.6 思考题

1. 轴承安装方向，轴承组对形式是什么？
2. 为什么用深度尺实测主轴套筒端面到主轴套隔台的长度 K_1 值需要测多个点？
3. 查阅资料，前后轴承锁紧螺母锁紧时，为什么对预紧力矩值有要求？

实训任务 1.4 认识数控机床进给传动系统

1.4.1 实训目标

(1) 熟悉数控机床进给传动系统的组成。

(2) 熟悉亚龙十字滑台实训平台。

1.4.2 实训内容

观察机床机械结构,认识机床传动系统。

1.4.3 实训工具、仪器和器材

工具:活动扳手、内六角扳手、油石、擦拭布。

1.4.4 实训指导

数控机床进给运动以保证刀具与工件相对位置关系为目的。在数控机床中,进给运动是数控系统的直接控制对象。无论开环还是闭环伺服进给传动系统,工件的加工精度均要受到进给运动的传动精度、灵敏度和稳定性的影响。

1. 进给传动系统机械部分的组成和作用

数控机床进给传动系统的作用是将伺服电动机的旋转运动转变为执行件的直线运动或旋转运动。其机械部分的组成包括传动机构、运动变换机构、导向机构和执行件。其中传动机构可以是齿轮传动、同步带传动。数控机床的传动系统普遍采用无级调速的伺服驱动方式,伺服电动机的动力和运动只需经过 1 ～ 2 级齿轮或带轮传动副降速,传递给滚珠丝杠螺母副(大型数控机床常采用齿轮齿条副、蜗杆蜗轮副) 驱动工作台等执行部件运动即可。传动系统的齿轮副或带轮副的作用主要是将高速低转矩的伺服电动机输出改为低速大转矩的执行件输出,另外还可使滚珠丝杠和工作台的转动惯量在系统中占有较小的比重。此外,对开环系统还可以匹配所需脉冲当量,保证系统所需的运动精度。滚珠丝杠螺母副(或齿轮齿条副、蜗杆蜗轮副) 的作用是实现旋转运动和直线移动之间的转换。近年来,由于伺服电动机及其控制单元性能的提高,许多数控机床的进给传动系统去掉了降速齿轮副,直接将伺服电动机与滚珠丝杠连接。

2. 进给传动系统的要求

为确保数控机床进给传动系统的传动精度和工作平稳性等,在设计机械传动装置时,提出如下要求。

(1) 进给传动系统高的传动精度与定位精度要高。

数控机床进给传动装置的传动精度和定位精度对零件的加工精度起着关键性的作用,对采用步进电动机驱动的开环控制系统尤其如此。无论对点位、直线控制系统,还是轮廓控制系统,传动精度和定位精度都是表征数控机床性能的主要指标。设计时,通过在进给传动链中加入减速齿轮,以减小脉冲当量,预紧传动滚珠丝杠,消除齿轮、蜗轮等传动件的间隙等,可达到提高传动精度和定位精度的目的。由此可见,机床本身的精度,尤其是伺服传动链和伺服传动机构的精度是影响加工精度的主要因素。

(2) 进给传动系统进给变速范围要宽。

伺服进给传动系统在承担全部工作负载的条件下,应具有很宽的变速范围,以适应各

种工件材料、尺寸和刀具等变化的需要，工作进给速度范围可达 3 ～ 6 000 mm/min。为了完成精密定位，伺服系统的低速趋近速度达 0.1 mm/min；为了缩短辅助时间，提高加工效率，快速移动速度应高达 15 m/min。在多坐标联动的数控机床上，合成速度维持常数是保证表面粗糙度要求的重要条件；为保证较高的轮廓精度，各坐标方向的运动速度也要配合适当，这是对数控系统和伺服进给传动系统提出的共同要求。

(3) 进给传动系统响应速度要快。

快速响应特性是指进给传动系统对指令输入信号的响应速度及瞬态过程结束的迅速程度，即：跟踪指令信号的响应要快；定位速度和轮廓切削进给速度要满足要求；工作台应能在规定的速度范围内灵敏而精确地跟踪指令，进行单步或连续移动，在运行时不出现丢步或多步现象。进给传动系统响应速度的大小不仅影响机床的加工效率，而且影响加工精度。设计中应使机床工作台及其传动机构的刚度、间隙、摩擦以及转动惯量尽可能达到最佳值，以提高进给传动系统的快速响应特性。

(4) 进给传动系统无间隙传动。

进给传动系统的传动间隙一般指反向间隙，即反向死区误差，它存在于整个传动链的各传动副中，直接影响数控机床的加工精度。因此，应尽量消除传动间隙，减小反向死区误差。设计中可采用消除间隙的联轴节及有消除间隙措施的传动副等方法。

(5) 进给传动系统稳定性好、寿命长。

稳定性是伺服进给传动系统能够正常工作的最基本条件，特别是在低速进给情况下不产生爬行，并能适应外加负载的变化而不发生共振。稳定性与系统的惯性、刚性、阻尼及增益等都有关系，适当选择各项参数，并能达到最佳的工作性能，是伺服系统设计的目标。进给传动系统的寿命，主要指其保持数控机床传动精度和定位精度的时间长短，以及各传动部件保持其原来制造精度的能力。设计中各传动部件应选择合适的材料及合理的加工工艺与热处理方法，对于滚珠丝杠和传动齿轮，必须具有一定的耐磨性和适宜的润滑方式，以延长其寿命。

(6) 进给传动系统使用维护方便。

数控机床属高精度自动控制机床，主要用于单件、中小批量、高精度及复杂件的生产加工，机床的开机率相应就高，因此，进给传动系统的结构设计应便于维护和保养，最大限度地减小维修工作量，以提高机床的利用率。

3. 电动机与丝杠之间的连接

数控机床进给驱动对位置精度、快速响应特性、变速范围等有较高的要求。实现进给驱动的电动机主要有三种：步进电动机、直流伺服电动机和交流伺服电动机。目前，步进电动机只适用于经济型数控机床，直流伺服电动机在我国正广泛使用，交流伺服电动机作为比较理想的驱动元件已成为发展趋势。当数控机床的进给传动系统采用不同的驱动元件时，其进给机构可能会有所不同。电动机与丝杠间的连接主要有三种形式，如图 1.19 所示。

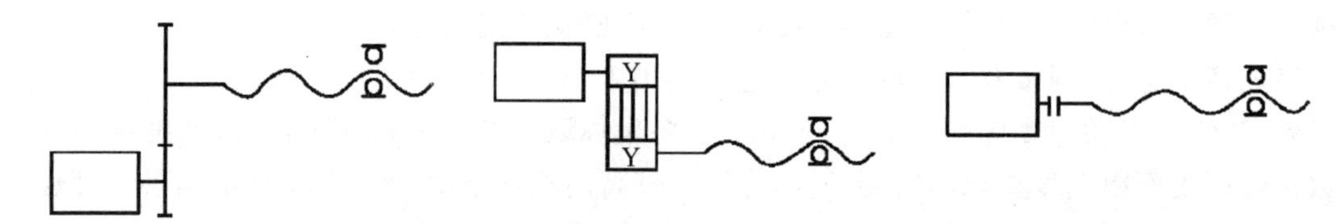

(a) 电动机通过齿轮与丝杠连接 (b) 电动机通过同步带轮与丝杠连接 (c) 电动机通过联轴器直接与丝杠连接

图 1.19　电动机与丝杠间的连接形式

(1) 电动机通过齿轮与丝杠连接。

数控机床在机械进给装置中一般采用齿轮传动副来达到一定的降速比要求，如图 1.19(a) 所示。齿轮在制造中不可能达到理想齿面要求，总存在着一定的齿侧间隙才能正常工作，但齿侧间隙会造成进给传动系统的反向失动量，对闭环系统来说，齿侧间隙会影响系统的稳定性。因此，齿轮传动副常采用消除措施来尽量减小齿轮侧隙。但这种连接形式的机械结构比较复杂。

(2) 电动机通过同步带轮与丝杠连接。

如图 1.19(b) 所示，这种连接形式的机械结构比较简单。同步带传动综合了带传动和链传动的优点，可以避免齿轮传动时引起的振动和噪声，但只能适用于低扭矩特性要求的场所。安装时中心距要求严格，且同步带与带轮的制造工艺复杂。

(3) 电动机通过联轴器直接与丝杠连接。

如图 1.19(c) 所示，此结构通常是电动机轴与丝杠之间采用锥环无键连接或高精度十字联轴器连接，从而使进给传动系统具有较高的传动精度和传动刚度，并大大简化了机械结构。在加工中心和精度较高的数控机床的进给运动中，普遍采用这种连接形式。

4. 滚珠丝杠螺母副

(1) 滚珠丝杠螺母副的工作原理及特点。

① 工作原理。

滚珠丝杠螺母副是一种新型的传动机构，它的结构特点是具有螺旋槽的丝杠螺母间装有滚珠作为中间传动件，以减少摩擦，如图 1.20 所示。图中丝杠和螺母上都磨有圆弧形的螺旋槽，这两个圆弧形的螺旋槽对合起来就形成螺旋线滚道，在滚道内装有滚珠。当丝杠回转时，滚珠相对于螺母上的滚道滚动，因此丝杠与螺母之间基本上为滚动摩擦。为了防止滚珠从螺母中滚出来，在螺母的螺旋槽两端设有回程引导装置，使滚珠能循环流动。

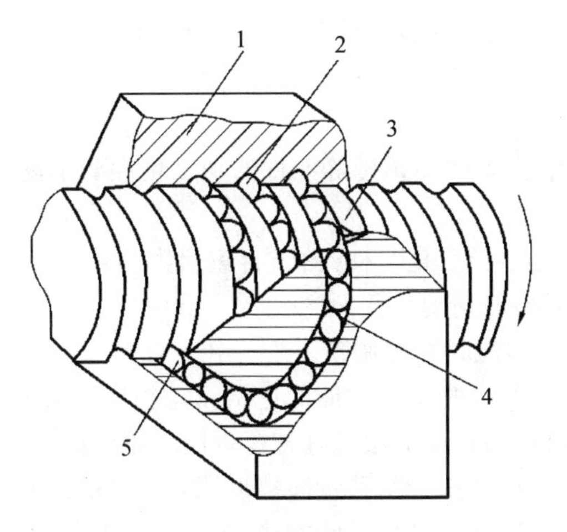

图 1.20　滚珠丝杠螺母副结构原理图
1— 螺母；2— 滚珠；3— 丝杠；4— 滚珠回路；
5— 螺旋槽

滚珠丝杠螺母副中滚珠的循环方式有外循环和内循环两种。

a.外循环：如图 1.21(a) 所示，滚珠在循环反向时离开丝杠螺纹滚道，在螺母体内或体外做循环运动。由于滚珠丝杠螺母副的应用越来越广，开发出了许多新型的滚珠循环方式。

b.内循环：如图 1.21(b) 所示，滚珠在循环过程中始终与丝杠表面保持接触，在螺母的侧面孔内装有接通相邻滚道的反向器，利用反向器引导滚珠越过丝杠的螺纹顶部进入相邻滚道，形成一个循环回路。一般在同一螺母上装有 2 ～ 4 个滚珠用反向器，并沿螺母圆周均匀分布。内循环方式的优点是滚珠循环的回路短、流畅性好、效率高、螺母的径向尺寸也较小。其不足之处是反向器加工困难，装配调整也不方便。

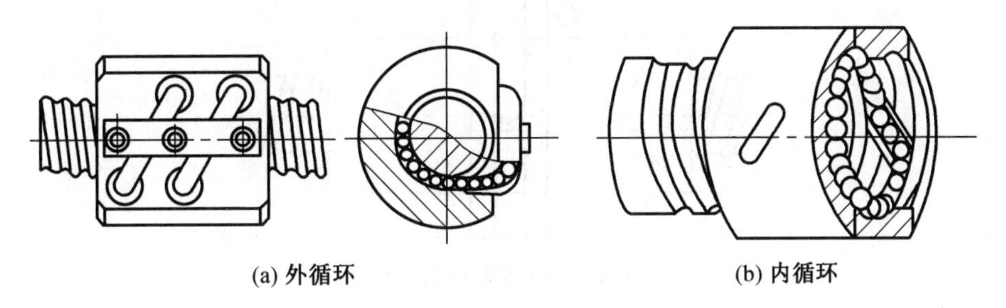

图 1.21　滚珠丝杠螺母副的循环方式

② 特点。

a.传动效率高，摩擦损失小。滚珠丝杠螺母副的传动效率 $\eta = 0.92 \sim 0.96$，比常规的丝杠螺母副提高 3 ～ 4 倍。因此，功率消耗只相当于常规的丝杠螺母副的 1/4 ～ 1/3。

b.给予适当预紧，可消除丝杠和螺母的螺纹间隙，反向时就可以消除空行程死区，定位精度高，刚度好。

c.运动平稳，无爬行现象，传动精度高。

d.运动具有可逆性，可以从旋转运动转换为直线运动，也可以从直线运动转换为旋转运动，即丝杠和螺母都可以作为主动件。

e.磨损小，使用寿命长。

f.制造工艺复杂。滚珠丝杠和螺母等元件的加工精度要求高，表面粗糙度也要求高，故制造成本高。

g.不能自锁。特别是对于垂直丝杠，由于自重惯力的作用，下降时当传动切断后，不能立刻停止运动，故常需添加制动装置。

(2) 滚珠丝杠螺母副轴向间隙的调整。

滚珠丝杠螺母副除了对本身单一方向的进给运动精度有要求外，对其轴向间隙也有严格的要求，以保证反向传动精度。滚珠丝杠螺母副的轴向间隙，是负载在滚珠与滚道型面接触点的弹性变形所引起的螺母位移量和螺母原有间隙的总和。因此要把轴向间隙完全消除相当困难。通常采用双螺母预紧的方法，把弹性变形量控制在最小限度内。目前制造的外循环单螺母的轴向间隙达 0.05 mm，而双螺母经加预紧力后基本上能消除轴向间隙。应用这一方法来消除轴向间隙时需注意以下两点。

① 通过预紧力产生预拉变形以减少弹性变形所引起的位移时，该预紧力不能过大，否则会引起驱动力矩增大、传动效率降低和使用寿命缩短。

② 要特别注意减小丝杠安装部分和驱动部分的间隙。

常用的双螺母消除轴向间隙的结构型式有以下三种。

① 垫片调隙式(图 1.22)。

通常用螺钉来连接滚珠丝杠两个螺母的凸缘，并在凸缘间加垫片。调整垫片的厚度使螺母产生轴向位移，以达到消除间隙和产生预拉紧力的目的。

这种结构的特点是构造简单、可靠性好、刚度高以及装卸方便。但调整费时，并且在工作中不能随意调整，除非更换厚度不同的垫片。

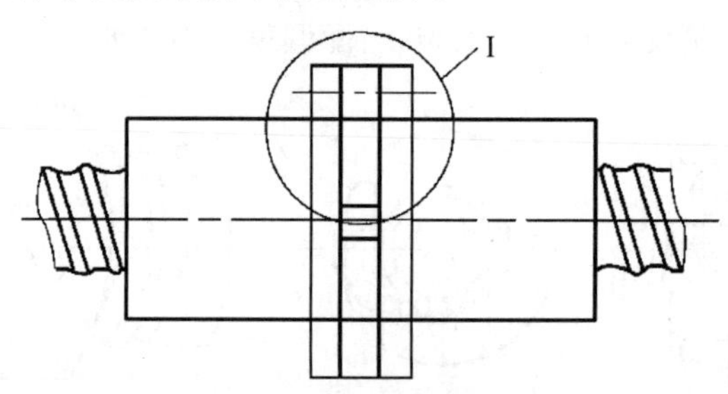

(a) 双螺母垫片调隙结构示意图

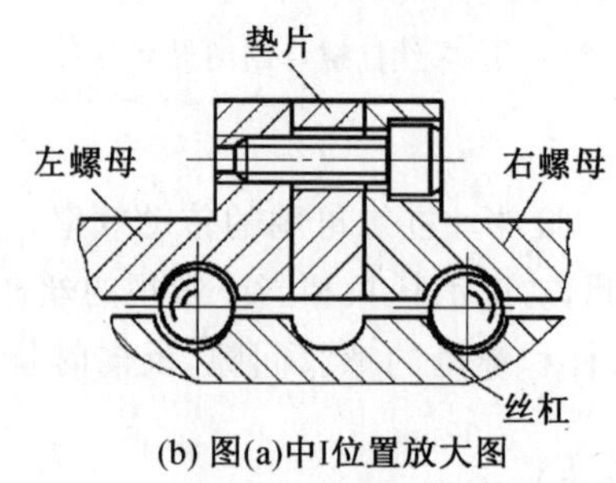

(b) 图(a)中I位置放大图

图 1.22　双螺母垫片调隙

② 螺纹调隙式(图 1.23)。

螺纹调隙式,其中一个螺母的外端有凸缘,另一个螺母的外端制有螺纹,它伸出套筒外,并用两个圆螺母固定。旋转圆螺母时,即可消除间隙,并产生预拉紧力,调整好后再用另一个圆螺母把它锁紧。

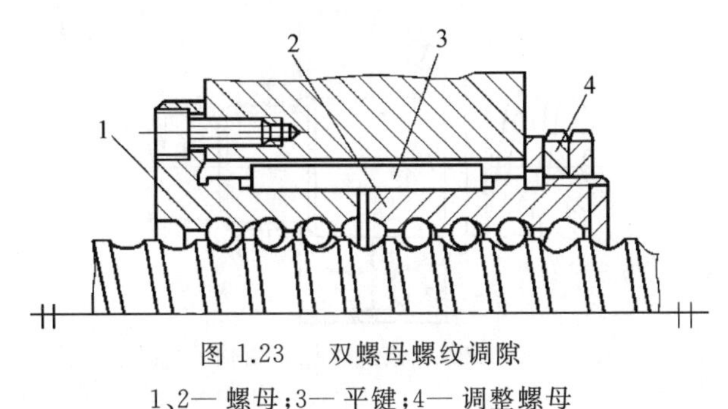

图 1.23　双螺母螺纹调隙

1、2— 螺母;3— 平键;4— 调整螺母

③ 齿差调隙式(图 1.24)。

在两个螺母的凸缘上各制有圆柱齿轮,两者齿数相差一个齿(图 1.24 中 z_1 和 z_2),并装入内齿圈中,内齿圈用螺钉或定位销固定在套筒上。调整时,先取下两端的内齿圈,当两个滚珠螺母相对于套筒同方向转动相同齿数时,一个滚珠螺母对另一个滚珠螺母产生相对角位移,从而使滚珠螺母对于滚珠丝杠的螺旋滚道相对移动,达到消除间隙并施加预紧力的目的。

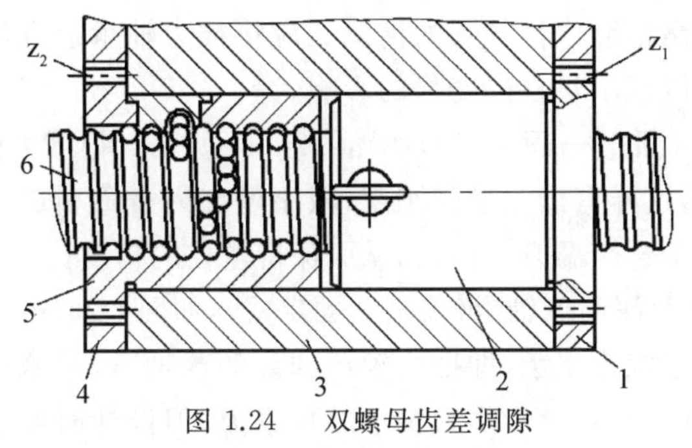

图 1.24　双螺母齿差调隙

1、4— 内齿圈;2、5— 螺母;3— 螺母座;6— 丝杠

(3) 滚珠丝杠的支承结构。

数控机床的进给传动系统要获得较高的传动刚度,除了加强滚珠丝杠螺母本身的刚度外,滚珠丝杠正确的安装及其支承的结构刚度也是不可忽视的因素。螺母座、丝杠端部的轴承及其支承加工的不精确性和它们在受力之后的过量变形,都会对进给传动系统的传动刚度产生影响。因此,螺母座的孔与螺母之间必须保持良好的配合,并应保证孔对端面的垂直度;在螺母座上增加适当的肋板,并加大螺母座和机床结合部件的接触面积,以提高螺母座的局部刚度和接触刚度。

① 轴承的选择。

为了提高支承的轴向刚度,选择合适的轴承至关重要。我国用于支承滚珠丝杠的轴承主要是滚动轴承,包括向心轴承、推力轴承和向心角接触轴承。近年来,国外出现了一种滚珠丝杠专用轴承，如图 1.25 所示。这是一种能够承受很大轴向力的特殊角接触滚珠轴承，与一般角接触轴承相比，接触角增大到 60° 时，会增加滚珠的数目并相应减小滚珠的直径。这种新结构的轴承比一般轴承的轴向刚度提高两倍以上，而且使用非常方便。

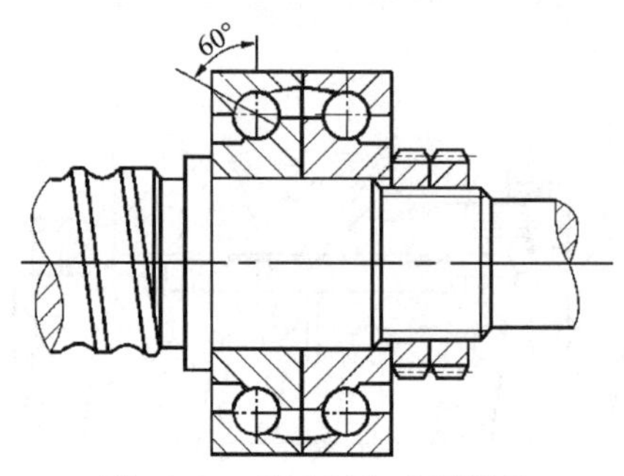

图 1.25　滚珠丝杠专用轴承

② 轴承的支承配置。

滚珠丝杠主要承受轴向载荷，它的径向载荷主要是卧式丝杠的自重，常见的轴承支承配置有以下 4 种。

a.一端装推力轴承(固定－自由式)，如图 1.26(a) 所示。这种安装方式只适用于短丝杠，它的承载能力小，轴向刚度低，一般用于数控机床的调节环节或升降台式数控机床的立向(垂直) 坐标中。

b.一端装推力轴承，另一端装深沟球轴承(固定 － 支承式)，如图 1.26(b) 所示。这种方式可用于中等转速、高精度丝杠较长的情况。应将推力轴承远离液压马达热源或置于冷却条件较好的位置，以减小丝杠热变形的影响。

c.两端装推力轴承(固定－固定式)，如图 1.26(c) 所示。把推力轴承装在滚珠丝杠的两端，并施加预紧拉力，这样有助于增强刚度，减小丝杠因自重引起的弯曲变形。因为丝杠有预紧力，所以丝杠不会因温升而伸长，从而保持丝杠的精度。

d.两端装推力轴承及深沟球轴承(固定－固定式)，如图 1.26(d) 所示。为使丝杠具有较大刚度，它的两端可用双重支承，即推力轴承加深沟球轴承，并施加预紧拉力。这种结构方式可使丝杠的温度变形转化为推力轴承的预紧力，但设计时要求提高推力轴承的承载能力和支架刚度。

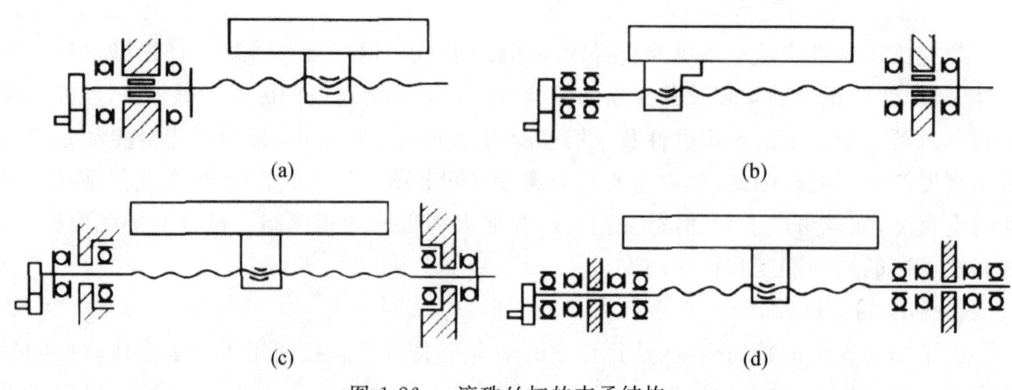

图 1.26　滚珠丝杠的支承结构

(4) 滚珠丝杠螺母副的参数、标注、结构类型和精度等级。

① 滚珠丝杠螺母副的参数(图 1.27)。

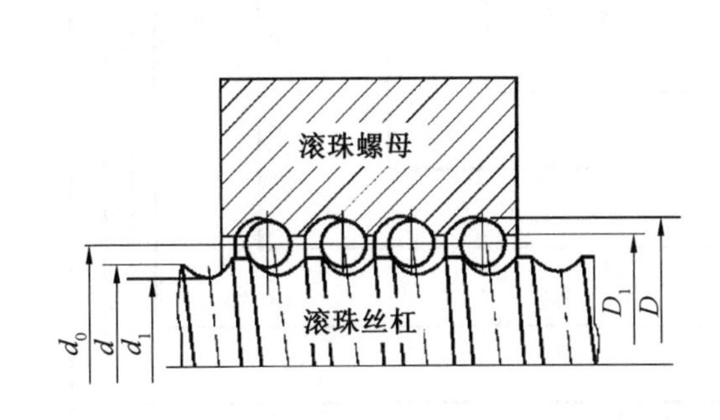

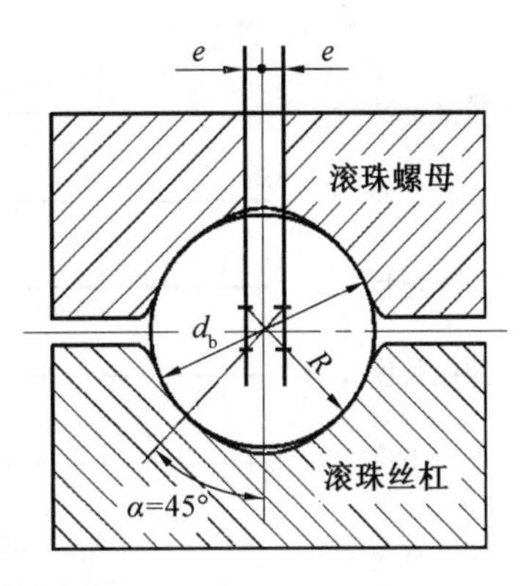

图 1.27 滚珠丝杠螺母副的参数

a.公称直径 d_0。公称直径是滚珠与螺纹滚道在理论接触角状态时包络滚珠球心的圆柱直径,它是滚珠丝杠螺母副的特性尺寸。

b.公称导程 P_{h0}。导程是滚珠丝杠相对于滚珠螺母旋转 2 rad 时,滚珠螺母上的基准点的轴向位移。

c.公称接触角 α。公称接触角是滚珠与滚道在接触点处的公法线与螺纹轴线的垂直线间的夹角,理想接触角为 $\alpha = 45°$。

此外,还有丝杠螺纹大径 d、丝杠螺纹小径 d_1、螺纹长度 l_1、滚珠直径 d_b、螺母螺纹大径 D、螺母螺纹小径 D_1、滚道圆弧半径 R 等参数。

导程的大小根据机床的加工精度要求确定。精度要求高时,应将导程取小些,可减小丝杠上的摩擦阻力。但导程取小后,势必将滚珠直径 d_b 取小,使滚珠丝杠螺母副的承载能力降低。若丝杠副的公称直径 d_0 不变,导程小,则螺旋升角也小,传动效率 η 也变小。因此,在满足机床加工精度的条件下导程应尽可能取大些。公称直径 d_0 与承载能力直接有关,有的资料推荐滚珠丝杠螺母副的公称直径 d_0 应大于丝杠工作长度的1/30。数控机床常用的进给滚珠丝杠,公称直径 $d_0 = 20 \sim 80$ mm。

② 滚珠丝杠螺母副的标注。

根据国家标准 GB/T 17587.1—2017 规定,滚珠丝杠螺母副的型号根据其公称直径、公称导程、螺纹长度、类型、标准公差等级、螺纹旋向等特征,采用汉语拼音字母、数字及汉字组合的方式,按图 1.28 所示的格式编写。

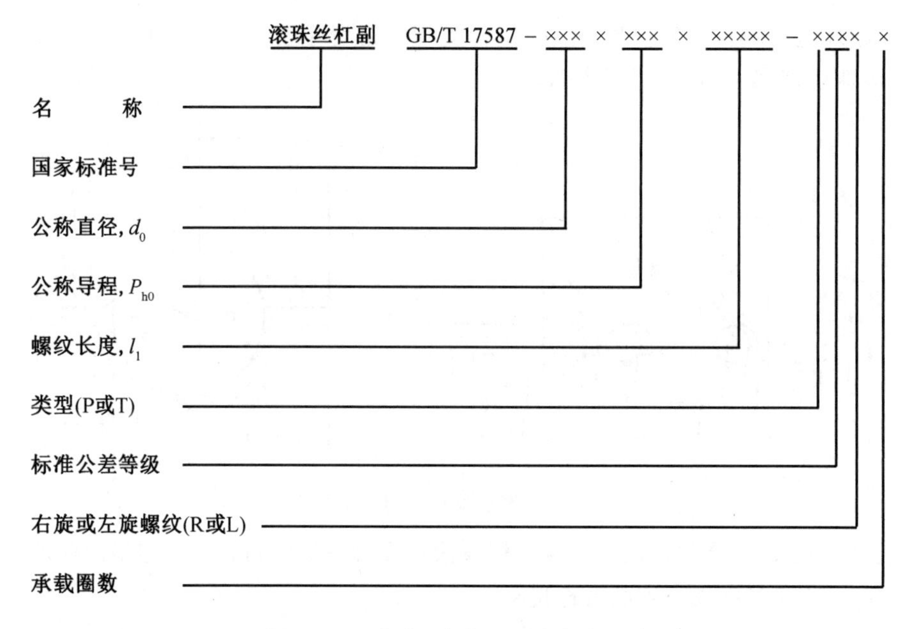

图 1.28　滚珠丝杠螺母副的型号格式

③ 滚珠丝杠螺母副的结构类型和精度等级。

滚珠丝杠螺母副的类型有两类：T 类为传动滚珠丝杠螺母副；P 类为定位滚珠丝杠螺母副，即通过旋转角度和导程间接控制轴向位移量的滚珠丝杠螺母副。

滚珠丝杠螺母副的循环方式及标注代号见表 1.9。

表 1.9　滚珠丝杠螺母副的循环方式及标注代号

循环方式		标注代号
内循环	浮动式	A
	固定式	B
外循环	插管式	C
	端盖式	D

滚珠丝杠螺母副的预紧方式及标注代号见表 1.10。

表 1.10　滚珠丝杠螺母副的预紧方式及标注代号

预紧方式	标注代号
单螺母变位导程预紧	B
双螺母齿差预紧	C
双螺母垫片预紧	D
双螺母螺纹预紧	L
双螺母无预紧	W

滚珠丝杠螺母副的结构特征及标注代号见表 1.11。

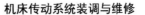

表 1.11　滚珠丝杠螺母副的结构特征及标注代号

结构特征	标注代号
导珠管埋入式	M
导珠管凸出式	T

滚珠丝杠螺母副的精度等级及使用范围见表 1.12。

表 1.12　滚珠丝杠螺母副的精度等级及使用范围

<table>
<tr><th>标注代号</th><th>使用范围</th><th>精度性能增高方向</th></tr>
<tr><td>1</td><td rowspan="2">数控磨床、数控切割机床、数控镗床、坐标镗床及高精度数控加工中心</td><td rowspan="8">⇧</td></tr>
<tr><td>2</td></tr>
<tr><td>3</td><td rowspan="2">数控钻床、数控机床、数控铣床及数控加工中心</td></tr>
<tr><td>4</td></tr>
<tr><td>5</td><td>普通机床</td></tr>
<tr><td>7</td><td rowspan="2">普通传动轴</td></tr>
<tr><td>10</td></tr>
</table>

5.齿轮传动间隙的消除措施

由于数控机床进给传动系统经常处于自动变向状态，反向时如果驱动链中的齿轮等传动副存在间隙，就会使进给运动的反向滞后于指令信号，从而影响其驱动精度。因此必须采取措施消除齿轮传动中的间隙，以提高数控机床进给传动系统的驱动精度。

(1) 圆柱齿轮传动。

① 偏心轴套调整法。

图 1.29 所示为简单的偏心轴套式间隙调整结构。电动机 1 通过偏心轴套 2 装到壳体上，通过转动偏心轴套的转角，就能够方便地调整两啮合齿轮的中心距，从而消除圆柱齿轮正、反转时的齿侧隙。

② 锥齿轮调整法。

图 1.30 所示是用带有锥度的齿轮来消除间隙的结构。在加工齿轮 1 和 2 时，将假想的分度圆柱面改变成带有小锥度的圆锥面，使其齿厚在齿轮的轴向稍有变化(其外形类似于插齿刀)。装配时只要改变垫片 3 的厚度就能调整两个齿轮的轴向相对位置，从而消除齿侧间隙。但增大圆锥面的角度，将使啮合条件恶化。

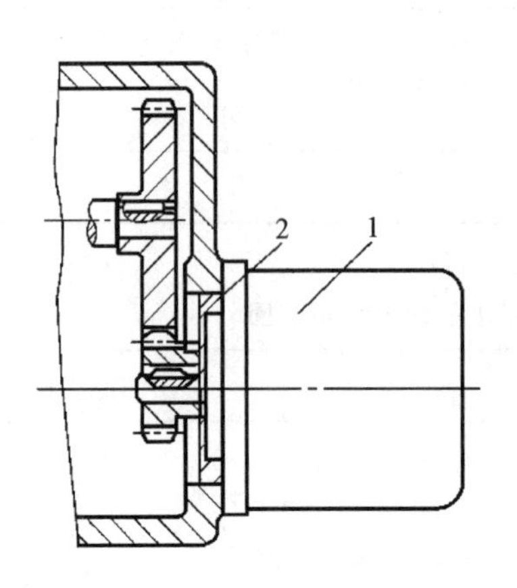

图 1.29 偏心轴套式间隙调整结构

1— 电动机;2— 偏心轴套

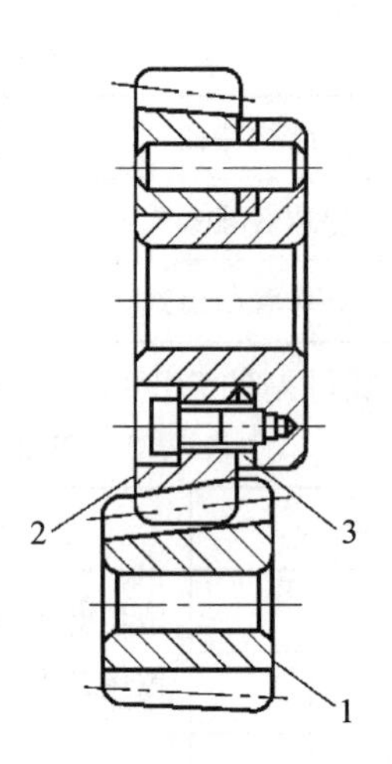

图 1.30 锥齿轮式间隙调整结构

1、2— 锥齿轮;3— 垫片

③ 双圆柱薄片齿轮错齿调整法。

在这种消除齿侧隙的方法中,有一对啮合齿轮,其中一个是宽齿轮,另一个由两相同齿数的薄片齿轮套装而成,两薄片齿轮可相对回转。装配后,应使一个薄片齿轮的齿左侧和另一个薄片齿轮的齿右侧分别紧贴在宽齿轮的齿槽左、右两侧,这样错齿后就消除了齿侧隙,反向时不会出现死区。图 1.31 所示为双圆柱薄片齿轮可调拉簧错齿调整结构。

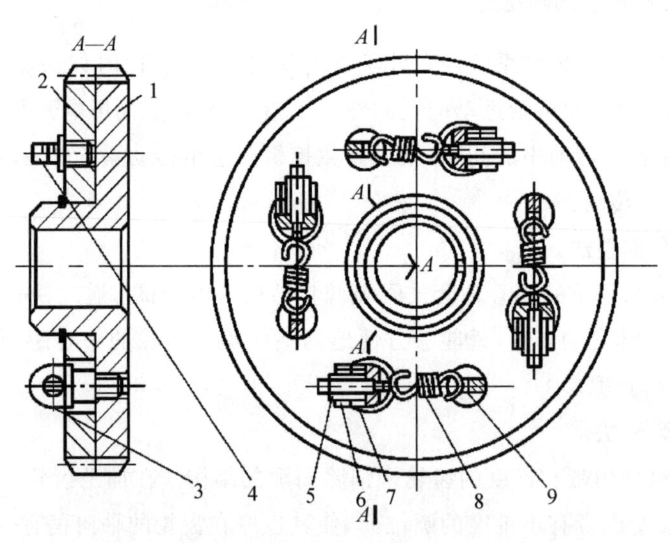

图 1.31 双圆柱薄片齿轮可调拉簧错齿调整结构

1、2— 薄片齿轮;3、4、9— 凸耳;5— 调整螺母;6— 锁紧螺母;7— 调整螺钉;8— 弹簧

在两个薄片齿轮 1 和 2 的端面均匀分布着四个螺孔,分别装上凸耳 3 和 9。齿轮 1 的端面还有另外四个通孔,弹簧 8 可以在其中穿过。弹簧 8 的两端分别钩在凸耳 9 和调整螺

钉 7 上，通过调整螺母 5 调节弹簧 8 的拉力，调节完毕用螺母 6 锁紧。弹簧的拉力使薄片齿轮错位，即两个薄片齿轮的左右齿面分别紧贴在宽齿轮齿槽的左右齿面上，从而消除齿侧间隙。

(2) 斜齿轮传动。

斜齿轮传动齿侧隙的消除方法基本与上述双圆柱薄片齿轮错齿调整法相同，也是用两个薄片齿轮和一个凸耳啮合，只是在两个薄片斜齿轮的中间隔开一小段距离，从而错开螺旋线。图 1.32 所示为薄片齿轮错齿调整结构，薄片齿轮由平键和轴连接，互相不能相对回转。薄片齿轮 1 和 2 的齿形拼装在一起加工。装配时，将垫片厚度增加或减少 Δt，然后用螺母拧紧。这时两齿轮的螺旋线就产生了错位，其左右两齿面分别与宽齿轮的齿面贴紧，从而消除了间隙。垫片厚度的增减量 Δt 可以用下式计算：

$$\Delta t = \Delta \cos \beta$$

式中　Δ—— 齿侧间隙；

　　　β—— 斜齿轮的螺旋角。

垫片的厚度通常由试测法确定，一般要经过几次修磨才能调整好，因而调整较费时，且齿侧隙不能自动补偿。

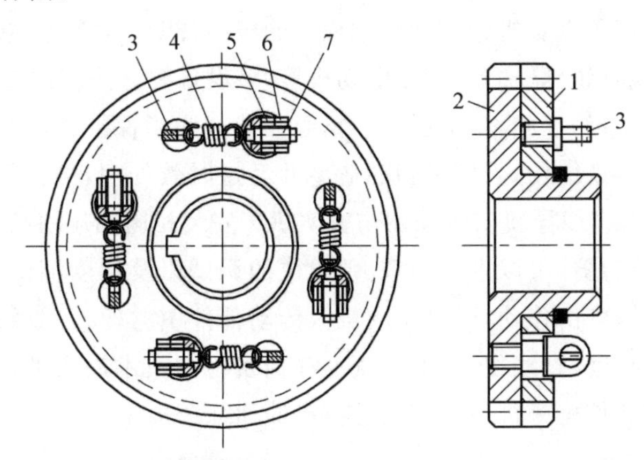

图 1.32　薄片齿轮错齿调整结构

1、2— 薄片齿轮；3— 凸耳；4— 弹簧；5、6— 螺母；7— 螺钉

(3) 齿轮齿条传动机构。

在数控机床中，对于大行程传动机构往往采用齿轮齿条传动，因为其刚度、精度和工作性能不会因行程增大而明显降低，但它与其他齿轮传动一样也存在齿侧间隙，应采取消隙措施。

当传动负载小时，可采用双片薄齿轮错齿调整法，使两片薄齿轮的齿侧分别紧贴齿条的齿槽两相应侧面，以削除齿侧间隙；当传动负载大时，可采用双齿轮调整法。如图 1.33 所示，小齿轮 1、6 分别紧贴齿条 7 啮合，与小齿轮同轴的大齿轮 2、5 分别与小齿轮 3 啮合，通过预载装置 4 向小齿轮 3 上预加负载，使大齿轮 2、5 同时向两个相反方向转动，从而带动小齿轮 1、6 转动，其齿面便分别紧贴在齿条 7 上齿槽的左、右侧，消除了齿侧间隙。

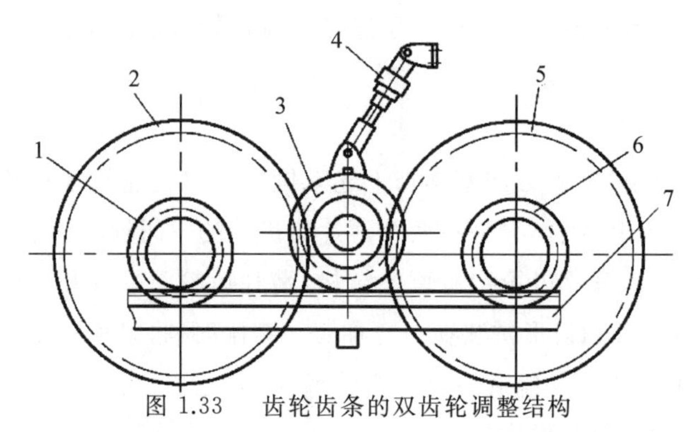

图 1.33 齿轮齿条的双齿轮调整结构

1、3、6— 小齿轮；2、5— 大齿轮；4— 预载装置；7— 齿条

6.十字滑台实训设备

亚龙十字滑台实训设备(图 1.34) 主要是为解决数控机床机械拆装项目的实训难问题而特别设计的。在传统的数控机床机械拆装实训中，一般采用真实机床来进行机械拆装训练，其教学成本高，机床部件质量大，很难开展大范围拆装与精度检测教学。而该十字滑台实训设备提炼了真实机床在拆装过程中的核心技能，即学生主要是拆装传动部件，例如滚珠丝杠、直线导轨、联轴器、伺服电动机等，该设备把这些部件集成到一台十字滑台上进行练习，这样既节约了成本，又训练了核心技能。为了保证精度与刚性，十字滑台模块整体为高刚性的铸铁结构，采用树脂砂造型并经过时效处理，确保了长期使用的精度，采用 H 级直线导轨，直线导轨安装采用与真实机床安装相同的压块结构进行直线度的调节，并装有接近式传感器，可以进行回零、硬限位的调试以及精度测试。结构上采用模块化，下装有滑轮，可以自由移动，可以完成机械传动部件中的丝杠、直线导轨、丝杠支架的拆装实训及导轨平行度、直线度、双轴垂直度等精密检测技术的实训，与各实验台配合后可完成机电联调和数控机床机械装配核心技能的训练。

十字滑台结构与装配

图 1.34 亚龙十字滑台实训设备

(1) 十字滑台结构。

十字滑台结构如图 1.35 所示。

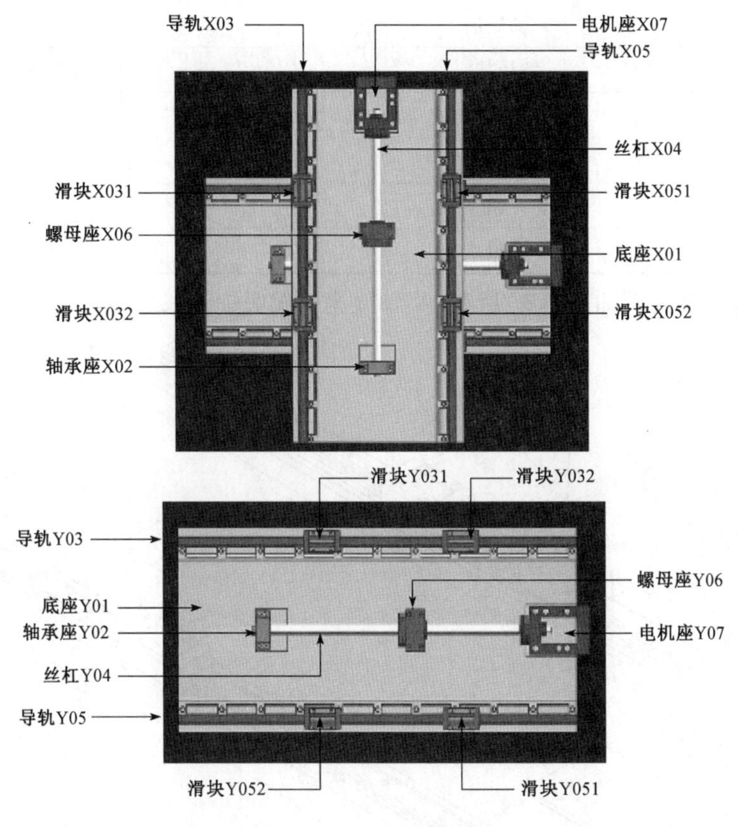

图 1.35 十字滑台结构

(2) 十字滑台装配图。

①Y 轴底座装配图如图 1.36 所示,Y 轴底座装配明细见表 1.13。

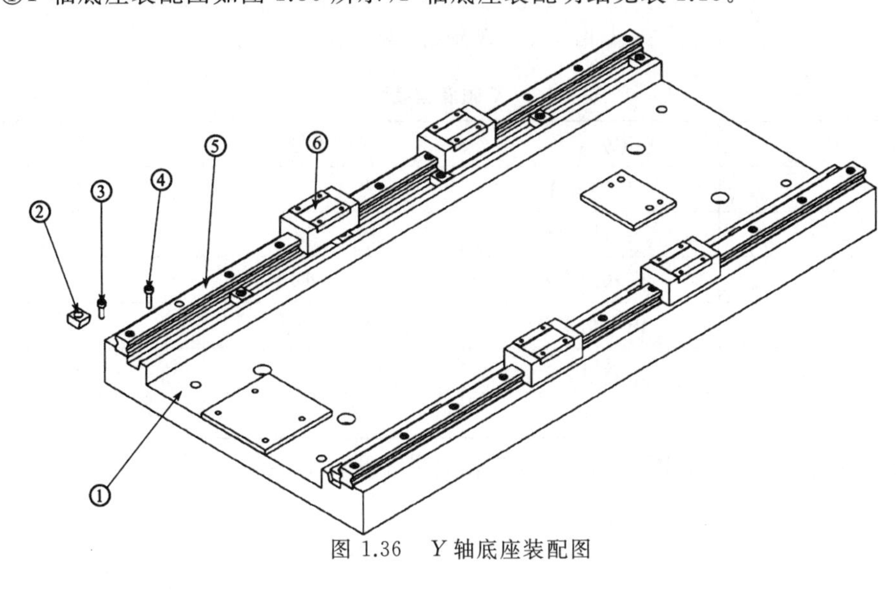

图 1.36 Y 轴底座装配图

表 1.13　*Y* 轴底座装配明细

序号	零件名称	规格型号	数量
1	*Y* 轴底座		1
2	斜压块		18
3	内六角螺丝	M4×12	18
4	内六角螺丝	M4×16	22
5	导轨		2
6	导轨滑块		4

②*X* 轴底座装配图如图 1.37 所示，*X* 轴底座装配明细见表 1.14。

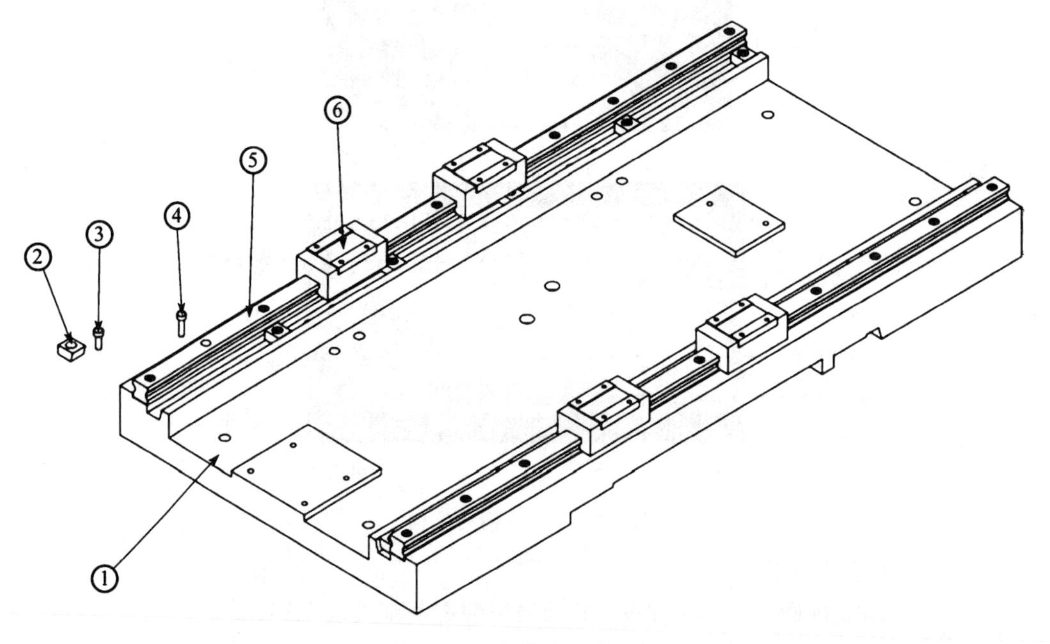

图 1.37　*X* 轴底座装配图

表 1.14　*X* 轴底座装配明细

序号	零件名称	规格型号	数量
1	*X* 轴底座		1
2	斜压块		18
3	内六角螺丝	M4×12	18
4	内六角螺丝	M4×16	22
5	导轨		2
6	导轨滑块		4

③ 丝杠组件爆炸图如图 1.38 所示，其装配明细见表 1.15。

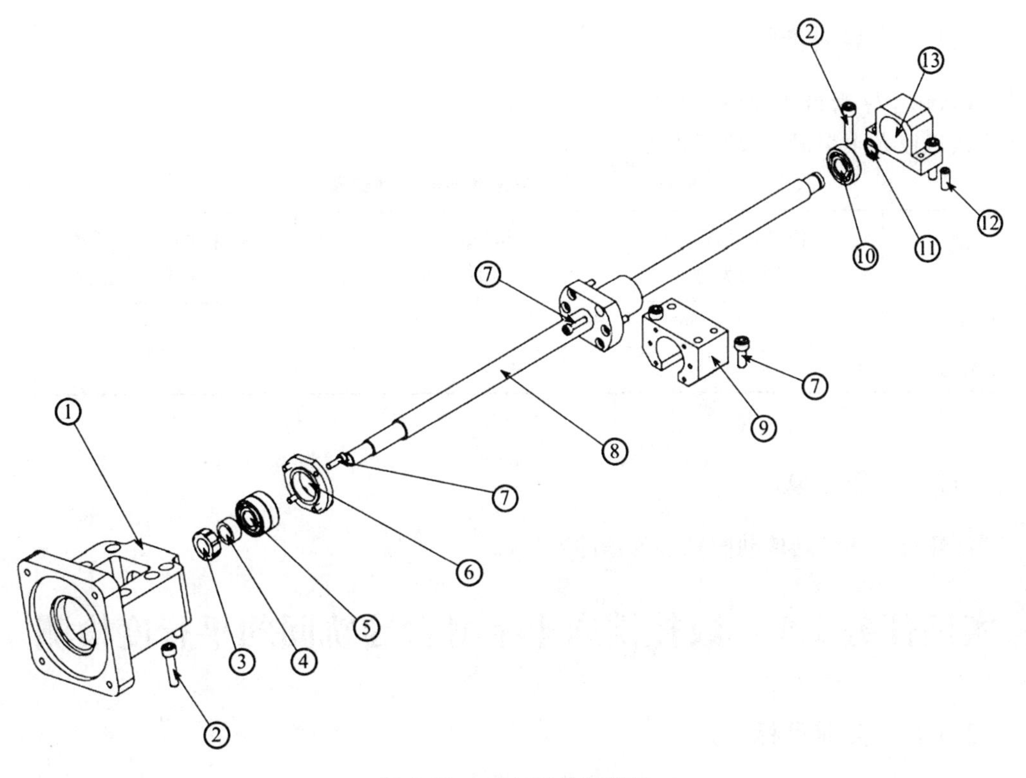

图 1.38 丝杠组件爆炸图

表 1.15 丝杠组件装配明细

序号	零件名称	规格型号	数量
1	电机座		1
2	内六角螺丝	M6×25	6
3	锁紧螺母	M12×1	1
4	隔套	M01－01202	1
5	轴承	7001ACTA/P5/DBB	2
6	压盖	M01－01203	1
7	内六角螺丝	M4×12	12
8	丝杠	HT300－01201	1
9	滚珠丝杠螺母副		1
10	轴承	6004/2RZ/P5	1
11	挡圈	A 型 ϕ12	1
12	圆锥销	A6×12	6
13	轴承座		1

1.4.5　实训步骤

【认识十字滑台实训设备】

认识亚龙十字滑台，填写表1.16。

表1.16　数控机床传动系统识别记录

对象	滚珠丝杠螺母副的类型	滚珠丝杠螺母副的循环方式	滚珠丝杠螺母副丝杠公称直径、导程
X轴方向			
Y轴方向			

1.4.6　思考题

滚珠丝杠螺母副传动间隙如何消除？

实训任务1.5　数控铣床十字滑台导轨间的平行度检测

1.5.1　实训目标

(1) 熟悉十字滑台导轨间上平面与侧平面平行度的定义。
(2) 熟悉十字滑台导轨间平行度的检测方法。

1.5.2　实训内容

数控铣床十字滑台导轨间的平行度检测。

1.5.3　实训工具、仪器和器材

工具：检测专用垫铁、磁性表座、杠杆百分表、大理石平尺、橡皮锤、内六角扳手。

1.5.4　实训指导

1. 检测基准导轨与大理石平尺间的上平面平行度

基准导轨与大理石平尺间的上平面平行度检测工具、调整方法和允许误差见表1.17，具体方法参考图1.39。

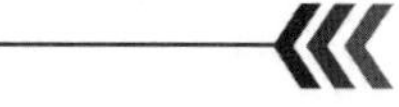

表 1.17 基准导轨与大理石平尺间的上平面平行度检测

检测工具	调整方法	允许误差
检测专用垫铁、磁性表座、指示百分表、大理石平尺、内六角扳手	将百分表的触头指向大理石平尺上平面，以导轨两侧的最低处作为基准，移动百分表检测，调整导轨上的内六角螺丝以调整平行度	≤0.1 mm

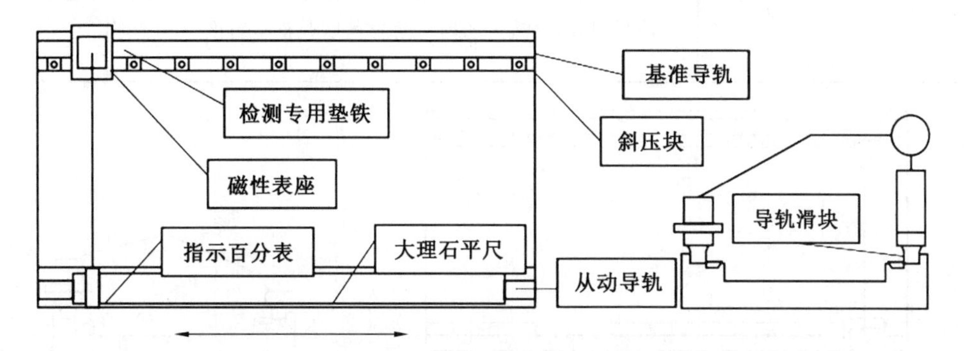

图 1.39 基准导轨与大理石平尺的上平面平行度检测

2. 检测基准导轨与大理石平尺间的侧平面平行度

基准导轨与大理石平尺间的侧平面平行度检测工具、调整方法和允许误差见表1.18，具体方法参考图 1.40。

表 1.18 基准导轨与大理石平尺间的侧平面平行度检测

检测工具	调整方法	允许误差
检测专用垫铁、橡皮锤、磁性表座、指示百分表、大理石平尺、内六角扳手	将百分表的触头指向大理石平尺侧平面，使用橡皮锤将大理石平尺两端归零，以基准导轨远离大理石平尺一侧为基准，移动百分表检测，调整斜压块的内六角螺丝以调整平行度	≤0.1 mm

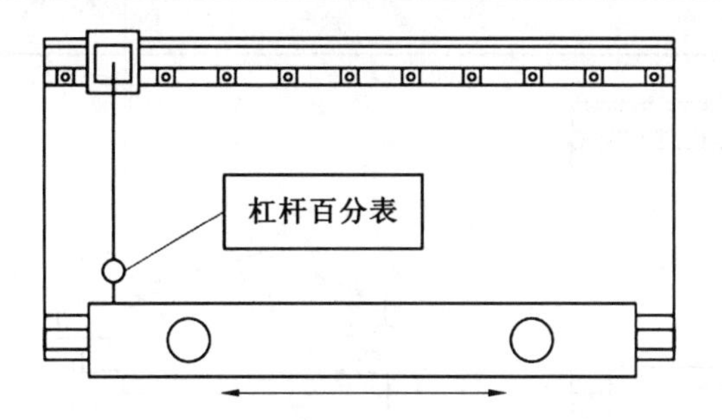

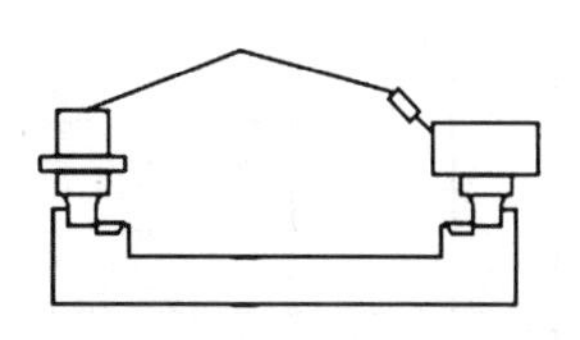

图 1.40 基准导轨与大理石平尺间的侧平面平行度检测

3. 检测从动导轨与基准导轨间的上平面平行度

从动导轨与基准导轨间的上平面平行度检测工具、调整方法和允许误差见表1.19，具体方法参考图 1.41。

表 1.19　从动导轨与基准导轨间的上平面平行度检测

检测工具	调整方法	允许误差
检测专用垫铁、磁性表座、指示百分表、内六角扳手	将百分表的触头指向基准导轨滑块的上平面，以从动导轨两侧的最低处作为基准，同步推动滑块与百分表检测，调整从动导轨上的内六角螺丝以调整平行度	≤0.1 mm

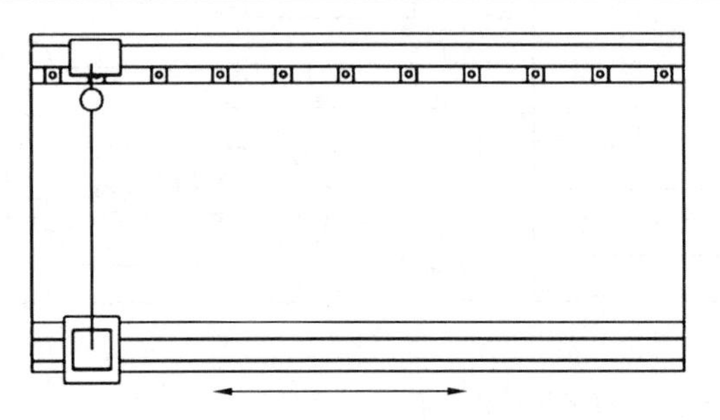
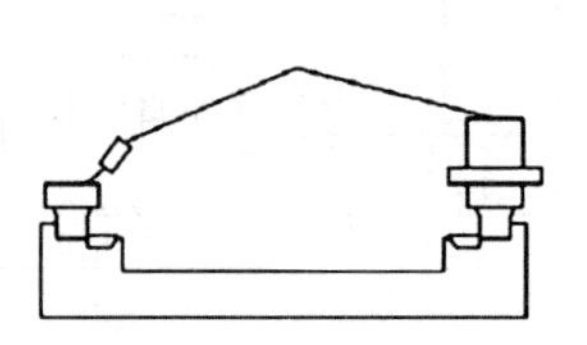

图 1.41　从动导轨与基准导轨间的上平面平行度检测

4.检测从动导轨与基准导轨间的侧平面平行度

从动导轨与基准导轨间的侧平面平行度检测工具、调整方法和允许误差见表1.20，具体方法参考图 1.42。

表 1.20　从动导轨与基准导轨间的侧平面平行度检测

检测工具	调整方法	允许误差
检测专用垫铁、磁性表座、指示百分表、内六角扳手	将百分表的触头指向基准导轨滑块的侧平面，以从动导轨两侧远离基准导轨的一侧为基准，同步推动滑块与百分表检测，调整从动导轨上的斜压块的内六角螺丝以调整平行度	≤0.1 mm

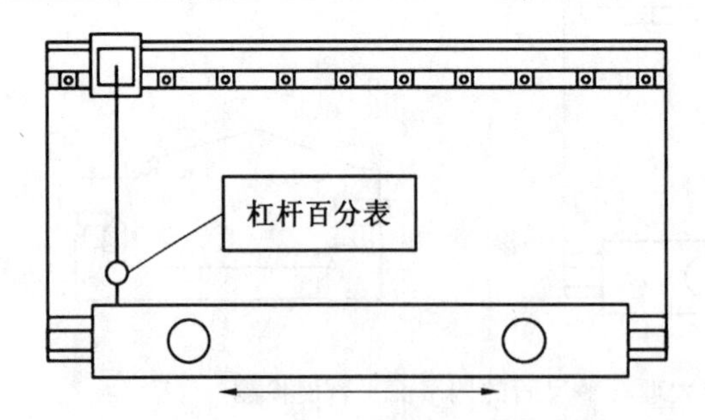

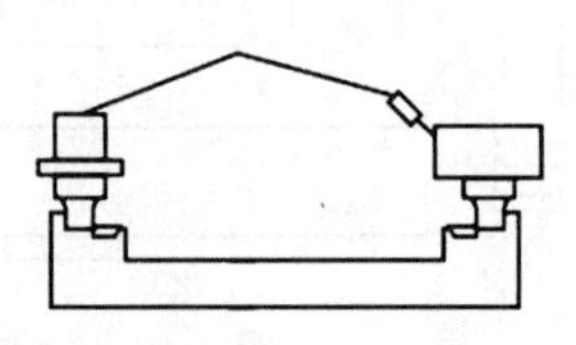

图 1.42　从动导轨与基准导轨间的侧平面平行度检测

1.5.5 实训步骤

1. 检测基准导轨与大理石平尺间的上平面平行度

基准导轨与大理石平尺间的上平面平行度检测结果填入表1.21。

表1.21 基准导轨与大理石平尺间的上平面平行度检测结果

检测工具	调整方法及允许误差	检测结果

2. 检测基准导轨与大理石平尺间的侧平面平行度

基准导轨与大理石平尺间的侧平面平行度检测结果填入表1.22。

表1.22 基准导轨与大理石平尺间的侧平面平行度检测结果

检测工具	调整方法及允许误差	检测结果

3. 检测从动导轨与基准导轨间的上平面平行度

从动导轨与基准导轨间的上平面平行度检测结果填入表1.23。

表1.23 从动导轨与基准导轨间的上平面平行度检测结果

检测工具	调整方法及允许误差	检测结果

4. 检测从动导轨与基准导轨间的侧平面平行度

从动导轨与基准导轨间的侧平面平行度检测结果填入表1.24。

表 1.24　从动导轨与基准导轨间的侧平面平行度检测结果

检测工具	调整方法及允许误差	检测结果

1.5.6　思考题

影响基准导轨与从动导轨间平行度误差的原因有哪些？

实训任务 1.6　数控铣床十字滑台丝杠与导轨间的平行度检测

1.6.1　实训目标

(1) 熟悉十字滑台丝杠上母线与侧母线平行度的定义。
(2) 熟悉十字滑台丝杠与导轨间平行度的检测方法。

1.6.2　实训内容

数控铣床十字滑台丝杠与导轨间的平行度检测。

1.6.3　实训工具、仪器和器材

工具：检测专用垫铁、磁性表座、杠杆百分表、铜皮、内六角扳手。

1.6.4　实训指导

1. 检测丝杠上母线与基准导轨上平面间的平行度

丝杠上母线与基准导轨上平面间的平行度检测工具、调整方法和允许误差见表 1.25，具体方法参考图 1.43。

表 1.25　丝杠上母线与基准导轨上平面间的平行度检测

检测工具	调整方法	允许误差
检测专用垫铁、磁性表座、杠杆百分表、铜皮、内六角扳手	将百分表的触头指向丝杠的上母线，移动百分表检测，在电机座或轴承座的基准面上垫铜皮以调整平行度	≤0.1 mm

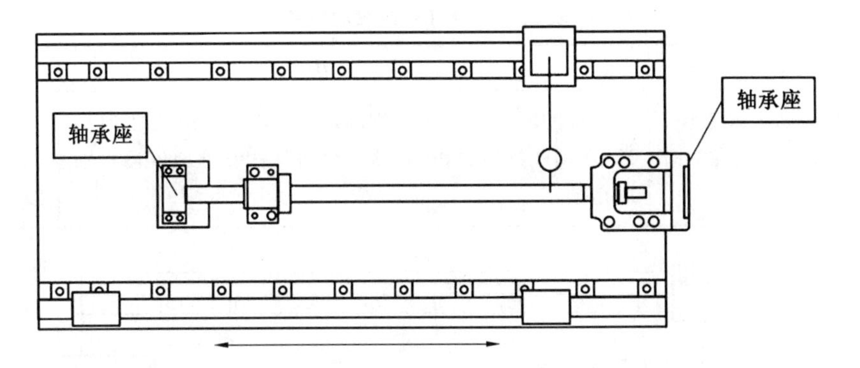

图 1.43　丝杠上母线与基准导轨上平面间的平行度检测

2. 检测丝杠侧母线与基准导轨侧平面间的平行度

丝杠侧母线与基准导轨侧平面间的平行度检测工具、调整方法和允许误差见表 1.26，具体方法参考图 1.44。

表 1.26　丝杠侧母线与基准导轨侧平面间的平行度检测

检测工具	调整方法	允许误差
检测专用垫铁、磁性表座、杠杆百分表、橡皮锤、内六角扳手	将百分表的触头指向丝杠的侧母线，移动百分表检测，用橡皮锤敲动电机座或轴承座以调整平行度	≤0.1 mm

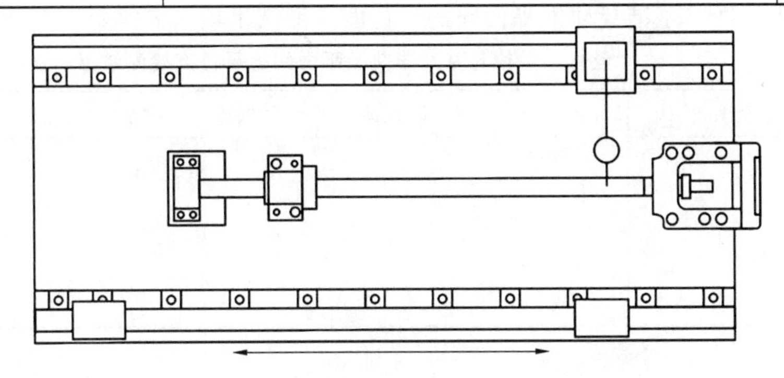

图 1.44　丝杠侧母线与基准导轨侧平面间的平行度检测

3. 检测丝杠的轴向窜动

丝杠轴向窜动的检测工具、调整方法和允许误差见表 1.27，具体方法参考图 1.45。

表 1.27　丝杠轴向窜动检测

检测工具	调整方法	允许误差
检测专用垫铁、磁性表座、指示百分表(平头)、ϕ6 钢球、内六角扳手	在丝杠的轴端放上一个钢球，将百分表的触头指向钢球，转动丝杠检测，通过预紧滚珠丝杠螺母副以调整轴向窜动	≤0.02 mm

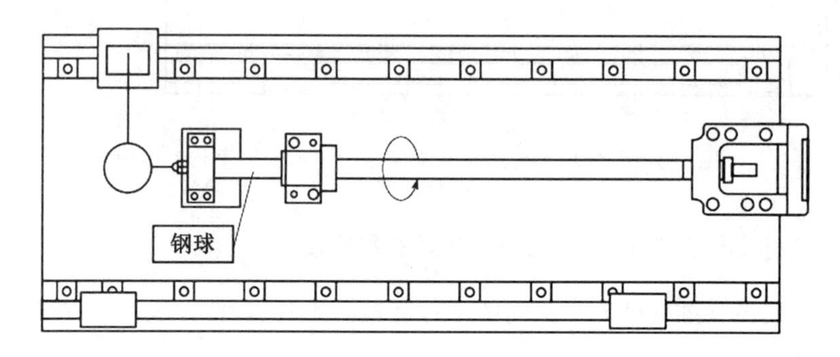

图 1.45　丝杠轴向窜动检测

1.6.5　实训步骤

1. 检测丝杠上母线与基准导轨上平面间的平行度

将丝杠上母线与基准导轨上平面间的平行度检测结果填入表 1.28。

表 1.28　丝杠上母线与基准导轨上平面间的平行度检测结果

检测工具	调整方法及允许误差	检测结果

2. 检测丝杠侧母线与基准导轨侧平面间的平行度

将丝杠侧母线与基准导轨侧平面间的平行度检测结果填入表 1.29。

表 1.29　丝杠上母线与基准导轨侧平面间的平行度检测结果

检测工具	调整方法及允许误差	检测结果

3. 检测丝杠的轴向窜动

将丝杠的轴向窜动检测结果填入表 1.30。

表 1.30　丝杠的轴向窜动检测结果

检测工具	调整方法及允许误差	检测结果

1.6.6　思考题

丝杠和从动轨之间的平行度如何检测?

实训任务 1.7　十字滑台装调

十字滑台安装步骤与工艺

1.7.1　实训目标

(1) 熟悉十字滑台的结构及组成。
(2) 熟悉十字滑台装配步骤及工艺。

1.7.2　实训内容

十字滑台装调。

1.7.3　实训工具、仪器和器材

工具:3 mm 内六角扳手、5 mm 内六角扳手、铜棒、假轨、大理石平尺、检测专用垫铁、指示百分表(圆头)、磁性表座、轴承安装器、橡皮锤、卡簧钳、勾扳手、1.5 mm 内六角扳手、铜皮。

1.7.4　实训指导

1. *X* 轴底座安装步骤

X 轴底座安装步骤、使用工具及过程示意见表 1.31。

表 1.31　X 轴底座安装步骤、使用工具及过程示意

工序号	工序内容	工具材料	过程示意
1	将 X 轴底座安装在 Z 轴的导轨滑块上，将 X 轴底座与滑块以及螺母座 Z06 的螺纹孔和销孔对齐	—	
2	底座内侧，使用 8 个 M4×12 内六角螺丝将 X 轴底座与导轨滑块进行固定	3 mm 内六角扳手	
3	底座外侧，使用 8 个 M4×16 内六角螺丝将 X 轴底座与导轨滑块进行固定	3 mm 内六角扳手	
4	使用 2 个 M6×15 内六角螺丝将 X 轴底座与螺母座 Z06 固定但不拧紧，等敲入圆锥销后再拧紧	5 mm 内六角扳手	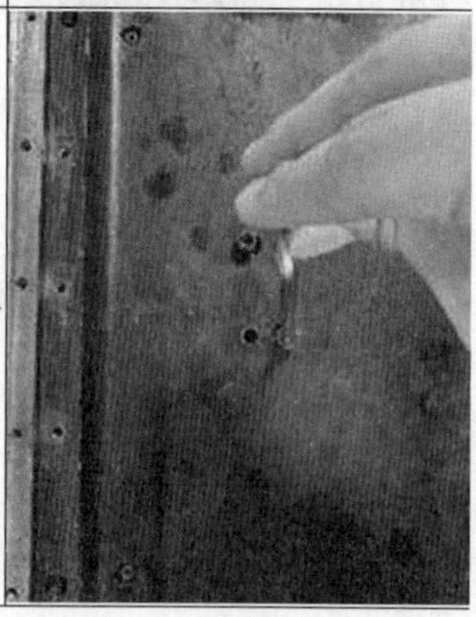

续表1.31

工序号	工序内容	工具材料	过程示意
5	使用 2 个圆锥销通过 *X* 轴底座敲入螺母座 Z06 内	铜棒	
6	使用 M4×16 内六角螺丝将 4 个斜压块固定在 *X* 轴底座下方，但不要完全拧紧	3 mm 内六角扳手	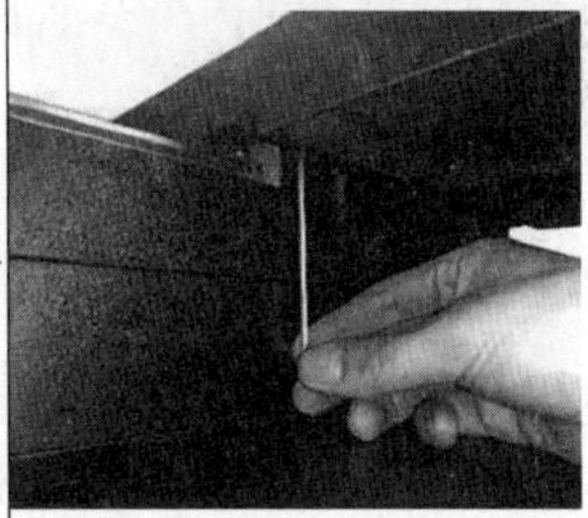

2. X03 导轨装配与精度检测步骤

X03 导轨装配与精度检测步骤、使用工具及过程示意见表 1.32。

表 1.32　X03 导轨装配与精度检测步骤、使用工具及过程示意

工序号	工序内容	工具材料	过程示意
1	将导轨 X03 和导轨 X05 安装在 *X* 轴底座上（注意导轨上的箭头朝内），每根导轨使用 11 个 M4×16 内六角螺丝从一个方向顺序固定，其中导轨 X05 不要完全拧紧	3 mm 内六角扳手	

续表1.32

工序号	工序内容	工具材料	过程示意
2	在导轨X03一侧使用9个M4×12内六角螺丝将9个斜压块从一个方向顺序固定，但是不要完全拧紧	3 mm内六角扳手	
3	将滑块X031取下	假轨	
4	在滑块X05和滑块X052上放置大理石平尺，使用4个M4×15内六角螺丝将检测专用垫铁安装在滑块X032上，磁性表座吸附在检测专用垫铁上并安装好指示百分表(圆头)	大理石平尺、检测专用垫铁、3 mm内六角扳手、指示百分表(圆头)、磁性表座	
5	百分表接触到大理石平尺表面，至少压下一圈，并将指针调到零位		
6	移动百分表检测导轨X03上平面的平行度，根据误差调整导轨X03上的内六角螺丝		

续表1.32

工序号	工序内容	工具材料	过程示意
7	将大理石平尺横放，将杠杆百分表安装在磁性表座上，杠杆百分表接触到大理石平尺侧面至少压下半圈，并将指针调到零位	杠杆百分表、大理石平尺、橡皮锤、3 mm 内六角扳手、磁性表座	
8	用橡皮锤调整大理石平尺使两端对零，然后移动百分表检测导轨 X03 侧平面的平行度，根据误差调整导轨 X03 的斜压块上的内六角螺丝		

3. X05 导轨装配与精度检测步骤

X05 导轨装配与精度检测步骤、使用工具及过程示意见表 1.33。

表 1.33　X05 导轨装配与精度检测步骤、使用工具及过程示意

工序号	工序内容	工具材料	过程示意
1	取下大理石平尺,使用 4 个 M4×15 内六角螺丝将检测专用垫铁安装在滑块 X052 上,磁性表座吸附在检测专用垫铁上并安装好杠杆百分表		
2	杠杆百分表接触滑块 X032 的上平面,至少压下半圈,并将指针调到零位		
3	同步移动百分表和滑块 X032 检测导轨 X05 上平面的平行度,根据误差调整导轨 X05 上的内六角螺丝	检测专用垫铁、磁性表座、杠杆百分表、3 mm 内六角扳手	
4	杠杆百分表接触滑块 X032 的侧平面,至少压下半圈,并将指针调到零位		
5	同步移动百分表和滑块 X032 检测导轨 X05 侧平面的平行度,根据误差调整导轨 X05 斜压块上的内六角螺丝		

4. 传动部件装配与精度检测步骤

传动部件装配与精度检测步骤、使用工具及过程示意见表 1.34。

表 1.34　传动部件装配与精度检测步骤、使用工具及过程示意

工序号	工序内容	工具材料	过程示意
1	使用轴承安装器和橡皮锤将两个 7001 角接触轴承以背靠背的方式敲入电机座 X07 中	轴承安装器、橡皮锤	 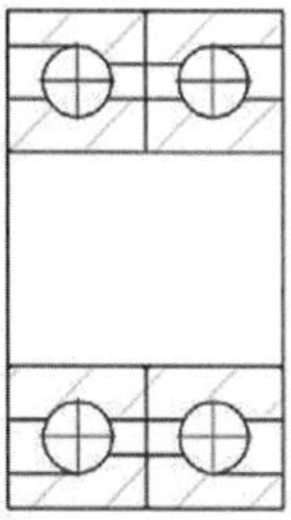
2	使用轴承安装器和橡皮锤将一个 6001 深沟球轴承直接敲入轴承座 X02 中，轴承的位置需要后期调整	轴承安装器、橡皮锤	
3	使用 4 个 M6 × 30 内六角螺丝将电机座 X07 暂时固定在 X 轴底座上，但不要拧紧	5 mm 内六角扳手	
4	将丝杠 X04 装入轴承座 X02 的深沟球轴承内	—	

续表1.34

工序号	工序内容	工具材料	过程示意
5	使用4个M4×12内六角螺丝将压盖安装在电机座X07上，同时将丝杠X04另一头装入电机座X07并推到底	3 mm 内六角扳手	
6	使用2个M6×25内六角螺丝将轴承座X02暂时固定在X轴底座，但不要拧紧	5 mm 内六角扳手	
7	使用卡簧钳将卡簧安装在丝杠X04的卡簧槽内	卡簧钳	
8	将隔套放入电机座X07的丝杠尾端	—	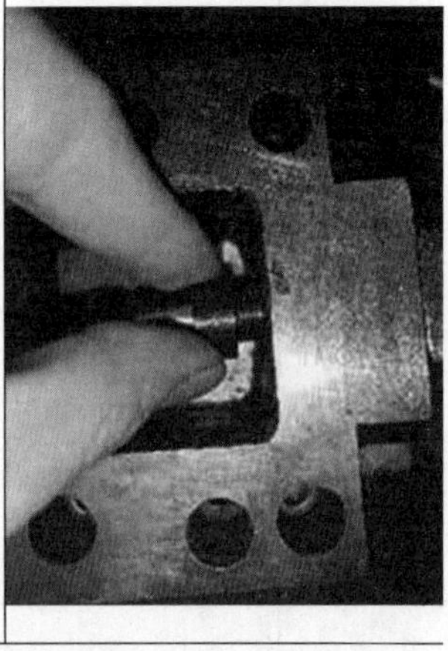

续表1.34

工序号	工序内容	工具材料	过程示意
9	使用勾扳手将锁紧螺母固定在丝杠 X04 尾端螺纹上,顶住隔套	勾扳手	
10	将 3 个顶丝隔 120° 拧入锁紧螺母中	1.5 mm 内六角扳手	
11	杠杆百分表接触丝杠 X04 的上母线,将指针调到零位	杠杆百分表	
12	移动百分表检测丝杠 X04 上母线的平行度,根据误差在电机座 X07 或轴承座 X02 下垫铜皮进行调整	铜皮	
13	杠杆百分表接触丝杠 X04 的侧母线,将指针调到零位	杠杆百分表	

续表1.34

工序号	工序内容	工具材料	过程示意
14	移动百分表检测丝杠 X04 侧母线的平行度,根据误差使用橡皮锤敲动电机座 X07 或轴承座 X02 进行调整	橡皮锤	
15	将 2 个圆锥销敲入电机座 X07(红圈)中,并拧紧螺丝	铜棒、5 mm 内六角扳手	
16	将 2 个圆锥销敲入轴承座 X02 中,并拧紧螺丝	铜棒、5 mm 内六角扳手	

5. X 轴与 Y 轴的垂直度检测步骤

X 轴与 Y 轴的垂直度检测步骤、使用工具及过程示意见表 1.35。

表 1.35　X 轴与 Y 轴的垂直度检测步骤、使用工具及过程示意

工序号	工序内容	工具材料	过程示意
1	使用几颗 M4×12 内六角螺丝将工作台暂时固定在 4 个滑块上	3 mm 内六角扳手、大理石方尺、磁性表座、指示百分表(圆头)、橡皮锤	
2	将大理石方尺放置在工作台上，磁性表座吸附在 Y 轴底座上并安装指示百分表(圆头)，百分表接触到大理石平尺一侧至少压下一圈，并将指针调到零位		
3	推动滑台，用橡皮锤调整大理石方尺使两端对零		
4	将百分表触头接触大理石方尺相邻的垂直面至少压下一圈，并将指针调到零位		
5	推动滑台，检测垂直度，根据误差调整 X 轴底座下方斜压块的内六角螺丝		 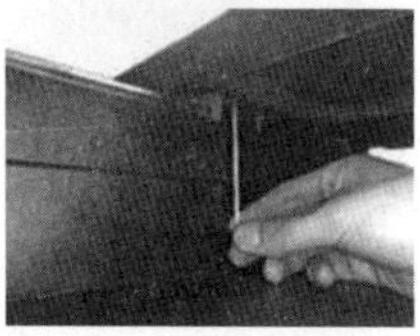

6.工作台安装步骤

工作台安装步骤、使用工具及过程示意见表 1.36。

表 1.36　工作台安装步骤、使用工具及过程示意

工序号	工序内容	工具材料	过程示意
1	使用 16 个 M4×12 内六角螺丝将工作台固定在 4 个滑块上	3 mm 内六角扳手	
2	使用丝杠摇手，使螺母座 X06 和工作台的孔对齐	丝杠摇手	
3	使用 2 个 M6×20 内六角螺丝固定工作台和螺母座 X06，等敲入圆锥销后再拧紧	5 mm 内六角扳手	
4	将 2 个圆锥销通过工作台敲入螺母座 X06	铜棒	

1.7.5 实训步骤

1. *Y* 轴底座安装

将 *Y* 轴底座安装步骤、使用工具、检测结果填入表 1.37。

表 1.37 *Y* 轴底座安装步骤

工序号	工序内容	工具材料	检测结果

2. Y03 导轨装配与精度检测

将 Y03 导轨装配步骤、使用工具、检测结果填入表 1.38。

表 1.38 Y03 导轨装配与精度检测步骤及使用工具

工序号	工序内容	工具材料	检测结果

3. Y05 导轨装配与精度检测

将 Y05 导轨装配步骤、使用工具、检测结果填入表 1.39。

表 1.39 Y05 导轨装配与精度检测步骤及使用工具

工序号	工序内容	工具材料	检测结果

续表1.39

工序号	工序内容	工具材料	检测结果

4. *Y* 轴传动部件装配与精度检测

将 *Y* 轴传动部件装配使用工具、检测结果填入表 1.40。

表 1.40　*Y* 轴传动部件装配与精度检测步骤及使用工具

工序号	工序内容	工具材料	检测结果

1.7.6　思考题

十字滑台是什么机床的进给传动系统？十字滑台的装配精度影响机床的什么功能？

项目 2　数控机床安装与精度调整

项目引入

随着智能制造、数字工厂、工业互联网等进一步普及，一座座传统工厂的转型之路逐渐开启，于是工厂纷纷引进各种类型的数控机床。但是，企业不能只是增加了数控机床、建立了智能生产线，就认为自己的工厂或车间进入了智能化、无人化时代。若整个工厂或车间想要高效精益生产，那么就需要第一时间了解到以下细节：生产线中数控机床的运作状况是否良好？是否有异常情况发生？每个工位上机床的生产效率、工作状态是否正常？生产制造工序完成后，良品率、库存以及能源消耗情况如何？

智能工厂的精益生产并不是购置数控机床就能轻易解决的，数控机床的数量大大增加，设备出现故障的概率就会大大增加。只有保证一个几百台数控机床的车间的安装精度和加工精度，并且降低故障率，以及维修响应及时，才能充分利用资源去做到高效精益生产管理。

机床加工精度是衡量机床性能的一项重要指标。影响机床加工精度的因素很多，有机床本身的精度影响，还有因机床及工艺系统变形加工中产生振动、机床的磨损以及刀具磨损等因素的影响。在上述各因素中，机床本身的精度非常重要。机床本身的精度包括几何精度、传动精度、定位精度及工作精度等，不同类型的机床对这些方面的精度要求是不一样的。几何精度和定位精度反映了机床本身的制造精度，在这两项精度检验合格的基础上，再进行零件的切削加工检验，以此考核机床的工作精度和性能。

项目目标

(1) 熟悉数控机床精度的定义、分类和特点。

(2) 熟悉数控机床的安装步骤和要求，能对数控机床进行水平调整。

(3) 熟练使用各类检测工具，能够按照国家标准要求对数控机床主轴、工作台的精度进行检测。

项目任务

对数控机床进行水平调整，对主轴及工作台进行精度检测。

实训任务 2.1　数控机床安装与调试

2.1.1　实训目标

(1) 熟悉数控机床各组成部分的安装与调试。
(2) 了解数控机床的检测要求。

2.1.2　实训内容

加深对数控机床各组成部分的认识,熟悉各组成部分安装、调试步骤。

2.1.3　实训工具、仪器和器材

工具:活动扳手、内六角扳手、擦拭布、万用表等。

2.1.4　实训指导

1. 数控机床的安装与调试

数控机床的安装与调试是指机床从生产厂家发货到用户后,安装到工作场地直到能正常工作所应完成的工作。数控机床的安装与调试是使机床恢复和达到出厂时的各项性能指标的重要环节,其优劣直接影响到机床的性能。

(1) 数控机床的安装。

数控机床的安装一般包括基础施工、机床拆箱、吊装就位、连接组装以及试车调试等工作,安装时应严格按产品说明书的要求进行。小型机床的安装可以整体进行,所以比较简单。大、中型机床由于运输时分解为几个部分,安装时需要重新组装和调整,因而工作复杂得多。现将机床的安装过程分别予以介绍。

① 基础施工及机床就位。

机床安装之前应先按机床厂提供的机床基础图打好机床地基。机床的位置和地基对于机床精度的保持和安全稳定地运行具有重要意义。机床的位置应远离振源,避免阳光照射,放置在干燥的地方。若机床附近有振源,在地基四周必须设置防振沟。在安装地脚螺栓的位置需做出预留孔。机床拆箱后先取出随机技术文件和装箱单,按装箱单清点各包装箱内的零部件、附件等资料是否齐全,然后仔细阅读机床说明书,并按说明书的要求进行安装,在地基上放多块用于调整机床水平的垫铁,再把机床的基础件(或小型整机)吊装就位在地基上。同时把地脚螺栓按要求安放在预留孔内。

② 机床连接组装。

机床连接组装是指将各分散的机床部件重新组装成整机的过程。如主床身与加长床身的连接,立柱、数控柜和电气柜安装在床身上,刀库机械手安装在立柱上等。机床连接组装前,先清除连接面和导轨运动面上的防锈涂料,清洗各部件的外表面,再把清洗后的部件连接组装成整机。部件连接定位要使用随机所带的定位销、定位块,使各部件恢复到

拆卸前的位置状态，以利于进一步的精度调整。

对新机床数控系统的连接与调整包括以下各项内容。

a.数控系统的开箱检查。

对于数控系统，无论是单个购入还是随机床配套购入，均应在到货后进行开箱检查。检查系统本体以及与之配套的进给速度控制单元和伺服电动机、主轴控制单元、主轴电动机等。检查它们的包装是否完整无损，实物和订单是否相符。此外，还应检查数控柜内各插接件有无松动，接触是否良好。

b.外部电缆的连接。

外部电缆的连接是指数控装置与外部 MDI/CRT 单元、强电柜、机床操作面板、进给伺服电动机的动力线与反馈线、主轴电动机动力线与反馈信号线的连接以及手摇脉冲发生器等的连接，应使这些连接符合随机提供的连接手册的规定。最后，还应进行地线连接。地线要采用一点接地法(即辐射式接地法)，这种接地法要求将数控柜中的信号地、强电地、机床地等连接到公共接地点上，而数控柜与强电柜之间应有足够粗的保护接地电缆，如截面积为 $5.5 \sim 14\ \mathrm{mm}^2$ 的接地电缆。另外，总的公共接地点必须与大地接触良好，一般要求接地电阻为 $4 \sim 7\ \Omega$。

c.数控系统电源线的连接。

应在先切断控制柜电源开关的情况下连接数控柜电源变压器原边的输入电缆。检查电源变压器与伺服变压器绕组抽头连接是否正确，尤其对于引进的国外数控系统或数控机床更需要如此，因为有些国家的电源电压等级与我国不同。

d.设定的确认。

数控系统内的印刷线路板上有许多用短路棒作为短路的设定点，需要对其进行适当设定以适应各种型号机床的不同要求。一般来说，用户购入的整台数控机床的该项设定已由机床制造厂完成，用户只需确认即可。但是，对于单体购入的数控系统，用户则需要自行设定。确认工作应按随机维修说明书要求的方面进行，一般有以下三个方面。

ⅰ.确认控制部分印刷线路板上的设定：确认主板、ROM板、连接单元、附加轴控制板和旋转变压器或感应同步器控制板上的设定。这些设定与机床返回基准点的方法、速度反馈用检测元件、检测增益调节及分度精度调节有关。

ⅱ.确认速度控制单元印刷线路板上的设定：无论是直流或交流速度控制单元上都有一些设定点，用于选择检测元件种类、回路增益以及各种报警等。

ⅲ.确定主轴控制单元印刷线路板上的设定：无论是直流主轴控制单元还是交流主轴控制单元，均有一些用于选择主轴电动机电流极限和主轴转速等的设定点。但数字式交流主轴控制单元上已用数字式代替短路棒设定，故只能在通电时才能进行设定和确认。

(2) 通电调试。

机床调试前，应适当做好调试维护机床的基本工作，并按相关技术规范说明对机床油箱润滑点处加上规定油脂，同时用煤油对液压油箱加以清洗。

在机床试车调试过程中，应对大型机床的各个部件分别进行供电，之后再全面供电加以试验。通电调试主要检查机床安全装置是否起作用，能否正常工作，能否达到额定的工作指标，如当启动液压系统时，首先应检查液压泵电动机的转向，其系统压力及元件等是否运行。总之，根据机床说明书资料粗略检查机床主要部件的功能是否齐全、正常，机床各环节是否正常运作。

然后对机床的床身水平加以调整，先粗调其几何精度，再调整各运动部件与主机相对应的位置，如刀库、换刀校正以及 APC 托盘和机床工作区的交换位置等。上述校正工序完成后，需要用高效快干水泥浇注主机与机床各个部件的地脚螺栓，以预留口注平为准。

当机床通电试车无故障时，应做好按压急停按钮的准备工作，从而防患于未然，及时切断供电系统电源。另外，机床各个轴的运作情况也要留意，最好手动连续进给移动各轴，通过机床显示器的显示数据判断其移动方向是否正确，如方向相反，则应将电动机动力线及检测信号反接，然后检查机床各轴移动距离是否与移动指令相符，如果不相符，应检查有关指令、反馈参数以及位置控制环增益等参数的设定是否正确。随后，再用手动进给以低速移动各轴，并使它们碰到行程开关，用以检查超程限位是否有效，数控系统是否在超程时发出报警。当运行良好且无系统故障时，还需对机床进行一次返参考点操作，由于机床的参考点是机床以后进行加工的程序基准位置，因此有必要检查有无参考点的功能以及每次返回参考点的位置是否完全一致。

机床试车调整包括机床通电试运转的粗调机床的主要几何精度。机床安装就位后可通电试车运转，主要目的是检查机床安装是否稳固，各传动、操纵、控制、润滑、液压、气动等系统是否正常、灵敏、可靠。

(3) 数控机床的调试。

① 机床精度调整。

机床精度调整主要包括精调机床床身的水平和机床几何精度。机床地基固化后，利用地脚螺栓和调整垫铁精调机床床身的水平，对普通机床，水平仪读数不超过 0.04 mm/1 000 mm；对于高精度机床，水平仪读数不超过 0.02 mm/1 000 mm。然后移动床身上各移动部件(如立柱、床鞍和工作台等)，在各坐标全行程内观察记录机床水平的变化情况，并调整相应的机床几何精度，使之达到允差范围。小型机床床身为一体，刚性好，调整比较容易。大、中型机床床身大多是多点垫铁支承，为了不使床身产生额外的扭曲变形，要求在床身自由状态下调整水平，各支承垫铁全部起作用后，再压紧地脚螺栓。这样可保持床身精调后长期工作的稳定性，提高几何精度的保持性。一般机床出厂前都经过精度检验，只要质量稳定，用户按上述要求调整后，机床就能达到出厂前的精度。

② 机床功能调试。

机床功能调试是指机床试车调整后，检查和调试机床各项功能的过程。调试前，首先应检查机床的数控系统及可编程控制器的设定参数是否与随机表中的数据一致。然后试验各主要操作功能、安全措施、运行行程及常用指令执行情况等，如手动操作方式、点动方式、编辑方式(EDIT)、数据输入方式(MDI)、自动运行方式(MEMOTY)、行程的极限保护(软件和硬件保护) 以及主轴挂挡指令和各级转速指令等是否正确无误。最后检查机床辅助功能及附件的工作是否正常，如机床照明灯、冷却防护罩和各种护板是否齐全；切削液箱加满切削液后，试验喷管能否喷切削液，在使用冷却防护罩时是否外漏；排屑器能否正常工作；主轴箱恒温箱是否起作用及选择刀具管理功能和接触式测头能否正常工作等。对于带刀库的数控加工中心，还应调整机械手的位置。调整时，让机床自动运行到刀具交换位置，以手动操作方式调整装刀机械和卸刀机械手对主轴的相对位置，调整后紧固调整螺钉和刀库地脚螺钉，然后装上几把接近允许质量的刀柄，进行多次从刀库到主轴位置的自动交换，以动作正确、不撞击和不掉刀为合格。

③ 机床试运行。

数控机床安装调试完毕后，要求整机在带一定负载条件下经过一段时间的自动运行，较全面地检查机床功能及工件的可靠性。运行时间一般采用每天运行 8 h，连续运行2～3 d，或者 24 h 连续运行 1～2 d，这个过程称为安装后的试运行。试运行中采用的程序称为考机程序，可以直接采用机床厂调试时使用的考机程序，也可自编考机程序。考机程序中应包括：数控系统主要功能的使用（如各坐标方向的运动、直线插补和圆弧插补等），自动更换取用刀库中 2/3 的刀具，主轴的最高、最低及常用的转速，快速和常用的进给速度，工作台面的自动交换，主要 M 指令的使用及宏程序、测量程序等。试运行时，机床刀库上应插满刀柄，刀柄质量应接近规定质量；交换工作台面上应加上负载。在试运行中，除操作失误引起的故障外，不允许机床有故障出现，否则表示机床的安装调试存在问题。

对于一些小型数控机床，如小型经济数控机床，直接整体安装，只要调试好床身水平，检查几何精度合格后，经通电试车就可投入运行。

2. 数控机床的检测

数控机床的检测是一项复杂的工作。它包括对机床的机、电、液和整机综合性能及单项性能的检测，另外还需对机床进行刚度和热变形等一系列试验，检测手段和技术要求高，需要使用各种高精度仪器。对数控机床的用户，检测验收工作主要是根据订货合同和机床厂检验合格证上所规定的验收条件以及实际可能提供的检测手段，全部或部分地检测机床合格证上的各项技术指标，并将数据记入设备技术档案中，以作为日后维修时的依据。

下面以一台卧式加工中心为例，介绍数控机床各部件性能检测的主要内容。

(1) 主轴系统性能。

① 用手动操作方式选择不同的转速，使主轴连续地执行正转和反转的启动和停止等动作，检验主轴的灵活性和可靠性，同时观察负载功率表的变化是否符合要求。

② 用手动输入数据的方式使主轴从低速到高速旋转，测量各级转速值，转速允差为设定值的 ±10%，同时观察机床的振动和主轴的温升，主轴在高速运转 2 h 后，允许温度升高 15 ℃。

③ 检验主轴准停装置的可靠性和灵活性。

(2) 进给传动系统性能。

进给传动系统性能主要包括以下几个方面：

① 采用手动操作的方式，分别对 X、Y、Z 坐标轴（回转坐标轴 A、B、C）进行操作，检验正、反方向不同进给速度和快速移动的启动、停止、点动等动作的平稳性和可靠性。

② 用手动输入数据的方式，通过 G00、G01 指令功能测定快速移动和各进给速度，允差为 ±5%。

(3) 自动换刀系统性能。

自动换刀系统性能主要包括以下几个方面：

① 刀库在满负载条件下，通过手动操作及自动运行检查自动换刀系统的可靠性和灵活性，机械手抓取最大允许质量刀柄的可靠性、刀库内刀号选择的准确性以及换刀过程的平稳性。

② 测定自动交换刀具的时间。

(4) 机床噪声。

机床空转时总噪声不得超过标准规定(80 dB)。数控机床的噪声主要来自主轴电动机的冷却风扇和液压系统的液压泵等处。

(5) 电气装置。

在运转试验前后分别做一次绝缘检查，检查接地线质量，确认电气装置绝缘的可靠性。

(6) 数控装置。

检查数控系统的操作面板、电柜冷却风扇和密封性等动作及功能是否正常、可靠，各种指示灯是否按机床运动情况进行工作。

(7) 润滑装置。

检查润滑装置给油的定时定量可靠性，检查润滑油路是否有泄漏，以及各润滑点的油量分配是否均匀。

(8) 气、液装置。

检查压力调节功能、气路及油路的密封情况以及液压油箱是否能够正常工作。

(9) 附属装置。

检查冷却装置、排屑器、冷却防护罩、测量装置等附属装置是否能够正常工作。

(10) 安全检查。

检查机床的安全保护功能。

2.1.5 实训步骤

检查数控铣床安装、调试状态，将检查内容与结果填入表2.1。

表2.1 数控铣床组成部分记录表

序号	任务	检查内容	检查结果
1	检查数控系统连接		
2	通电调试		
3	数控机床功能调试		
4	数控机床运行状态		

2.1.6 思考题

新机床数控系统的连接与调整应进行哪些工作，要注意哪些问题？

实训任务 2.2 数控机床精度分类及水平调整

2.2.1 实训目标

(1) 熟悉数控机床各类精度定义及要求。
(2) 熟悉数控机床安装时的水平调整方法及要求。

数控机床
精度分类

2.2.2 实训内容

数控机床精度分类及水平调整。

2.2.3 实训工具、仪器和器材

工具：活动扳手、呆扳手、精密水平仪。

2.2.4 实训指导

1. 数控机床精度分类

机床的精度包括几何精度、传动精度、定位精度以及工作精度等，不同类型的机床对这些方面的要求是不一样的。机床的几何精度、传动精度和定位精度通常是在没有切削载荷以及机床不运动或运动速度较低的情况下检测的，故一般称为机床的静态精度。静态精度主要取决于机床上主要零部件，如主轴、轴承、丝杠螺母、齿轮以及床身等的制造精度和它们的装配精度。

(1) 几何精度。

机床的几何精度是综合反映机床关键零部件经组装后的综合几何形状误差，指机床某些基础零件工作面的几何精度，它指的是机床在不运动（如主轴不转，工作台不移动）或运动速度较低时的精度。它规定了决定加工精度的各主要零部件间以及这些零部件的运动轨迹之间的相对位置允差。例如，床身导轨的直线度、工作台面的平面度、主轴的回转精度、刀架溜板移动方向与主轴轴线的平行度等。在机床上加工的工件表面形状，是由刀具和工件之间的相对运动轨迹决定的，而刀具和工件是由机床的执行件直接带动的，所以机床的几何精度是保证加工精度最基本的条件。

(2) 传动精度。

机床的传动精度是指机床传动链始末端之间的相对运动精度。这方面的误差称为该传动链的传动误差。例如车床在车削螺纹时，主轴每转一转，刀架的移动量应等于螺纹的导程，但实际上，主轴与刀架之间的传动链中，齿轮、丝杠及轴承等存在着误差，使得刀架的实际移距与要求的移距之间有误差，这个误差将直接造成工件的螺距误差。为了保证工件的加工精度，不仅要求机床有必要的几何精度，还要求传动链有较高的传动精度。

(3) 定位精度。

机床定位精度是指机床主要部件在运动终点所达到的实际位置的精度。实际位置与预期位置之间的误差称为定位误差。数控机床的定位精度又可以理解为机床的运动精度。普通机床由于手动进给，定位精度主要取决于读数误差，而数控机床的移动是靠数字程序指令实现的，故定位精度取决于数控系统和机械传动误差。机床各运动部件的运动是在数控装置的控制下完成的，各运动部件在程序指令控制下所能达到的精度直接反映了加工零件所能达到的精度，所以定位精度是一项很重要的检测内容。

(4) 工作精度。

静态精度只能在一定程度上反映机床的加工精度，因为机床在实际工作状态下，还有一系列因素会影响加工精度，例如，由于切削力、夹紧力的作用，机床的零部件会产生弹性变形；在机床内部热源（如电动机、液压传动装置的发热，轴承、齿轮等零件的摩擦发热等）以及环境温度变化的影响下，机床零部件将产生热变形；由于切削力和运动速度的影响，机床会产生振动；机床运动部件以工作速度运动时，由于相对滑动面之间的油膜以及其他因素的影响，其运动精度也与低速下测得的精度不同；所有这些都将引起机床静态精度的变化，影响工件的加工精度。机床在外载荷、温升及振动等工作状态下的精度，称为机床的动态精度。动态精度除与静态精度有密切关系外，还在很大程度上取决于机床的刚度、抗震性和热稳定性等。目前，生产中一般是通过切削加工出的工件精度来考核机床的综合动态精度，称为机床的工作精度。工作精度是各种因素对加工精度影响的综合反映。

2. 数控机床安装水平的调整

数控机床安装水平的调整目的是取得机床的静态稳定性，且安装水平是机床的几何精度检验和工作精度检验的前提条件。在机床摆放粗调的基础上，用地脚螺栓、垫铁对机床床身的水平进行精调，要求水平仪读数不超过 0.02/1 000 mm。找正水平后移动机床上的立柱、工作台等部件，观察各坐标全行程范围内机床水平的变化情况。机床安装水平的调整主要以调整垫铁为主。

(1) 安装水平检验要求。

① 机床应以床身导轨作为安装水平的检验基础，并用水平仪和桥板或专用检具在床身导轨两端、接缝处和立柱连接处按导轨纵向和横向进行测量。

② 应将水平仪按床身的纵向和横向，放在工作台上或溜板上，并移动工作台或溜板，在规定的位置进行测量。

③ 应以机床的工作台或溜板作为安装水平检验的基础，并用水平仪按机床纵向和横向放置在工作台或溜板上进行测量，但工作台或溜板不应移动位置。

④ 应以水平仪在床身导轨纵向等距离移动测量，并将水平仪读数依次排列在坐标纸上画垂直平面内直线度偏差曲线，其安装水平应以偏差曲线两端点连线的斜率作为该机床的纵向安装水平。横向安装水平应以横向水平仪的读数值来计量。

⑤ 应以水平仪在设备技术文件规定的位置上进行测量。

(2) 机床调平时的注意事项。

① 每一地脚螺栓近旁，应至少有一组垫铁；机床底座接缝处的两侧应各垫一组垫铁。

② 垫铁应尽量靠近地脚螺栓和底座主要受力部位的下方。

③ 要求在床身处于自由状态下调整水平，不应采用紧固地脚螺栓局部加压等方法，强制机床变形使之达到精度要求。

④ 各支承垫铁全部起作用后，再压紧地脚螺栓。

⑤ 机床调平后，垫铁伸入机床底座底面的长度应超过地脚螺栓的中心，垫铁端面应露出机床底面的外缘，平垫铁宜露出 10 ～ 30 mm，斜垫铁宜露出 10 ～ 50 mm，若螺栓调整垫铁，应留有再调整的余量。

3. 数控机床安装的水平调整用工具

精密水平仪用于机械工作台或平板的水平检验，以及倾斜角度的测量。图 2.1 所示为常用的两款精密水平仪。水平仪使用前应将其表面的灰尘、油污等清洁干净，检验外观是否有受损痕迹，再用手沿测量面检查是否有毛头，检验各零件装置是否稳固。使用中应避免与粗糙面滑动摩擦，不可接近旋转或移动的物件，避免造成意外卷入。使用完毕后应用酒精将水平仪底部和各部位擦拭干净，将水平仪底部与未涂装的部分涂抹一层防锈油，防止生锈造成水平仪底部产生凹凸面，并存放在温、湿度变化小的恒温场所。

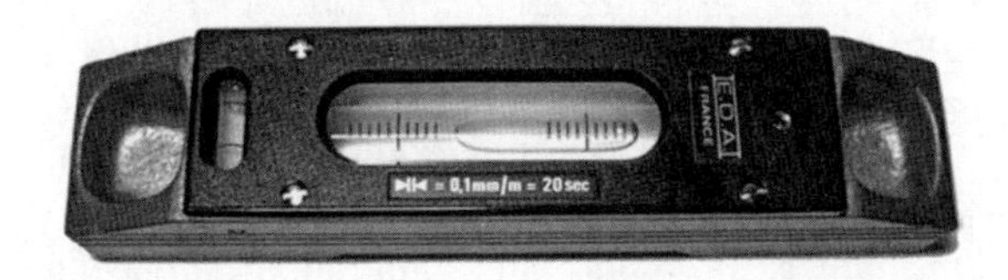

图 2.1　精密水平仪

测量时将水平仪放置于待测物上，并确认水平仪的基座与待测物面稳固贴合，并等到水平仪的气泡不再移动时读取其数值。被测平面的高度差按如下公式计算：

高度差 = 水平仪的读数值(格) × 水平仪的基座的长度(mm) × 水平仪精度(mm/m)

2.2.5　实训步骤

【调整机床水平】

(1) 粗调机床水平。机床就位后，先在床身下将 6 个垫铁装上，粗调一下机床水平。

(2) 机床通电，检验各项功能。

(3) 调机床水平。用最低速把工作台移至 X、Y 轴行程的中间位置，将水平仪放在工作台面上中间部位，分别与 X 轴垂直和平行。在两个方向上观察，调整床身最外边的 4 个支承，使机床在两个方向上都达到水平要求(< 0.030/1 000)。调整机床中间的两个支承点的螺钉，使之能起支承作用(支承力不可过大，防止破坏机床水平位置)。

2.2.6 思考题

新机床数控铣床水平调整步骤是什么?

实训任务 2.3 数控机床几何精度分类及检测工具

数控机床几何精度分类及检测工具

2.3.1 实训目标

(1) 了解数控机床几何精度的分类与检测内容。

(2) 掌握数控机床几何精度检测时的注意事项。

(3) 掌握数控机床几何精度检测所用的主要工具。

2.3.2 实训内容

熟练掌握数控机床几何精度检测工具的使用。

2.3.3 实训工具、仪器和器材

工具:杠杆百分表、杠杆千分表等。

2.3.4 实训指导

1. 数控机床几何精度的检测内容

数控机床的几何精度是综合反映机床主要零部件组装后线和面的形状误差、位置或位移误差。根据 GB/T 17421.1—2023《机床检验通则 第 1 部分:在无负荷或准静态条件下机床的几何精度》国家标准的说明,数控机床的几何精度的检验内容有如下几类。

(1) 直线度。

① 一条线在一个平面或空间内的直线度,如数控卧式车床床身导轨的直线度。

② 部件的直线度,如数控升降台、铣床工作台、纵向基准 T 形槽的直线度。

③ 运动的直线度,如立式加工中心 X 轴轴线运动的直线度。

长度测量方法有平尺和指示器法、钢丝和显微镜法、准直望远镜法和激光干涉仪法。

角度测量方法有精密水平仪法、自准直仪法和激光干涉仪法。

(2) 平面度(如立式加工中心工作台面的平面度)。

测量方法有平板法、平板和指示器法、平尺法、精密水平仪法和光学法。

(3) 平行度、等距度、重合度。

① 线和面的平行度,如数控卧式车床顶尖轴线对主刀架溜板移动的平行度。

② 运动的平行度,如立式加工中心工作台面和 X 轴轴线间的平行度。

③ 等距度,如立式加工中心定位孔与工作台回转轴线的距度。

④ 同轴度或重合度，如数控卧式车床工具孔轴线与主轴轴线的重合度。

测量方法有平尺和指示器法、精密水平仪法、指示器和检验棒法。

(4) 垂直度。

① 直线和平面的垂直度，如立式加工中心主轴轴线和 X 轴轴线运动间的垂直度。

② 运动的垂直度，如立式加工中心 Z 轴轴线和 X 轴轴线运动间的垂直度。

测量方法有平尺和指示器法、角尺和指示器法、光学法(如自准直仪、光学角尺、放射器)。

(5) 旋转。

① 径向跳动，如数控卧式车床主轴轴端的卡盘定位锥面的径向跳动，或主轴定位孔的径向跳动。

② 周期性轴向窜动，如数控卧式车床主轴的周期性轴向窜动。

③ 端面跳动，如数控卧式车床主轴的卡盘定位端面的跳动。

测量方法有指示器法、检验棒和指示器法、钢球和指示器法。

2. 数控机床几何精度检测的注意事项

(1) 进行几何精度检测必须在机床地基完全稳定、地脚螺栓处于压紧状态下进行，同时应对机床的水平进行调整。

(2) 数控机床的几何精度检测应注意机床的预热。按国家标准，机床通电后，机床各坐标轴往复运动几次，主轴按中等的转速运转十多分钟后才能进行精度检测。

(3) 在检测几何精度时，应尽量消除测量方法及测量工具引起的误差，如检验棒的弯曲、表架的刚性等因素造成的精度误差。

(4) 有一些几何精度项目是相互影响的，因此对数控机床的各项几何精度检测工作应在精调后一次完成，不允许调整一项检测一项。

(5) 目前，检测机床几何精度的常用检测工具有精密水平仪、精密方箱、直角尺、平尺、平行光管、千分表、测微仪、高精度检验棒等。检测工具的精度必须比所测的几何精度高一个等级，否则测量的结果将是不可信的。

考虑到地基可能随时间而变化，一般要求机床使用半年后，再复校一次几何精度。

3.数控机床几何精度检测用工具

(1) 杠杆百分表 / 杠杆千分表。

杠杆百分表 / 杠杆千分表是利用精密齿条齿轮机构制成的表式通用长度测量工具。杠杆百分表由测杆、测头、表盘、指针等组成，如图 2.2 所示。常用于狭窄间隙、沟槽内部、孔壁直线度(同心度)、移转高度、外垂直面、工件高度或孔径、多部位工件面的检测以及狭槽中心对中操作等。杠杆百分表的分度值为 0.01 mm，测量范围不大于 1 mm，它的表盘是对称刻度的。若增加齿轮放大机构的放大比，使圆表盘上的分度值为 0.001 mm 或 0.002 mm(圆表盘上有 200 个或 100 个等分刻度)，则这种表式测量工具即称为杠杆千分表。二者的原理是相同的。

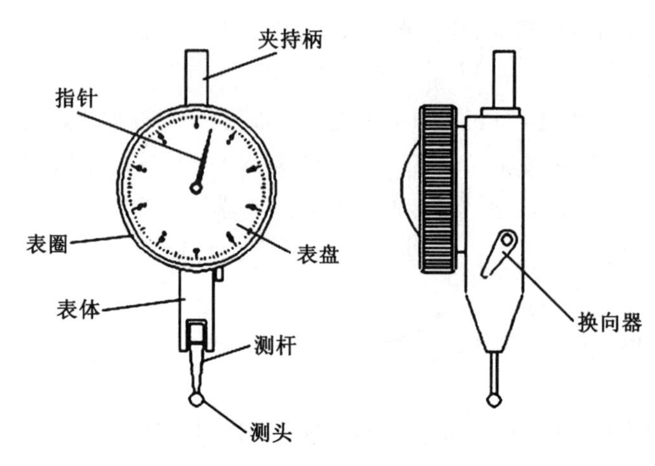

图 2.2　杠杆百分表结构示意图

带有测头的测量杆，对刻度圆盘进行平行直线运动，并把直线运动转变为回转运动传送到长针上，此长针会把测杆的运动量显示到圆形表盘上。长针的一回转等于测杆的1 mm，长针可以读到 0.01 mm。刻度盘上的转数指针，以长针的一回旋(1 mm) 为一个刻度。

① 盘式指示器的指针随量轴的移动而改变，因此测定只需读指针所指的刻度，图 2.3 所示为测量段的高度例图，首先将测头端子接触到下段，把指针调到"0" 位置，然后把测头调到上段，读指针所指的刻度即可。

② 一个刻度是 0.01 mm，若长针指到 20，台阶高差是 0.2 mm。

③ 量物若是 5 mm 或 6 mm，在长针不断地回转时，最好看短针所指的刻度，然后加上长针所指的刻度。

检测前应将杠杆百分表安装于辅助工具中，测定子与被测物约设定成 10°，以便使用表 2.3 所示的角度修正系数修正测量结果。修正方法为正确值＝测定值×修正系数。例如杠杆百分表读数为 0.06、设定角度为 10° 时，查表得修正系数为 0.98，则正确值＝0.06×0.98＝0.059。

表 2.3　角度修正系数

角度 /(°)	修正系数	角度 /(°)	修正系数	角度 /(°)	修正系数
10	0.98	20	0.94	30	0.87
40	0.77	50	0.64	60	0.5

正式测量前应移动杠杆百分表使其有适当的压入量，归零后才能进行检测。使用夹具固定杠杆百分表时，其重心应在基准台之上，避免出现重点落在固定座之外的情况。

在使用杠杆百分表之前，应检查是否在有效期限之内，并确认各部分机械性能良好。用夹具夹持时应确保固定，避免掉落。在使用过程中用力应合适，避免碰撞。维持使用环境温度，不要将杠杆百分表直接暴露在油或水中，以及灰尘大及肮脏的地方。使用后应谨

慎从支架取下，避免碰撞，放置在避免阳光直射的适当位置。整体用干净的绒布擦拭，表芯部分擦拭干净后可敷上薄层低黏度仪表油保养。

(2) 使用注意事项。

① 杠杆百分表应固定在可靠的表架上，测量前必须检查杠杆百分表是否夹牢，并多次提拉杠杆百分表测量杆与工件接触，观察其重复指示值是否相同。

② 测量时，不准用工件撞击测头，以免影响测量精度或撞坏杠杆百分表。为保持一定的 起始测量力，测头与工件接触时，测量杆应有 0.3 ~ 0.5 mm 的压缩量。

③ 测量杆上不要加油，以免油污进入表内，影响杠杆百分表的灵敏度。

④ 杠杆百分表测量杆与被测工件表面必须垂直，否则会产生误差。

⑤ 杠杆百分表的测量杆轴线与被测工件表面的夹角越小，误差就越小。如果由于测量需要，α 角无法调小时(当 $\alpha > 15°$)，其测量结果应进行修正。从图 2.3 可知，当平面上升距离为 a 时，杠杆百分表摆动的距离为 b，也就是杠杆百分表的读数为 b，因为 $b > a$，所以指示读数增大。具体修正计算式为：$a = b\cos\alpha$。

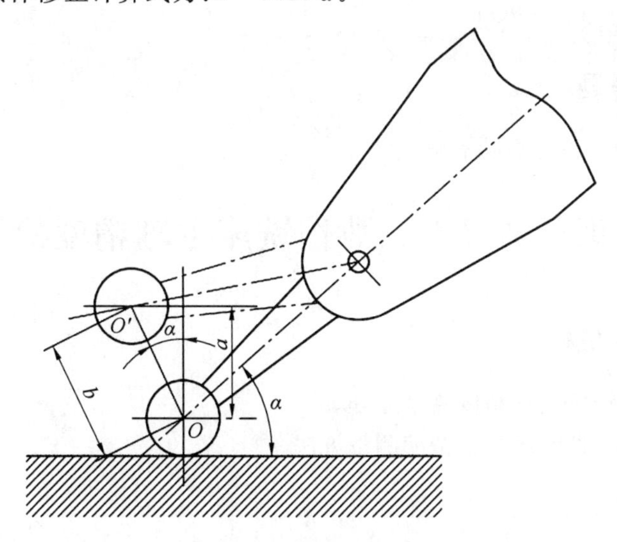

图 2.3 杠杆百分表测杆轴线位置引起的测量误差

例：用杠杆百分表测量工件时，测量杆轴线与工件表面夹角 α 为 30°，测量读数为 0.06 mm，求正确测量值。

$$a = b\cos\alpha = 0.058 \times \cos 30° = 0.06 \times 0.866 = 0.052(\text{mm})$$

2.3.5 实训步骤

【杠杆百分表的使用】

用杠杆百分表测量数控铣床运动的准确度，并准确读取杠杆百分表读数。操作步骤如下：

(1) 将磁性表座架在工作台面上，移动工作台面，保证杠杆百分表表针能压在主轴垂直于 X 轴母线上，杠杆百分表表盘朝检测人员。

(2) 将杠杆百分表指针压到与测量面成 10°。

(3) 将机床切换到手轮模式，轴选 Y，倍率选择 ×10 档，旋转手轮，调整杠杆百分表示数到整数位置。读取杠杆百分表读数，并记录在表 2.4 中“初值”列。

(4) 手轮倍率选择 ×1 档，旋转手轮，观察数控系统显示的当前坐标，Y 轴坐标沿正方向增加0.1 mm。读取杠杆百分表读数，并记录在表 2.4 中“终值”列。

(5) 计算出检测结果。

调整(2) 中角度为 20°、30°，重复步骤(1) 到(5)，并记录相应数据。

表 2.4　杠杆百分表使用练习数据记录表

序号	杠杆百分表指针与检测面角度	初值	终值	检测结果
1	10°			
2	20°			
3	30°			

请填写检测结果计算公式：____________________。

2.3.6　思考题

杠杆百分表使用注意事项有哪些？

数控铣床主轴轴线检测

实训任务 2.4　数控铣床主轴精度检测

2.4.1　实训目标

(1) 熟悉数控铣床主轴精度测量原理。
(2) 熟练掌握数控铣床主轴精度测量方法。

2.4.2　实训内容

数控铣床主轴精度检测。

2.4.3　实训工具、仪器和器材

工具：磁性表座、百分表、大理石平尺、主轴芯板、大理石角尺、大理石圆柱尺、等高块。

2.4.4　实训指导

1. 主轴锥孔轴线径向圆跳动

检验方法：如图 2.4 所示，将检验棒插在主轴锥孔内，百分表安装在机床固定部件上，百分表测头垂直触及被测表面，旋转主轴，记录百分表的最大读数差值，在 a、b 处分别测量。标记检验棒与主轴的圆周方向的相对位置，取下检验棒，同向分别旋转检验棒 90°、

180°、270°后重新插入主轴锥孔，在每个位置分别检测。取4次检测的平均值为主轴锥空轴线的径向跳动误差。

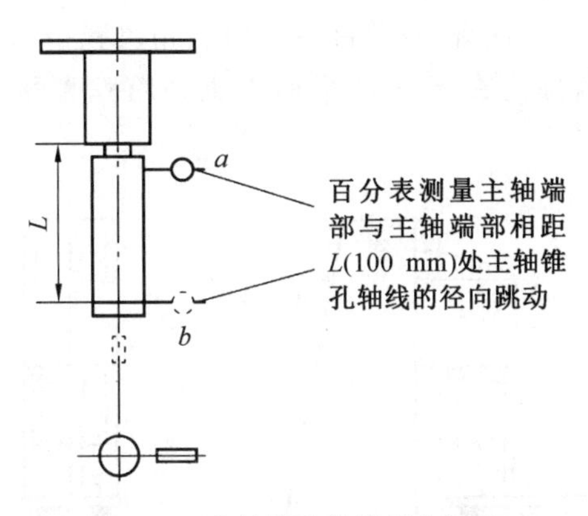
a
L
b
百分表测量主轴端
部与主轴端部相距
L(100 mm)处主轴锥
孔轴线的径向跳动

图 2.4　主轴锥孔轴线径向跳动

2. **主轴轴线对工作台面的垂直度**

检验工具：平尺、可调量块、百分表和表架。

检验方法：如图2.5所示，将带有百分表的表架装在轴上，并将百分表的测头调至平行于主轴轴线，被测平面与基准面之间的平行度偏差可以通过百分表测头在被测平面上的摆动的检查方法测得。主轴旋转一周，百分表读数的最大差值即为垂直度偏差。

分别在 $X-Z$、$Y-Z$ 平面内记录百分表在相隔180°的两个位置上的读数差值。为消除测量误差，可在第一次检验后将验具相对于轴转过180°再重复检验一次。

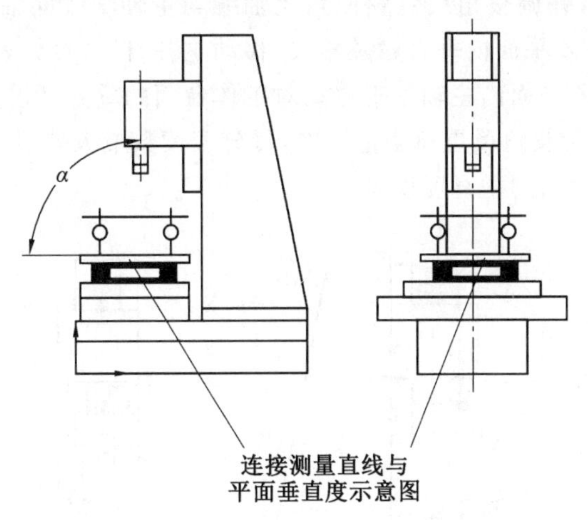
α
连接测量直线与
平面垂直度示意图

图 2.5　主轴轴线对工作台面的垂直度

3. **主轴竖直方向移动对工作台面的垂直度**

检验工具：等高块、平尺、角尺和百分表。

检验方法：如图2.6所示，将等高块沿 Y 轴方向放在工作台上，平尺置于等高块上，将角尺置于平尺上(在 $Y-Z$ 平面内),指示器固定在主轴箱上,指示器测头垂直触及角尺,移动主轴箱,记录指示器读数及方向,其读数最大差值即为在 $Y-Z$ 平面内主轴箱垂直移动对工作台面的垂直度误差;同理,将等高块、平尺、角尺置于 $X-Z$ 平面内重新测量一次,指示器读数最大差值即为在 $Y-Z$ 平面内主轴箱垂直移动对工作台面的垂直度误差。

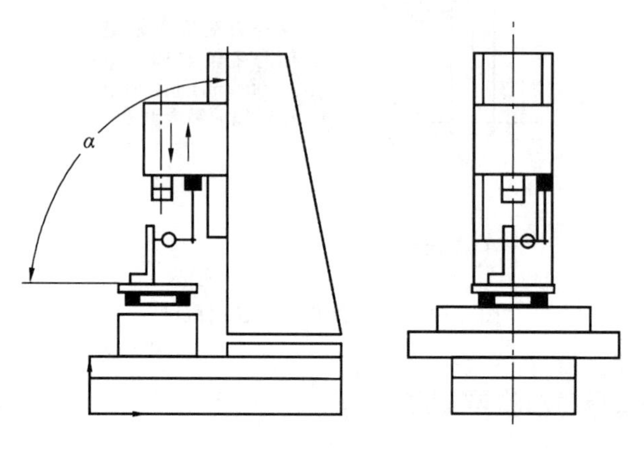

图 2.6　主轴竖直方向移动对工作台面的垂直度

4. 主轴套筒竖直方向移动对工作台面的垂直度

检验工具:等高块、平尺、角尺和百分表。

检验方法:如图 2.7 所示,将等高块沿 Y 轴方向放在工作台上,平尺置于等高块上,将圆柱角尺置于平尺上,并调整角尺位置使角尺轴线与主轴轴线同轴;百分表固定在主轴上,百分表测头在 $Y-Z$ 平面内垂直触及角尺,移动主轴,记录百分表读数及方向,其读数最大差值即为在 $Y-Z$ 平面内主轴垂直移动对工作台面的垂直度误差;同理,百分表测头在 $X-Z$ 平面内垂直触及角尺重新测量一次,百分表读数最大差值为在 $X-Z$ 平面内主轴箱垂直移动对工作台面的垂直度误差。

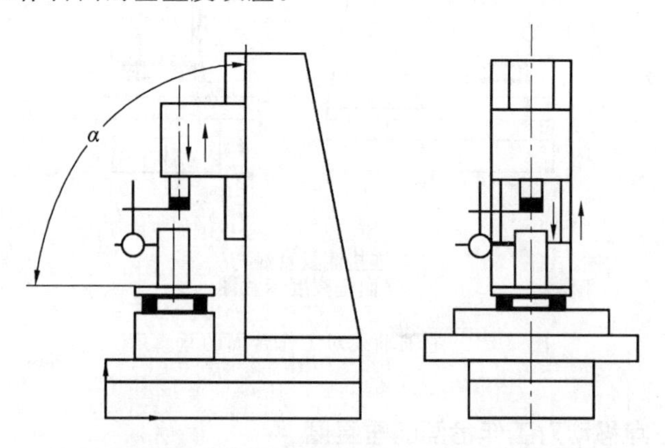

图 2.7　主轴套筒竖直方向移动对工作台面的垂直度

2.4.5 实训步骤

1. 主轴锥孔轴线径向圆跳动

将主轴锥孔轴线径向圆跳动检测工具、检测值和检测结果填入表 2.5。

表 2.5 主轴锥孔轴线径向圆跳动检测工具、检测值和检测结果

检测工具	检测位置	检测值		检测结果
	0°	a		
		b		
	90°	a		
		b		
	180°	a		
		b		
	270°	a		
		b		

2. 主轴轴线对工作台面的垂直度

将主轴轴线对工作台面的垂直度检测工具、检测值和检测结果填入表 2.6。

表 2.6 主轴轴线对工作台面的垂直度检测工具、检测值和检测结果

检测工具	检测位置	检测值		检测结果
	$X-Z$	0°		
		180°		
	$Y-Z$	0°		
		180°		

3. 主轴竖直方向移动对工作台面的垂直度

将主轴竖直方向移动对工作台面的垂直度检测工具、检测值和检测结果填入表 2.7。

表 2.7 主轴竖直方向移动对工作台面的垂直度检测工具、检测值和检测结果

检测工具	检测位置	检测值		检测结果
	$X-Z$	最大示数		
		最小示数		
	$Y-Z$	最大示数		
		最小示数		

4. 主轴套筒竖直方向移动对工作台面的垂直度

将主轴套筒竖直方向移动对工作台面的垂直度检测工具、检测值和检测结果填入表 2.8。

表 2.8　主轴套筒竖直方向移动对工作台面的垂直度检测工具、检测值和检测结果

<table>
<tr><th>检测工具</th><th>检测位置</th><th colspan="2">检测值</th><th>检测结果</th></tr>
<tr><td rowspan="4"></td><td rowspan="2">$X-Z$</td><td>最大示数</td><td></td><td rowspan="2"></td></tr>
<tr><td>最小示数</td><td></td></tr>
<tr><td rowspan="2">$Y-Z$</td><td>最大示数</td><td></td><td rowspan="2"></td></tr>
<tr><td>最小示数</td><td></td></tr>
</table>

2.4.6　思考题

数控铣床主轴精度如何影响机床加工质量?

实训任务 2.5　数控铣床工作台几何精度检测

数控铣床工作台平行度和垂直度检测

2.5.1　实训目标

(1) 熟悉数控铣床工作台几何精度测量原理。
(2) 熟练掌握数控铣床工作台几何精度测量方法。

2.5.2　实训内容

数控铣床工作台几何精度检测。

2.5.3　实训工具、仪器和器材

工具:磁性表座、百分表、大理石平尺、主轴芯板、大理石角尺、大理石圆柱尺、等高块。

2.5.4　实训指导

1. 工作台 X 轴方向或 Y 轴方向移动对工作台面的平行度

检验工具:等高块、平尺和百分表。

检验方法:如图 2.8 所示,将等高块沿 Y 轴方向放在工作台上,平尺置于等高块上,把指示器测头垂直触及平尺,Y 轴方向移动工作台,记录指示器读数,其读数最大差值即为工作台 Y 轴方向移动对工作台面的平行度;将等高块沿 X 轴方向放在工作台上,X 轴方向移动工作台,重复测量一次,其读数最大差值即为工作台 X 轴方向移动对工作台面的平行度。

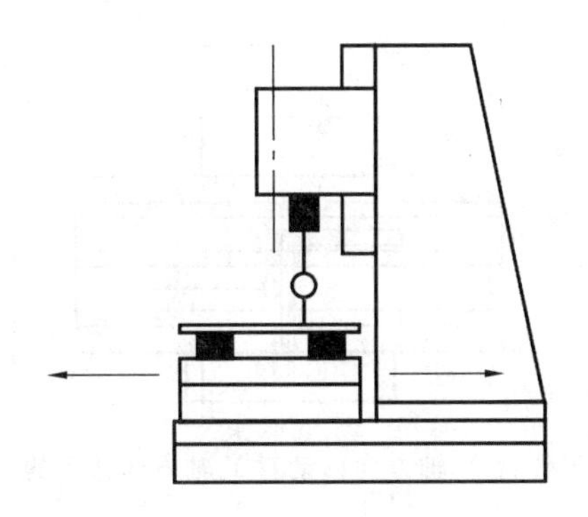

图 2.8　工作台 X 轴方向或 Y 轴方向移动对工作台面的平行度

2. 工作台 X 轴方向移动对工作台 T 形槽的平行度

检验工具:百分表。

检验方法:如图 2.9 所示,把百分表固定在主轴箱上,使百分表测头垂直触及基准(T 形槽),X 轴方向移动工作台,记录百分表读数,其读数最大差值,即为工作台沿 X 轴轴向移动对工作台面基准(T 形槽)的平行度误差。

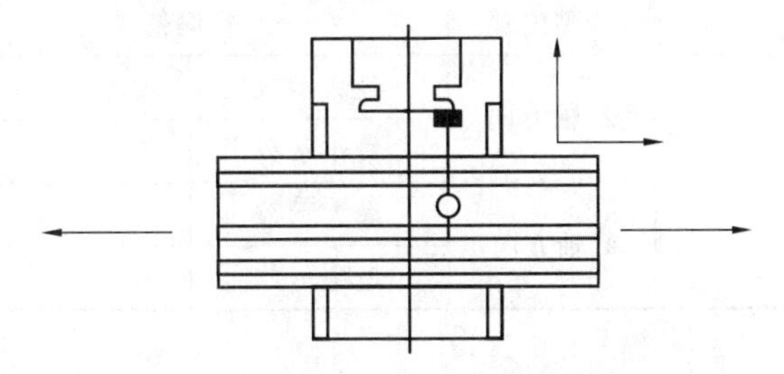

图 2.9　工作台 X 轴方向移动对工作台 T 形槽的平行度

3. 工作台 X 轴方向移动对 Y 轴方向移动的工作垂直度

检验工具:角尺和百分表。

检验方法:如图 2.10 所示,工作台处于行程中间位置,将角尺置于工作台上,把百分表固定在主轴箱上,使百分表测头垂直触及角尺(Y 轴方向),Y 轴方向移动工作台,调整角尺位置,使角尺的一个边与 Y 轴轴线平行,再将百分表测头垂直触及角尺另一边(X 轴方向),X 轴方向移动工作台,记录百分表读数,其读数最大差值即为工作台 X 轴轴向移动对 Y 轴轴向移动的工作垂直度误差。

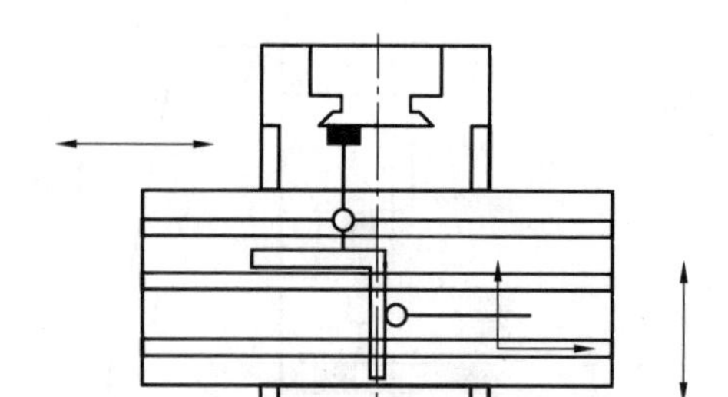

图 2.10　工作台 X 轴方向移动对 Y 轴方向移动的工作垂直度

2.5.5　实训步骤

1. 工作台 X 轴方向或 Y 轴方向移动对工作台面的平行度

将工作台 X 轴方向或 Y 轴方向移动对工作台面的平行度检测工具、检测值和检测结果填入表 2.9。

表 2.9　工作台 X 轴方向或 Y 轴方向移动对工作台面的平行度检测工具、检测值和检测结果

检测工具	检测位置	检测值		检测结果
	X 轴方向	最大示数		
		最小示数		
	Y 轴方向	最大示数		
		最小示数		

2. 工作台 X 轴方向移动对工作台 T 形槽的平行度

将工作台 X 轴方向移动对工作台 T 形槽的平行度检测工具、检测位置、检测值和检测结果填入表 2.10。

表 2.10　工作台 X 轴方向移动对工作台 T 形槽的平行度检测工具、检测位置、检测值和检测结果

检测工具	检测位置	检测值		检测结果
		最大示数		
		最小示数		

3. 工作台 X 轴方向移动对 Y 轴方向移动的工作垂直度

将工作台 X 轴方向移动对 Y 轴方向移动的工作垂直度检测工具、检测位置、检测值和检测结果填入表 2.11。

表 2.11 工作台 X 轴方向移动对 Y 轴方向移动的工作垂直度检测工具、检测位置、检测值和检测结果

检测工具	检测位置	检测值		检测结果
		最大示数		
		最小示数		

2.5.6 思考题

数控铣床工作台几何精度如何影响机床加工质量?

实训任务 2.6 球杆仪对数控机床精度的检测

球杆仪对数控机床精度的检测

2.6.1 实训目标

(1) 熟悉球杆仪的工作原理。
(2) 熟练掌握球杆仪的使用方法。

2.6.2 实训内容

球杆仪对数控机床精度的检测。

2.6.3 实训工具、仪器和器材

工具:球杆仪、环规。

2.6.4 实训指导

1. 球杆仪测试原理

球杆仪主要由仪感器、磁性杯、磁性中心架、球节、磁性工具杯、球杆传递器等组成。球杆仪能够快速、方便、经济地评价和诊断数控机床的精度,适用于各种立卧式加工中心和数控机床等机床,具有操作简单、携带方便的特点。其主要的工作原理是将球杆仪两端的精密球体,一端通过磁体架固定在基础的工作台上,另一端则固定在机床的主轴上,然后测量两轴插补运动形成的圆形轨迹。为了保证得出理想的圆形轨迹,可以自己编制程序,使机床做半径等于球杆长度的任一平面内的圆形运动,传感器检测出半径的长度变化,也能够检测出机器偏离理想轨道的偏差,然后将得到的数据进行优化,能够帮助调试修正误差,改善机床的性能。

如图 2.11 所示,球杆仪就是用于数控机床两轴联动精度快速检测与机床故障分析的一种综合误差参数测量最有效的工具,它可以快速、直观地检测出加工中心的圆度、反向间隙、伺服增益、垂直度、直线度、周期误差等性能,在数控机床中得到了广泛的应用。在本任务中将学习球杆仪对数控机床精度的检测方法。

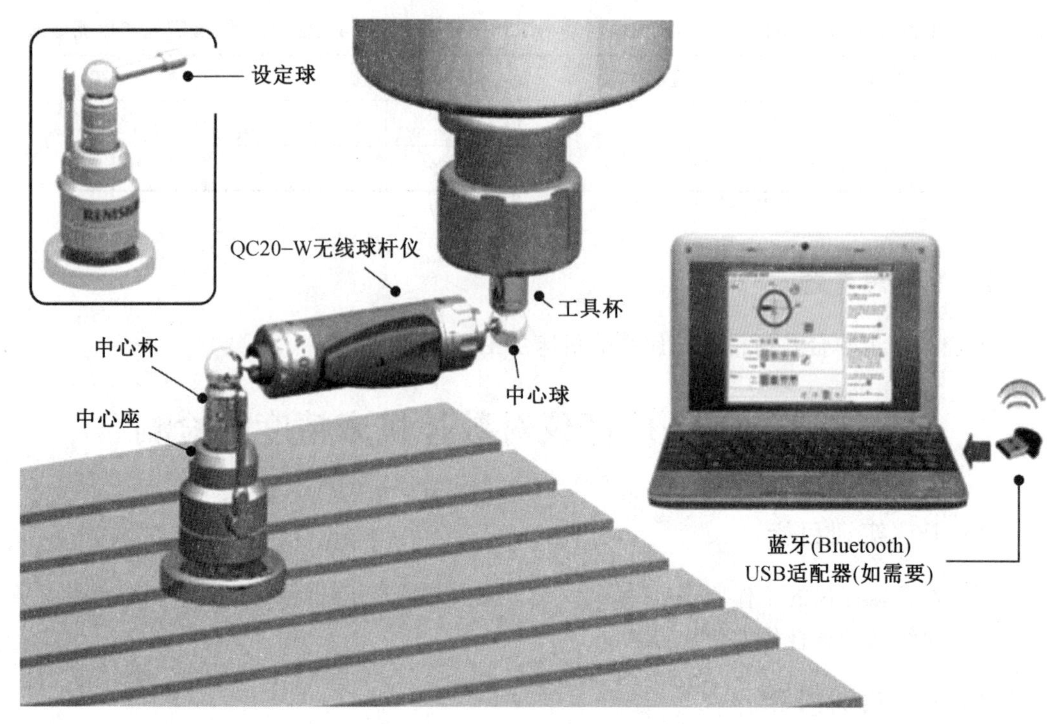

图 2.11　雷尼绍 QC20－W 球杆仪

2. 球杆仪的使用

本节以雷尼绍 QC20－W 球杆仪为例介绍球杆仪的使用。

(1) 安装球杆仪软件。

① 开启计算机电源，等待启动进入 Windows，然后把光盘装入 CD 驱动器中。安装程序后将自动运行。若安装程序无法自动运行，可以从计算机任务栏中选择“开始 / 运行”，进入“运行”对话框。点击“浏览”按钮，并使用“浏览”对话框打开安装光盘上的 Setup.exe 文件。选择 Setup.exe，然后点击“打开”按钮。在“运行”对话框中选择“确定”，开始软件的安装过程。

② 向导将显示一系列对话框，自动逐步引导用户完成安装过程。跟随每个屏幕上的指示，并点击“下一步”，进入下一阶段。点击“取消”将退出安装程序。

(2) 进入球杆仪软件。

① 可按图 2.12 所示步骤来运行球杆仪软件。

图 2.12　雷尼绍 QC20－W 球杆仪软件打开步骤

② 双击选项，可以选择快速检测模式、操作者模式、高级模式或配置模式等。

(3) 打开球杆仪箱子，检查球杆仪球座、拆卸工具、3.6 V 电池、加长杆、球杆精密仪器、蓝牙接收等，如图 2.13 所示。

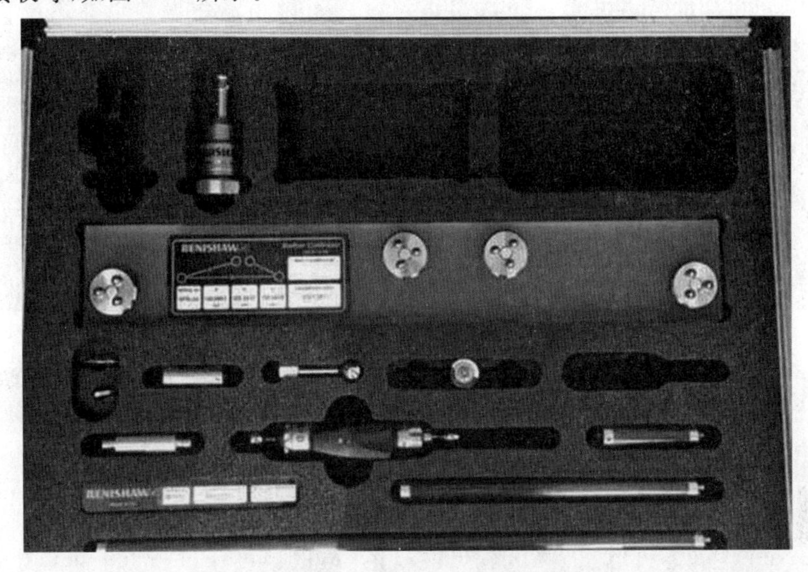

图 2.13　雷尼绍 QC20－W 球杆仪套装

(4) 清洁工作台，加高工作台，将球座仪放置于工作台中间，球头放置于球座上，磁性球杆安装在刀柄上，如图 2.14 所示。

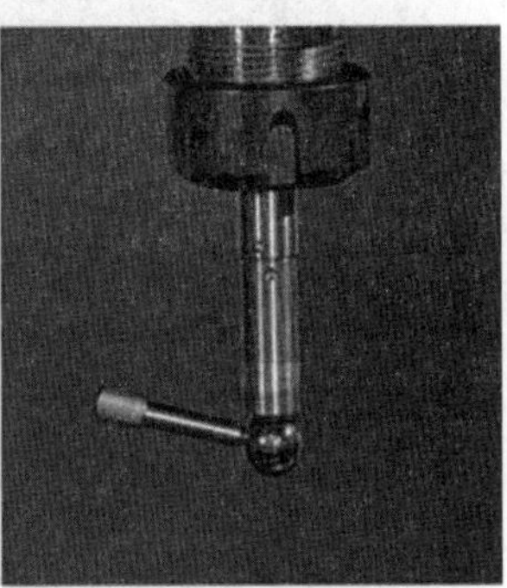

图 2.14　安装磁性球杆、球座仪、球头

(5) 设定工件坐标系。

将磁性球杆对准球头，Z 轴缓慢下移，球杆与球头吸紧后，锁紧球座。设定坐标系为 G54，如图 2.15 所示。

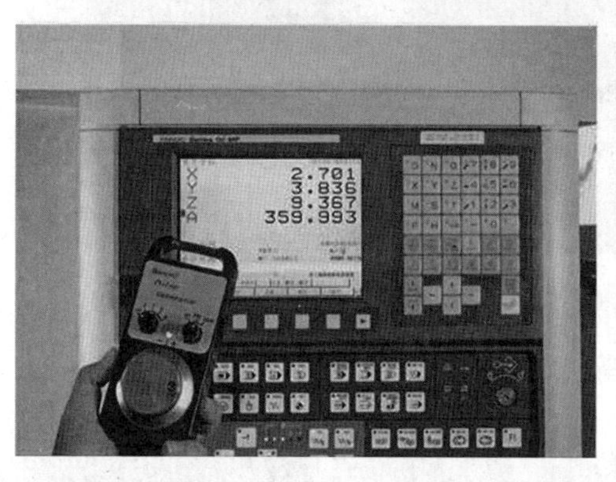

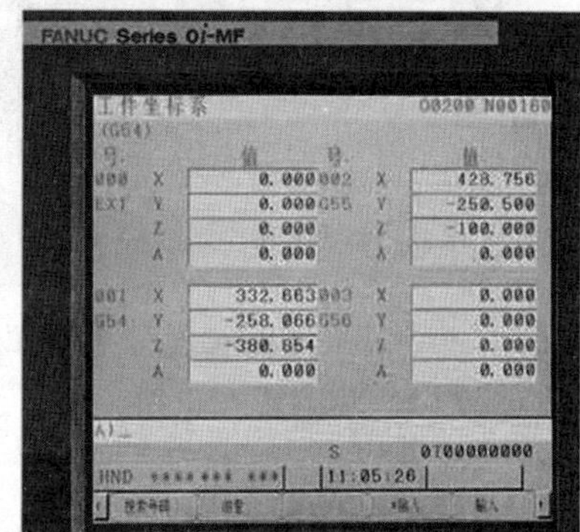

图 2.15　设定工件坐标系

(6) 工件坐标系建立好后，将 Z 轴缓慢抬起，球头取下，如图 2.16 所示。

图 2.16　取下球头

(7) 打开雷尼绍 QC20－W 球杆仪软件，选择快速检测模式，如图 2.17 所示。

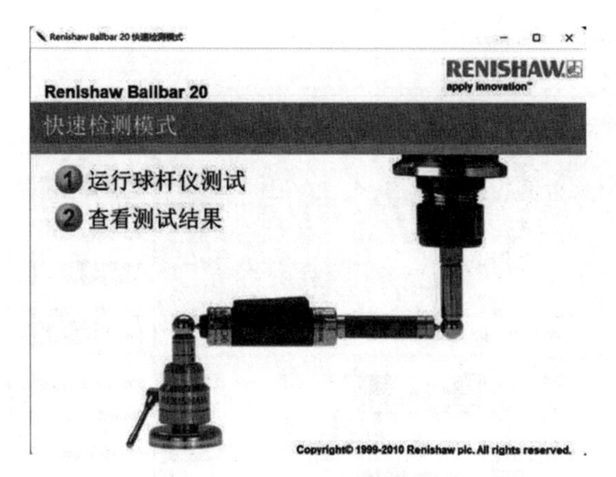

图 2.17 球杆仪快速检测模式界面

点击“运行球杆仪测试”，进入“测试设定－1”界面，如图 2.18 所示。“机器类型”选择第一项，“测试平面”选择“XY”，“进给率”设定为“1000.0”，选中“校准规”，设定“机器膨胀系数”为 11.7，“测试半径”设定为球杆仪长度，“测试位置”输入“XY”。点击下一步，进入“测试设定－2”界面，如图 2.19 所示，“弧度”为 360° 采集圆弧和 45° 越程圆弧，“运行”选择逆时针方向的数据采集运行 1，随后是顺时针方向的数据采集运行 2。

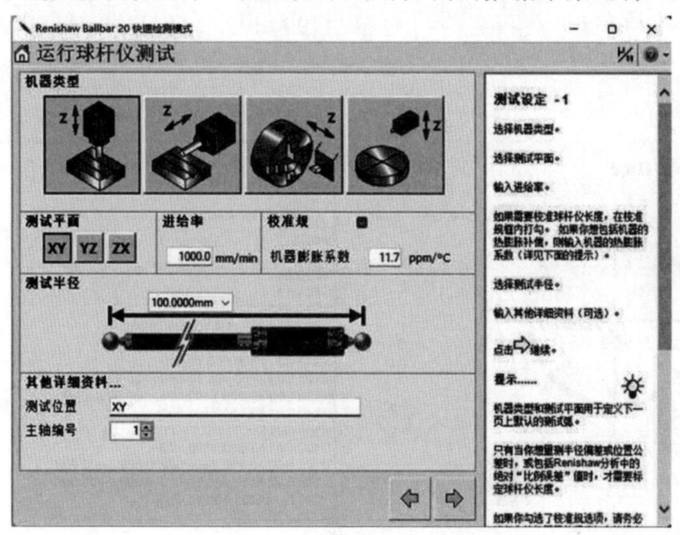

图 2.18 测试设定－1 界面

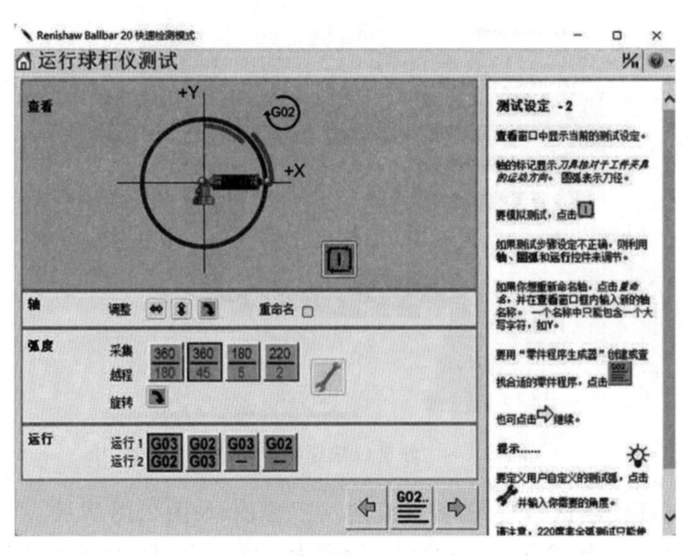

图 2.19　测试设定 — 2 界面

点击右下角中间按键进入“零件程序生成器”界面，如图 2.20 所示，设定“数控程序号”为 200，选中“排除报警文本”，点击程序“生成”按钮，自动生成球杆仪运行测试程序，并保存，如图 2.21 所示。

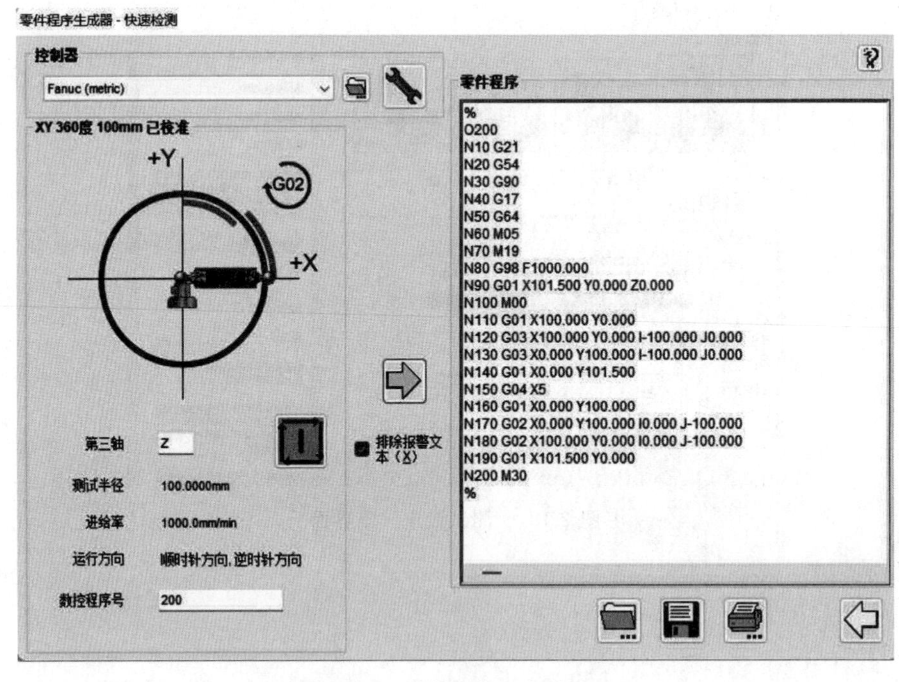

图 2.20　零件程序生成器界面

```
%
O200
N10 G21
N20 G54
N30 G90
N40 G17
N50 G64
N60 M05
N70 M19
N80 G98 F1000.000
N90 G01 X101.500 Y0.000 Z0.000
N100 M00
N110 G01 X100.000 Y0.000
N120 G03 X100.000 Y0.000 I-100.000 J0.000
N130 G03 X0.000 Y100.000 I-100.000 J0.000
N140 G01 X0.000 Y101.500
N150 G04 X5
N160 G01 X0.000 Y100.000
N170 G02 X0.000 Y100.000 I0.000 J-100.000
N180 G02 X100.000 Y0.000 I0.000 J-100.000
N190 G01 X101.500 Y0.000
N200 M30
%
```

图 2.21 txt 文本格式测试程序

(8) 低速空跑测试程序如图 2.22 所示，查看轨迹，空跑时禁止将球杆仪精密仪器放置在上面。

图 2.22 低速空跑测试程序

(9) 球杆仪连接。

将电池装入球杆仪,通过沿着"1"的方向旋转端盖,启动球杆仪,LED指示灯应显示为绿色,表示球杆仪已启动但是还未与计算机建立通信。如果LED显示为黄色,表示电池电量不足,在继续作业之前,必须更换电池。

点击数字读数上的下拉菜单并选择QC20－W,如图2.23所示。

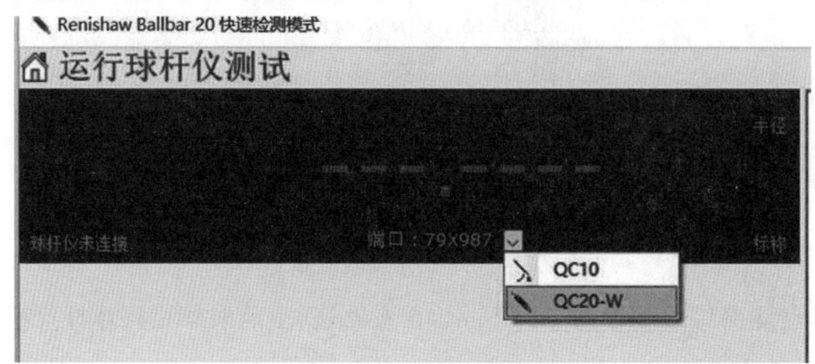

图2.23 球杆仪型号选择

接下来,将出现一个显示所有先前连接到计算机的QC20－W装置的对话框。点击需要的QC20－W装置(通过序列号选择),如图2.24所示。如果是第一次使用该软件,本窗口将为空白。

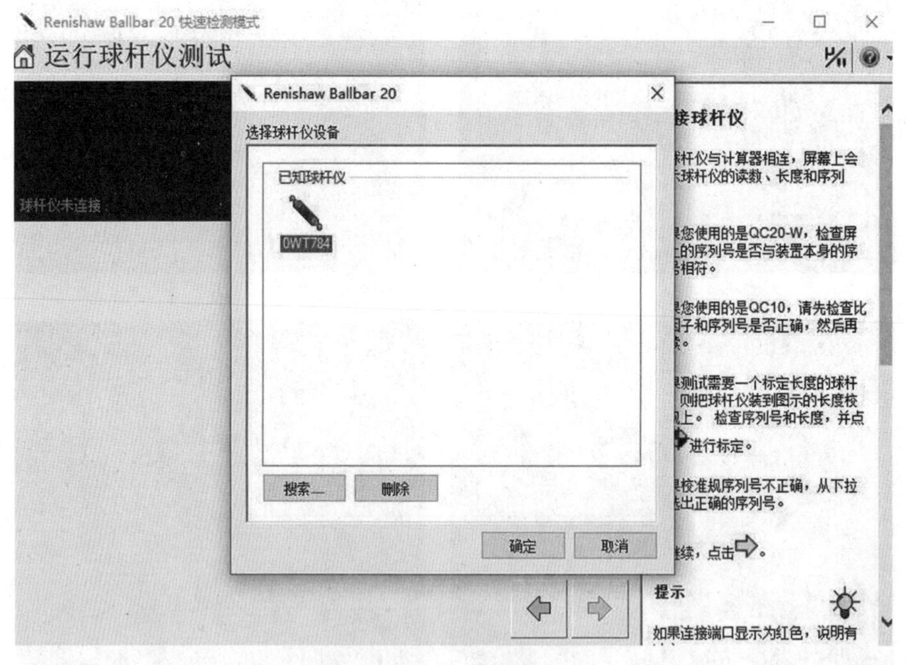

图2.24 球杆仪连接蓝牙

连接成功后,球杆仪LED指示灯显示为蓝色。球杆仪连接蓝牙成功界面如图2.25所示。

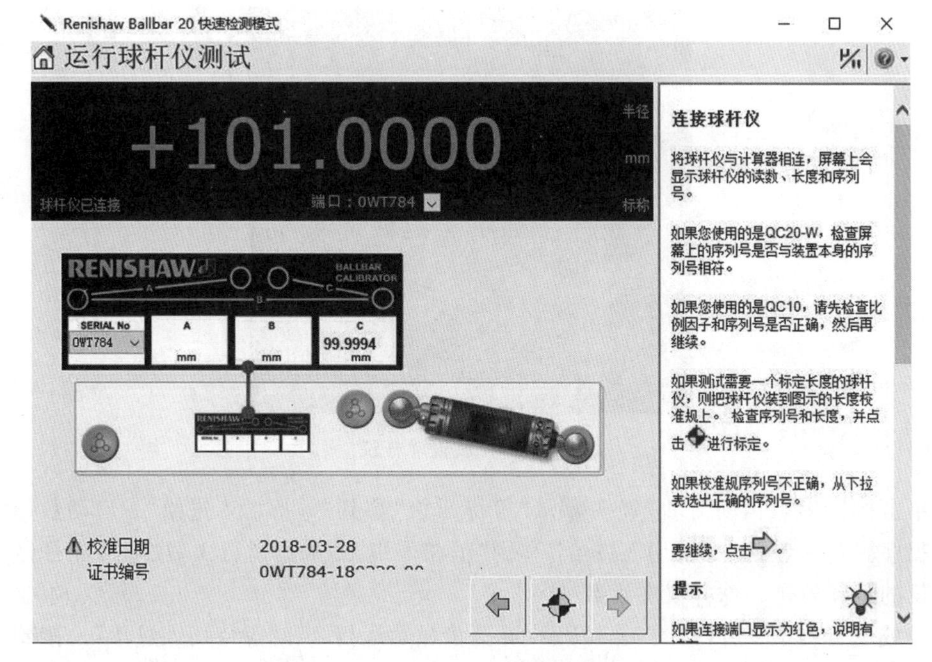

图 2.25　球杆仪连接蓝牙成功界面

校准球杆仪，如图 2.26 所示。

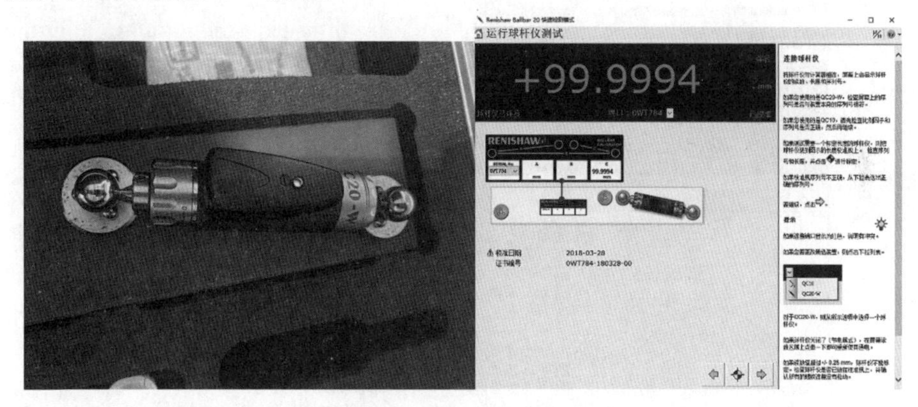

图 2.26　球杆仪校准

(10) 正式运行测试。

将球杆仪放入机床上的杯中，如图 2.27 所示。

图 2.27　放置球杆仪

单击按钮▣,“当前活动”箭头➡从“等待开始”移到“等待切入进给”。启动数控机床零件程序。箭头➡从“等待切入进给”移到“正在采集”。采集运行 1 数据时,屏幕显示出球杆仪的运动轨迹和球杆仪的读数。

完成运行测试 1 后,如图 2.28 所示,屏幕将显示运行 2 和“等待切入进给”。接着运行数控程序做第二部分的测量。一旦运行结束,屏幕会显示出球杆仪已经采集的轨迹。保存测试结果。

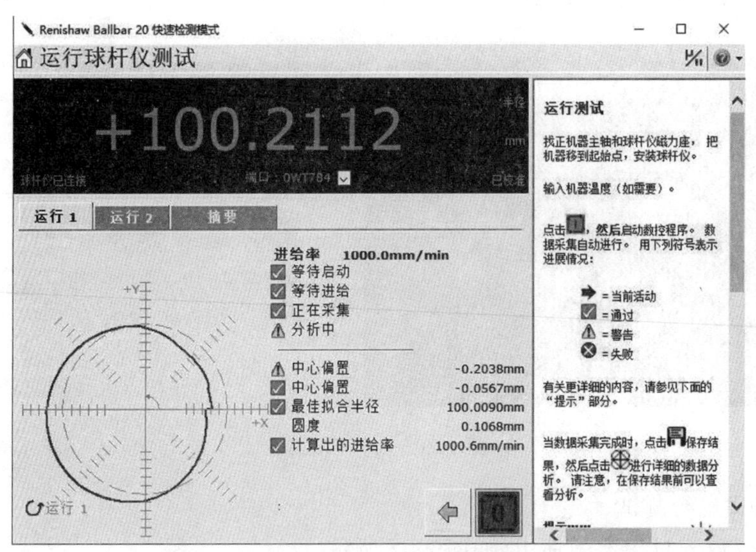

图 2.28　球杆仪测试 1

(11) 测量结果查看与分析。

雷尼绍诊断分析软件可以按照各种国际标准分析采集数据,并可以自动诊断机器误差。雷尼绍诊断分析软件只对顺时针和逆时针 360° 数据采集圆弧测试有效。

测试结果查看与分析可以从软件开始画面选择“查看测试结果”进入,如图 2.29 所示。

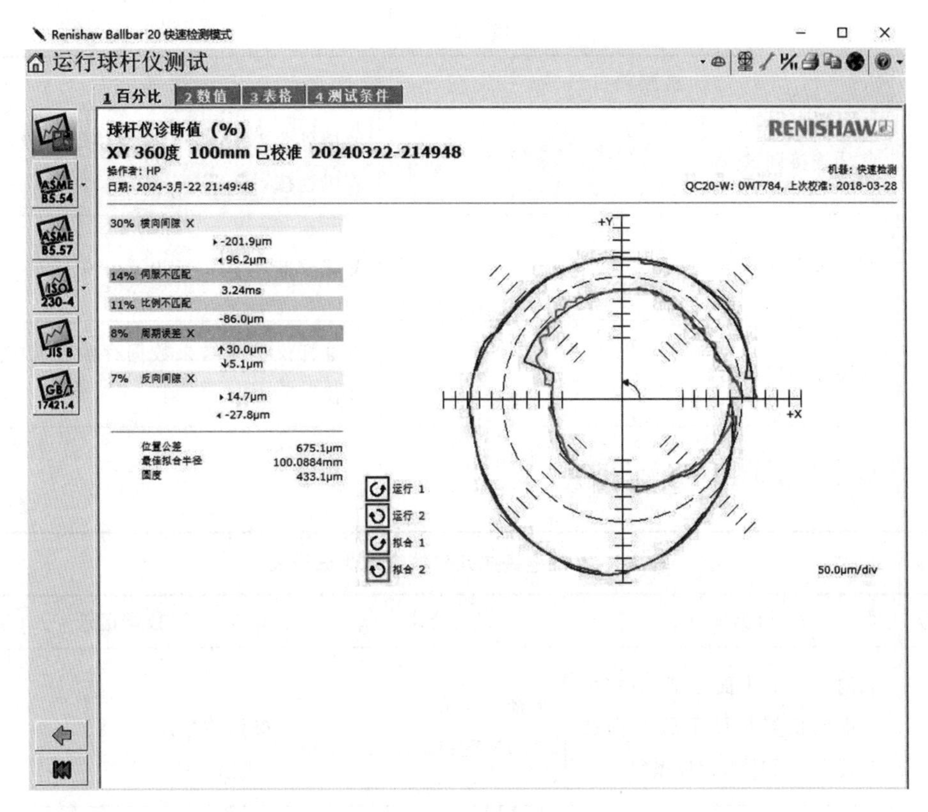

图 2.29 球杆仪测试 2

2.6.5 实训步骤

【应用球杆仪检测数控机床几何精度】

选择一台数控铣床，按照表 2.12 中“检测项目”和“要求”，使用球杆仪对数控铣床某指定位置按 GB/T 17421.4 或 ISO 230－4 标准要求测量 $X-Y$ 平面圆度(假定机床温度为 20 ℃，膨胀系数为 11.7)。根据表 2.13 几何精度检测记录表的要求，填写和保存数据。

表 2.12 数控铣床几何精度测量项目

序号	检测项目	要求
1	编制 X－Y 平面测试程序(可以借鉴仪器帮助手册中的已有程序)，并输入数控系统	半径：100 mm 进给速度：1 000 mm/min
2	设定球杆仪测试中心	在机床上建立测试程序的坐标系原点
3	测试程序调试	不安装球杆仪运行测试程序

续表2.12

序号	检测项目	要求
4	蓝牙连接调试	使用外置 USB 蓝牙模块将球杆仪与计算机连接
5	配置校准规	配置校准规 30 ～ 100 mm 中任意一种
6	安装球杆仪并测试	将球杆仪检测结果数据存放在“D:\ 球杆仪”下
7	按 GB/T 17421.4 分析圆度误差	

表 2.13　数控铣床几何精度检测记录表

序号	检测项目	要求	数据记录
1	编制 $X-Y$ 平面测试程序(可以借鉴仪器帮助手册中的已有程序),并输入数控系统	半径:100 mm 进给速度:1 000 mm/min	确认签名:
2	设定球杆仪测试中心	在机床上建立测试程序的坐标系原点	记录所设定坐标系原点: X:________。 Y:________。 Z:________
3	测试程序调试	不安装球杆仪运行测试程序	确认签名:
4	蓝牙连接调试	将球杆仪与计算机连接起来	确认签名:
5	配置校准规	配置校准规 30 ～ 100 mm 中任意一种	校准规校准后球杆仪实际长度: 确认签名:
6	安装球杆仪并测试	将球杆仪检测结果数据存放在“D:\ 球杆仪”下	确认签名:

续表2.13

序号	检测项目	要求	数据记录
7	按 GB/T 17421.4 分析圆度误差		记录圆度误差值： G(CW) 顺时针圆度 G(CCW) 逆时针圆度
8	给出该处 $X-Y$ 平面垂直度误差		记录垂直度：

2.6.6 思考题

查询资料，球杆仪测试出来的数据如何用于数控机床精度调整？

项目 3　数控系统接口与硬件连接

项目引入

在学习数控机床机电装调与故障维修理论和操作技能中，首先应该熟悉数控系统的基本操作、数控系统各硬件组成的接口的含义和作用，并掌握数控系统的硬件连接。能够进行数控系统外围设备的硬件连接与故障诊断，掌握相关硬件接口故障的排查。

学生应了解当前常见的数控系统和这些系统的功能，掌握 FANUC 数控系统硬件各接口的含义和作用，掌握 FANUC 数控系统硬件连接，为后续相关任务和操作技能打下基础，最终培养从事机床操作工、机床装调维修工等职业的素质和技能，并具备从事相关岗位的职业能力和可持续发展能力。

在 FANUC 数控系统接口与硬件连接中，引导学生对课程具有高度的认同感，学习课程时要有严谨的态度、精益求精的追求、与其他同学团结协作的意识以及高度的专业认同感，着力培养学生精益求精的大国工匠精神，激发学生科技报国的家国情怀和使命担当。

项目目标

(1) 了解 FANUC 数控系统的系列与特点。

(2) 了解 FANUC 数控系统的基本构成与各组成部件。

(3) 掌握 FANUC 数控系统接口与硬件连接。

项目任务

识别数控系统各组成部件，熟悉硬件接口及其功能，能够正确连接数控系统各硬件。

实训任务 3.1　认识 FANUC 数控系统实训平台

3.1.1　实训目标

(1) 了解 FANUC 数控系统实训平台组成。

(2) 熟悉 FANUC 数控系统实训平台组成功能。

3.1.2　实训内容

认识 FANUC 数控系统实训平台，了解平台各组成部分的功能。

3.1.3 实训工具、仪器和器材

工具:螺丝刀、内六角扳手、万用表等。

3.1.4 实训指导

1. 数控机床装调实训平台

(1) 设备概述。

亚龙 YL－569 型 0i－MF 数控机床装调实训平台采用模块化结构,通过不同的组合,完成数控机床的电气装调与系统调试、数控机床功能部件机械装配与调整、数控机床几何精度检测、数控机床故障诊断与维修、数控机床技术改造与功能开发、零件加工、工业机器人编程与操作、工业机器人运维、在线测量、工件装夹等实训项目,适用于机床维保、数控加工、工业机器人操作、工业机器人系统运维的教学,从而实现了一个平台多种用途,满足对不同类型人才培养的需求。

(2) 功能特点。

亚龙 YL－569 型 0i－MF 数控机床装调实训平台是一套多功能数控实训平台(图 3.1),由机床模块、机器人模块、立体库模块、模块桌模块、安全围栏、数控系统电气控制柜、电脑桌、电气设计柜、主轴拆装台和主轴模块等部分组成。能够满足数控机床的电气设计、数控机床的安装调试、参数设置、伺服性能优化、数据备份、可编程机器控制器(programmable machine controller,PMC)编程、机床升级改造、功能开发、故障诊断与维修等知识的实践需求,并且可以整体联机运行,便于学生综合学习联调后的相关知识。

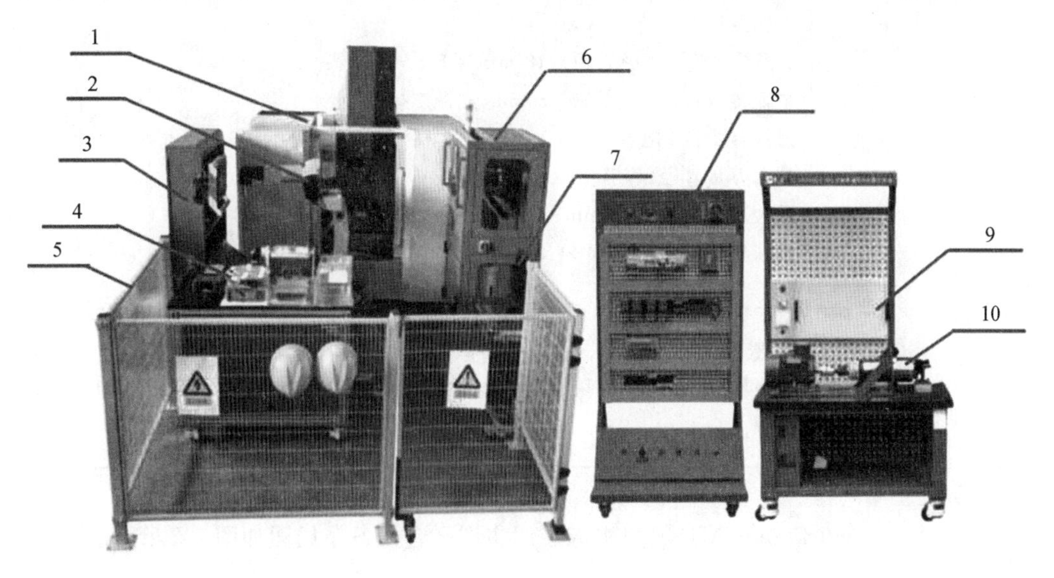

图 3.1 亚龙 YL－569 型 0i－MF 数控机床装调实训平台

1— 机床模块;2— 机器人模块;3— 立体库模块;4— 模块桌模块;5— 安全围栏;6— 数控系统电气控制柜;7— 电脑桌;8— 电气设计柜

(3) 设备配置。

亚龙 YL－569 型 0i－MF 数控机床装调实训平台设备配置见表 3.1。

表 3.1　亚龙 YL－569 型 0i－MF 数控机床装调实训平台设备配置

序号	名称	规格	数量
1	数控系统	FANUC 0i－MF PLUS	1 套
2	操作面板	BFE－P05－C243	1 套
3	伺服放大器	AIPS 电源	1 套
		X/*Y* 轴 αiSV40/80－B	1 套
		Z 轴 αiSV80－B	1 套
		主轴 αiSP15－B	1 套
4	伺服电动机	*X*/*Y* 轴 βiSc 12/3 000	1 台
		Z 轴 βiS 22/3 000	1 台
		主轴 βiI 8/12 000	1 台
5	电气设计柜	800 mm×800 mm×17 200 mm	1 台
6	主轴拆装台	110 mm×799 mm×1 765 mm	1 台
7	加工中心	*X* 轴行程:600 mm。*Y* 轴行程:400 mm。*Z* 轴行程:420 mm 工作台面积:420×700 mm 工作台最大负荷:300 kg T 形槽(槽宽×中心距):18 mm×125 mm 主轴转速:100～10 000 r/min(皮带连接) 刀具容量:12 把 最大刀具直径(邻/空):中 60 mm/中 100 mm 最大刀具长度:200 mm 滚珠丝杠规格(*X*/*Y*/*Z*):510 mm	1 台
8	机器人 立体仓库	包含 FANUC 机器人、可编程逻辑控制器(PLC)、料位库、视觉、触摸屏、旋转供料模块、变位机模块、输送带模块、相关电气元件等	1 套

(4) 设备布局图。

亚龙 YL－569 型 0i－MF 数控机床装调实训平台设备布局图如图 3.2 所示。

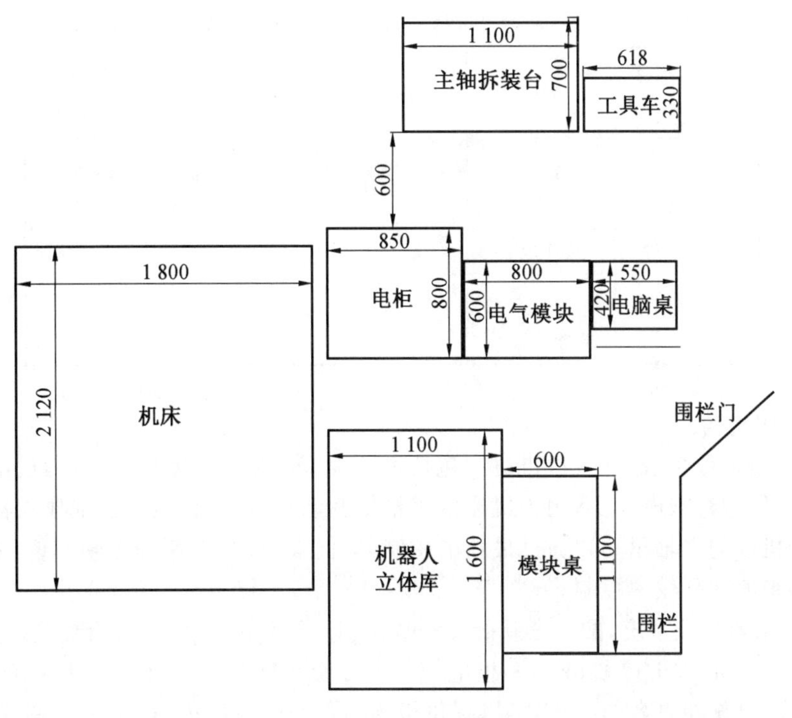

图 3.2 亚龙 YL－569 型 0i－MF 数控机床装调实训平台设备布局图(单位:mm)

2. FANUC 数控系统组成

FANUC 数控系统一般由3个重要部分组成,分别是主控制系统、伺服机构和PMC。

(1) 主控制系统。

主控制系统就是数控机床的控制核心,如 FANUC 0i－MF 系统。FANUC 0i－MF 系统是基于世界最高水平的 FANUC 30i－B 系列 CNC 开发的,与 30i－B 系列具有相同的显示画面和操作性,并支持相同网络、维护和 PMC 功能。

主控制系统由主 CPU、存储器、数字伺服轴控制卡、主板、显示卡、内置 PMCLCD 显示器和 MDI 键盘等构成,i－F 系统已经把显示卡集成在主板上。主 CPU 负责整个系统的运算及中断控制等。

控制单元可大致分为显示器一体型和显示器分离型。显示器一体型的控制部分和显示部分是一体的。显示器分离型的控制部分和显示部分是分离的,分别由不同的单元构成。下面将显示器一体型简称为一体型,将显示器分离型简称为分离型。0i－MF PLUS 系列显示器一体型控制单元的种类见表 3.2。

表 3.2　显示器一体型控制单元的种类

基本单元	显示器尺寸/in①	MDI	触摸屏	可选插槽数	水平软键开关数	立式软键开关数
Type 0	15	另外放置	无 / 有	0/2	10＋2	8＋1
	10.4					
Type 1,3,5	10.4	另外放置	无 / 有			
		有（水平 / 立式）	无			

注 ①:1 in ＝ 2.54 cm。

(2) 伺服机构。

伺服机构是数控机床的执行机构，包括进给轴项目和主轴项目。其中，进给轴项目包含伺服放大器和伺服电动机，用于机床的进给轴驱动；主轴项目包含主轴放大器和主轴电动机，用于机床的主轴驱动。通过最新的控制(即伺服 HRV 控制和主轴 HRV 控制)可实现高速、高精度和高效率控制。

0i－F 系列数控系统，配置全新的 αi－B 和 βi－B 系列驱动器，具有更高的性价比；支持更高速的 FSSB 和 I/O Link i，一根电缆的 I/O 点数增加一倍，相比于以往的 0i 系列具有更省配线、可靠性更高的特点，可以提供极为出色的机床运转率。αi－B 系列放大器整体连接如图 3.3 所示。

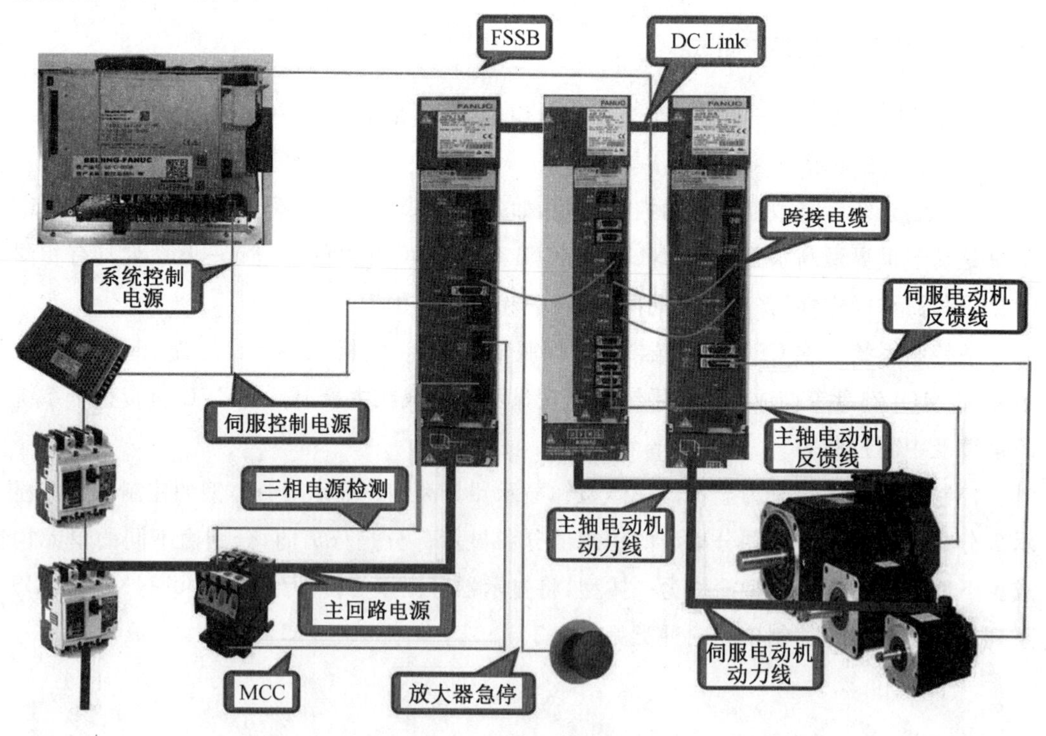

图 3.3　放大器整体连接

(3) 可编程机器控制器。

可编程机器控制器(PMC)是装在CNC内部的顺序控制器,用于完成刀库换刀、润滑、冷却等辅助功能的控制。PMC的工作原理与其他自动化设备的PLC工作原理相同,只是FANUC公司根据数控机床特点开发了专用的功能指令以及相匹配的硬件结构。PMC由内装PMC软件、接口电路和外围设备(接近开关、电磁阀及压力开关等)构成。连接系统与从属I/O接口设备的电缆为高速串行电缆,被称为I/O Link i。

PMC通过专用的I/O Link i与外部I/O模块进行通信,控制机床外围信号。

目前,FANUC数控产品已将PMC内置,也就是说不需要独立的PLC设备,PMC已成为数控系统的重要组成部分。主控制系统、伺服机构、PMC三大部分构成完整的数控系统。可编程机器控制器工作原理示意图如图3.4所示。

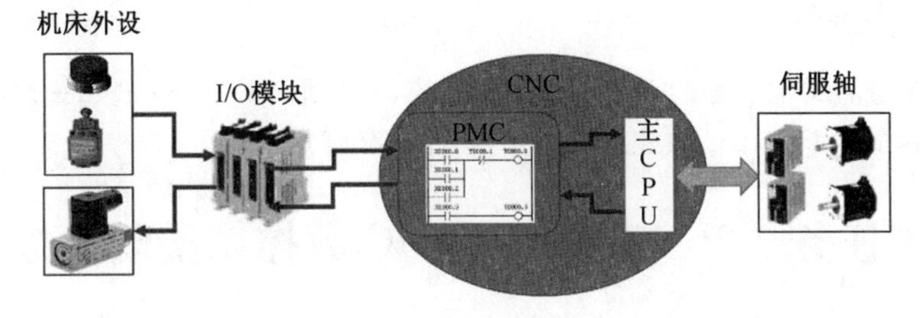

图 3.4 可编程机器控制器工作原理示意图

3.1.5 实训步骤

认识亚龙YL－569型0i－MF数控机床装调实训平台,整理数控系统配置清单,并填入表3.3中。

表 3.3 亚龙 YL－569 型 0i－MF 数控机床装调实训平台数控系统记录表

序号	名称	规格/型号	功能
1			
2			
3			
4			
5			
6			
7			
8			
9			

续表3.3

序号	名称	规格/型号	功能
10			
11			
12			
13			

3.1.6 思考题

在实训室查看其他型号的FANUC数控系统，与亚龙YL－569型0i－MF数控机床装调实训平台上的FANUC数控系统对比，硬件上有何异同？

实训任务3.2 认识FANUC数控系统硬件接口

FANUC 数控系统硬件接口

3.2.1 实训目标

(1) 了解FANUC数控系统各部件的作用和接口连接。
(2) 能够确认系统硬件的名称和型号，识别和连接系统的接口。

3.2.2 实训内容

认识系统硬件的名称和型号，识别和连接系统的接口。

3.2.3 实训工具、仪器和器材

工具：螺丝刀、内六角扳手、万用表。

3.2.4 实训指导

1. FANUC 0i－MF 数控系统整体配置

FANUC 0i－MF系统高度集成，它通过FSSB总线实现伺服的控制，通过I/O Link i实现对输入/输出模块的管理，通过网络接口、RS－232接口、USB接口进行数据交换。数控系统主板主要提供以下功能：系统电源、主CPU、系统软件、宏程序梯形图及参数的存储、PMC控制、I/O Link i控制、伺服及主轴控制、MDI及显示控制等。FANUC 0i－MF系统配置图如图3.5所示。

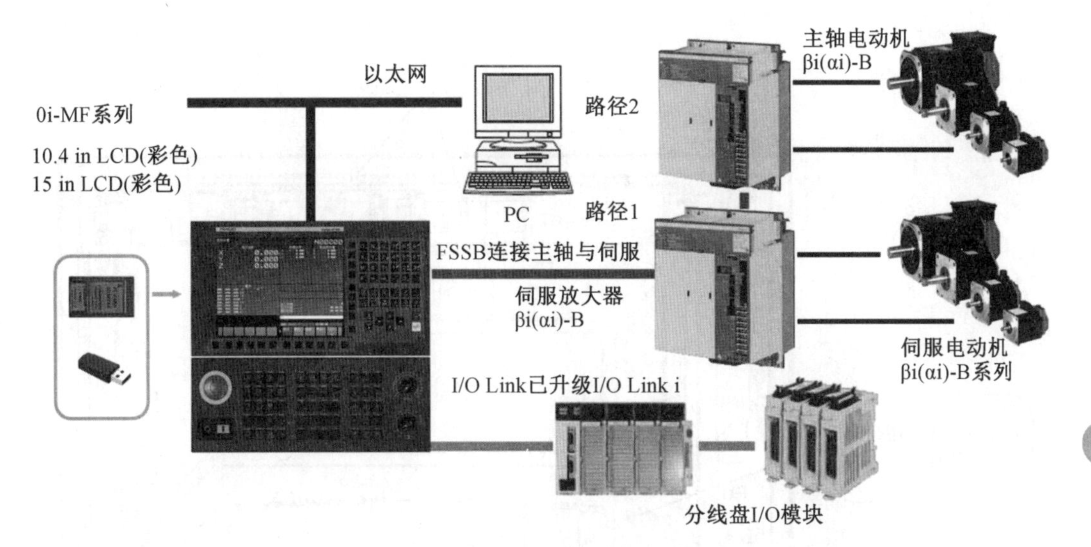

图 3.5 FANUC 0i－MF 系统配置图

2. FANUC 数控系统相关接口

FANUC数控系统实物正反面如图 3.6 所示，各接口如图 3.7 所示。FANUC 0i－MF 数控系统接口的端口号及其用途见表 3.4。

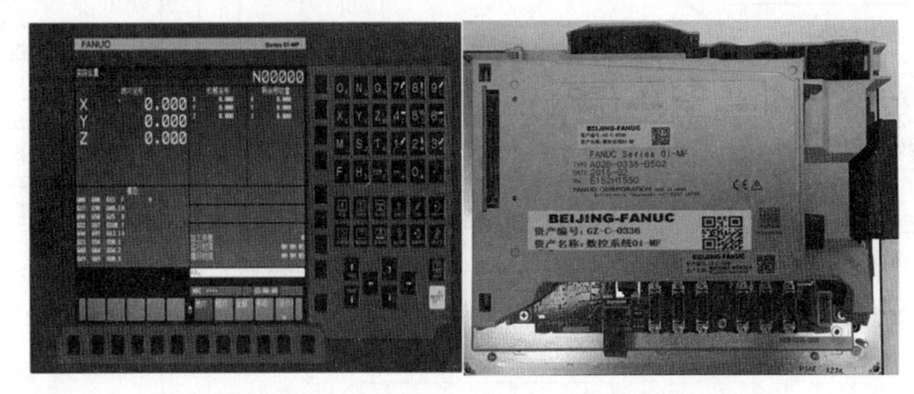

图 3.6 FANUC 0i－MF 系统实物正反面

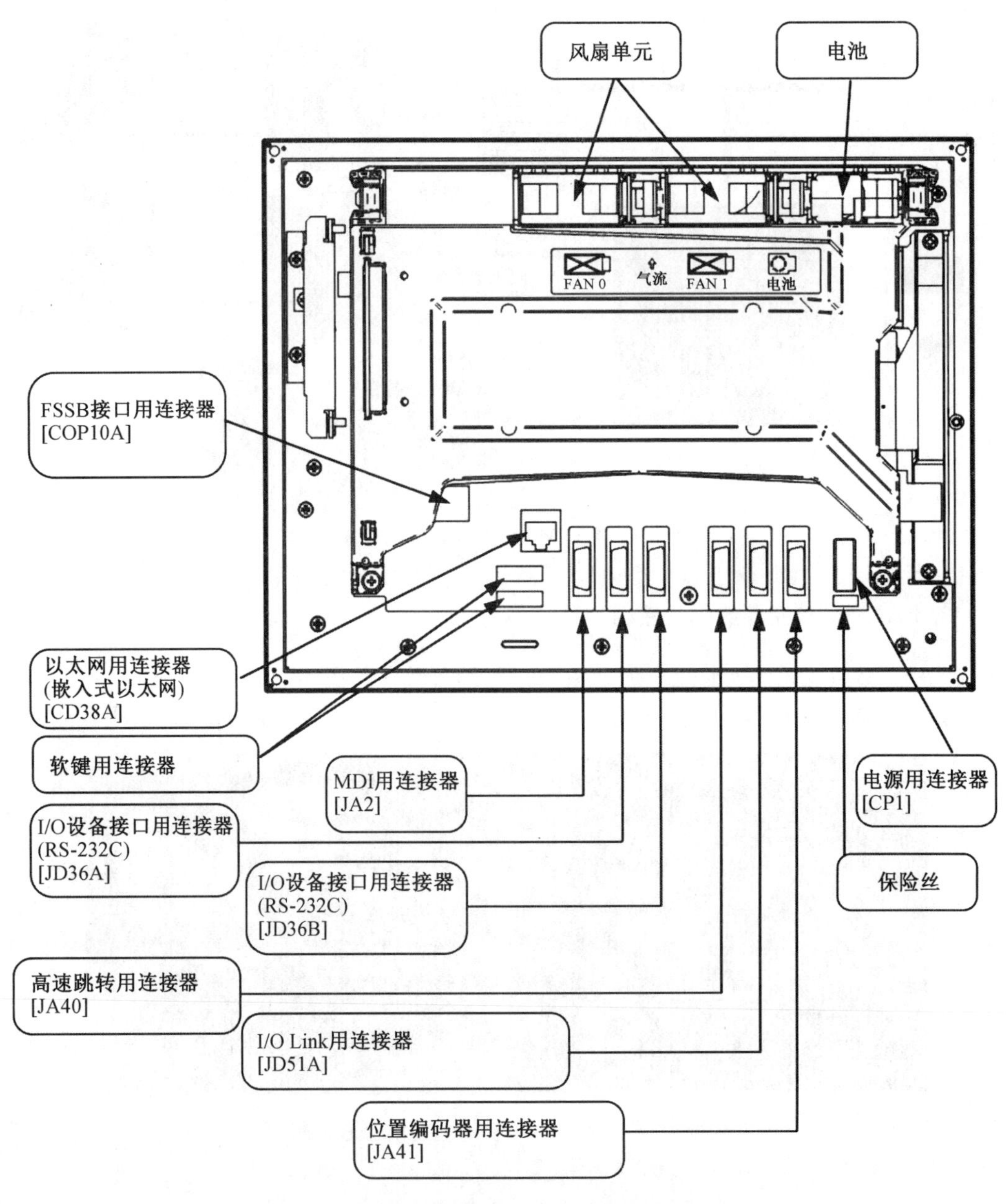

图 3.7 FANUC 0i－MF 系统接口图

表 3.4 FANUC 0i－MF 数控系统接口的端口号及其用途

序号	端口号	用途
1	CP1	控制电源 DC 24 V
2	JA41	串行主轴 / 位置编码器
3	JD44A /JD51A	I/O Link i 接口
4	JA40	模拟主轴 / 高速输入

续表3.4

序号	端口号	用途
5	JD36B	RS－232 接口 2/ 触摸屏接口
6	JD36A	RS－232 接口 1
7	JA2	MDI 接口
8	CK20A/CK21A	系统软键
9	CD38A	以太网接口
10	COP10A	伺服 FSSB 总线接口，光缆接口

(1)CP1 DC 24 V 输入。

数控系统需要外部提供＋24 V 直流电源，电源电压必须满足输入电压＋24 V±10%，允许输入瞬间中断持续时间为 10 ms(输入幅值下降 100%) 或 20 ms(输入幅值下降 50%)。电源接口连接图如图 3.8 所示。

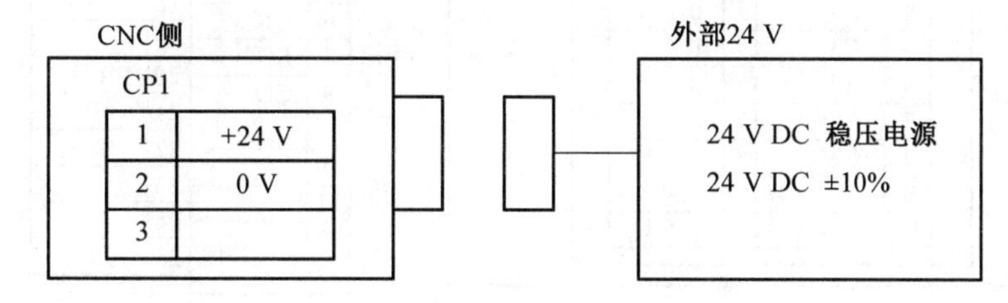

图 3.8 电源接口连接图

(2)JD36A、JD36B 通信接口。

通信接口 JD36A、JD36B 接法如图 3.9 所示。

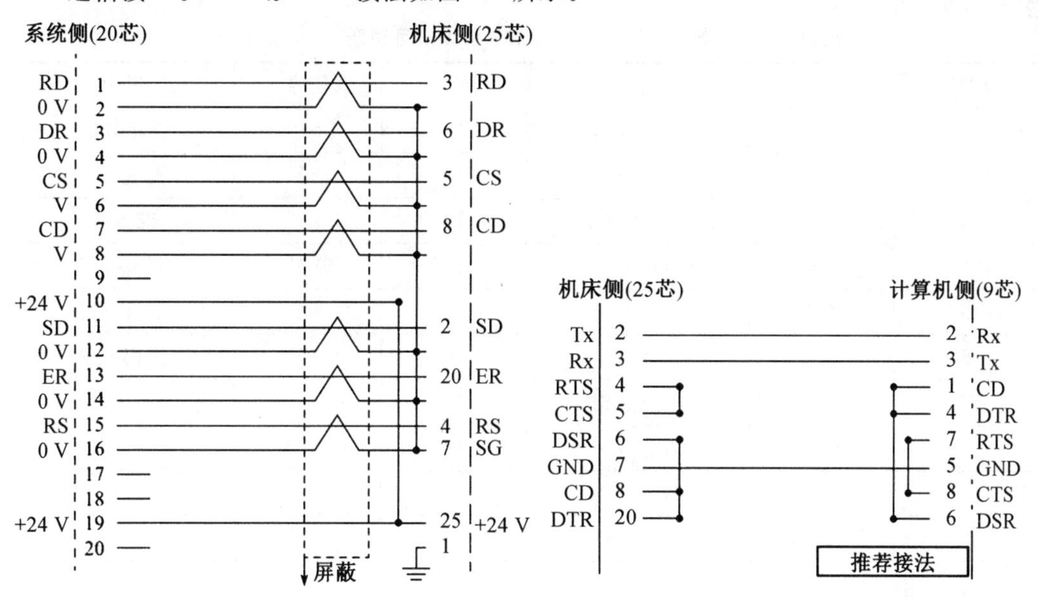

图 3.9 通信接口 JD36A、JD36B 接法

为防止计算机的串口漏电导致NC的接口烧坏，要在接口上加光电隔离器，尽量不使用RS－232接口进行数据传输和DNC加工，应当使用存储卡接口更为方便，传输速度快，不需要另外的传输软件，且不会烧坏接口。

可以通过RS－232接口与输入输出设备(计算机)等相连，将CNC程序、参数等各种信息输入到NC中，或从NC中输出给输入/输出设备的接口。RS－232接口与输入输出设备连接如图3.10所示。

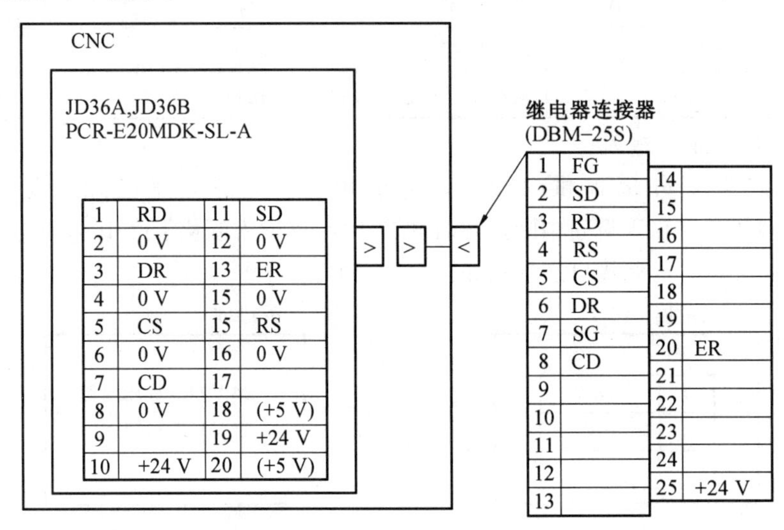

图 3.10　RS－232接口与输入输出设备连接

RS－232接口还可以传输或监控梯形图、DNC加工运行。图3.10中JD36A、JD36B引脚信号说明见表3.5。

表 3.5　JD36A、JD36B **引脚信号说明**

脚标	信号	说明	脚标	信号	说明
1	RD	接收数据	11	SD	发送数据
2	0 V	直流 0 V	12	0 V	直流 0 V
3	DR	数据设置准备好	13	ER	准备好
4	0 V	直流 0 V	14	0 V	直流 0 V
5	CS	使能发送	15	RS	请求发送
6	0 V	直流 0 V	16	0 V	直流 0 V
7	CD	检查数据	17		
8	0 V	直流 0 V	18	(＋5 V)	
9			19	＋24 V	
10	＋24 V	直流 24 V	20	(＋5 V)	

注意事项：

① 禁止带电插拔数据线，插拔时至少有一端是断电的，否则极易损坏机床和PC的RS－232接口。

② 使用台式机时一定要将 PC 外壳与机床地线连接，以防漏电烧坏机床串口。

③ 当传输不正常时，波特率可以设得低一些，如 4 800 bps，但注意 PC 侧要与机床侧设置一致。

④ 机床侧与 PC 侧同时关机。

(3)JD51A I/O 模块通信。

本接口是连接到 I/O Link i 的。注意按照从 JD51A 到 I/O 模块的 JD1B 的顺序连接，以便于 I/O 信号与数控系统交换数据。按照从 JD51A 到 JD1B 的顺序连接，即从数控系统的 JD51A 出来，到 I/O Link i 的 JD1B 为止，下一个 I/O 设备也是从前一个 I/O Link i 的 JD1A 到下一个 I/O Link i 的 JD1B，如果不是按照这种顺序，则会出现通信错误而检测不到 I/O 设备。JD51A 到 I/O 模块的 JD1B 的顺序连接如图 3.11 所示。

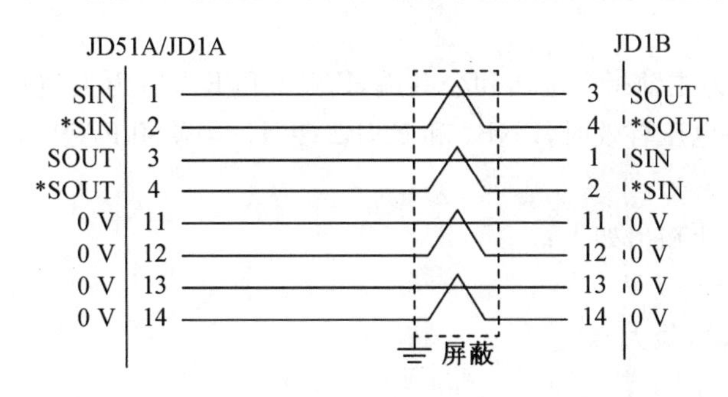

图 3.11 JD51A 到 I/O 模块的 JD1B 的顺序连接

(4)JA40 模拟主轴控制型号接口。

主速指令接口用于模拟主轴伺服单元或变频器模拟电压的给定。JA40 模拟主轴输出 / 高速调整信号 HDI。

机床厂家使用模拟主轴，而不使用 FANUC 的串行主轴时，可以选择模拟主轴接口 JA40。系统向外部提供 0 ~ 10 V 模拟电压以控制变频器调速，接线如图 3.12 所示。注意使用单极性时，极性不要接错，否则变频器无法调速。

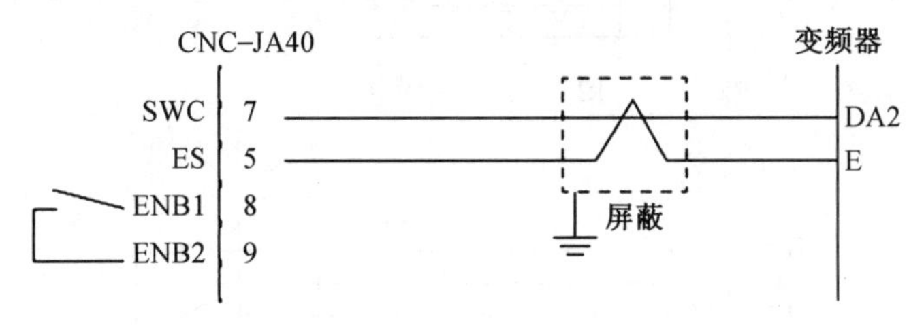

图 3.12 JA40 模拟主轴输出

ENB1/ENB2 用于外部控制，一般不使用。JA40 引脚信号说明见表 3.6。

表 3.6　JA40 引脚信号说明

脚标	信号	说明	脚标	信号	说明
1			6		
2	0 V		7	SVC	主轴指令电压
3			8	ENB1	主轴使能信号
4			9	ENB2	主轴使能信号
5	ES	公共端	10		

注意：

①SVC 和 ES 为主轴指令电压和公共端，ENB1 和 ENB2 为主轴使能信号。

② 当主轴指令电压有效时，ENB1 和 ENB2 接通。当使用 FANUC 主轴伺服单元时，不使用这些信号。

③ 额定模拟电压输出如下：

输出电压：0 ～± 10 V。

输出电流：2 mA（最大）。

输出阻抗：100 Ω。

当 JA40 用于高速跳转信号 HDI 的使用时，接线图如图 3.13 和图 3.14 所示。

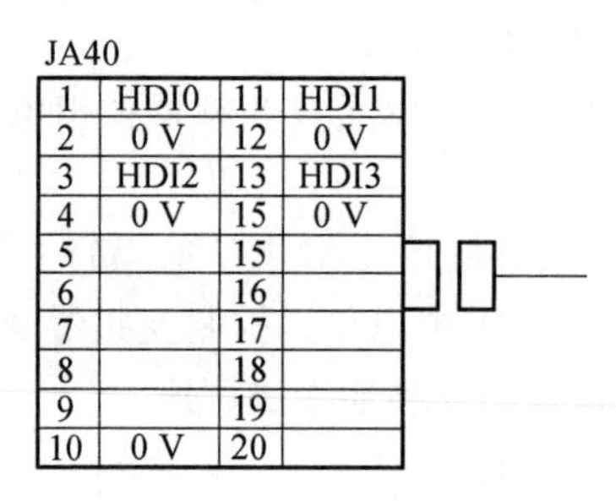

图 3.13　JA40 接口

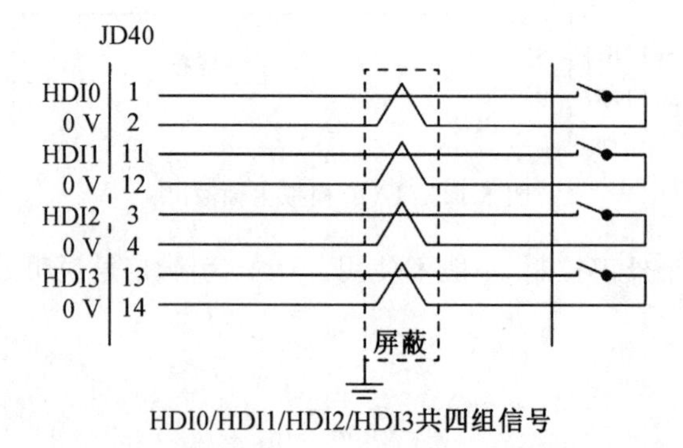

图 3.14　JA40 用于高速跳转信号 HDI 时的连接

(5)JA41 串行主轴接口 / 位置编码器接口。

当数控系统采用模拟主轴时,JA41 接口为主轴编码器反馈接口,其连接如图 3.15 所示。

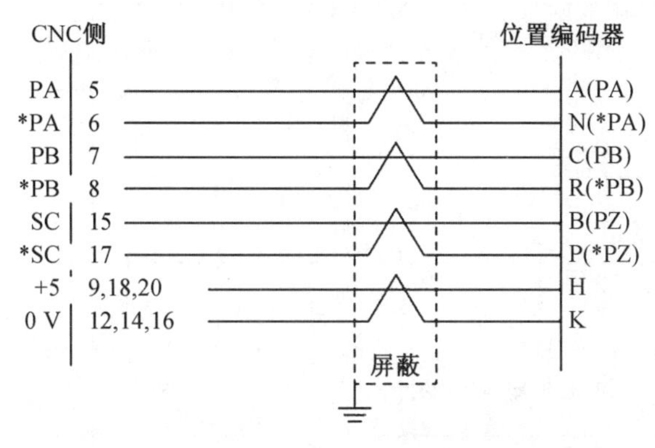

图 3.15 JA41 接口为主轴编码器反馈接口

当数控系统采用串行主轴时,JA41 接口为串行主轴接口,如图 3.16 所示。

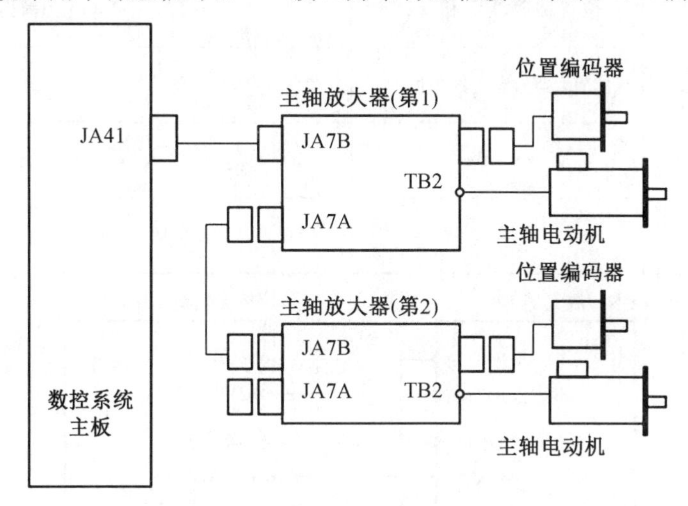

图 3.16 JA41 接口为串行主轴接口

串行主轴或位置编码器接口 JA41 引脚信号说明见表 3.7,其与主轴放大器模块的连接如图 3.17 所示。

表 3.7　JA41 引脚信号说明

脚标	信号	说明	脚标	信号	说明
1	SIN		11		
2	* SIN		12	0 V	0 V
3	SOUT		13		
4	* SOUT		14	0 V	
5	PA	位置编码器 A 相脉冲	15	SC	位置编码器 C 相脉冲
6	* PA	位置编码器 * A 相脉冲	16	0 V	
7	PB	位置编码器 B 相脉冲	17	* SC	位置编码器 * C 相脉冲
8	* PB	位置编码器 * B 相脉冲	18	+5 V	
9	+5 V	+5 V	19		
10			20	+5 V	

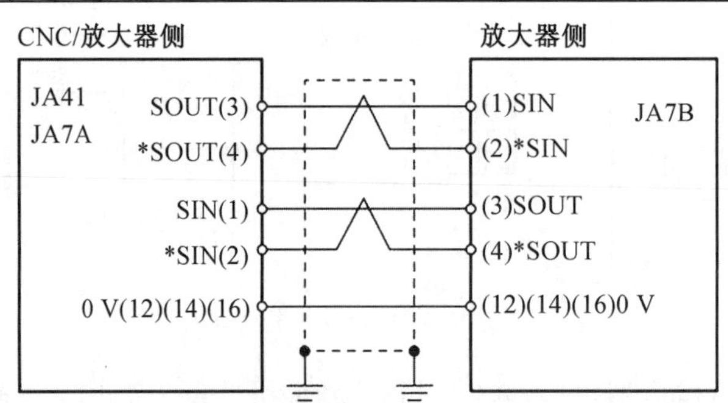

图 3.17　JA41 与 JA7B 连接

(6) 伺服 FSSB 总线接口 COP10A。

FANUC 数控系统伺服控制采用光缆完成与伺服单元的连接，连接均采用级连结构，伺服与系统之间 FSSB 总线连接如图 3.18 所示。

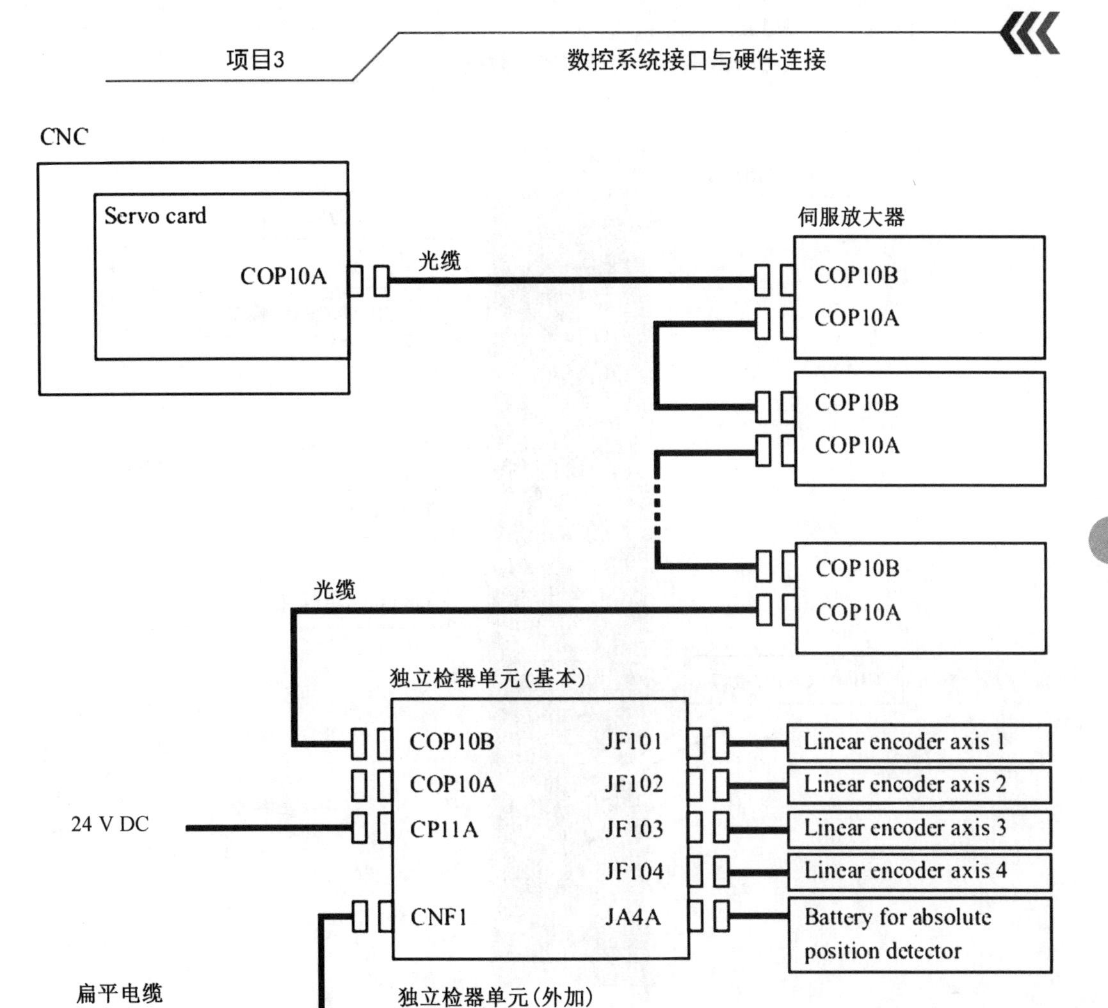

图 3.18 伺服与系统之间 FSSB 总线连接

Servo card— 伺服控制卡;Linear encoder axis 1— 线性编码器轴 1;Battery for absolute position detector— 绝对式编码器电池

3. I/O 模块

I/O 模块实物图如图 3.19 所示。

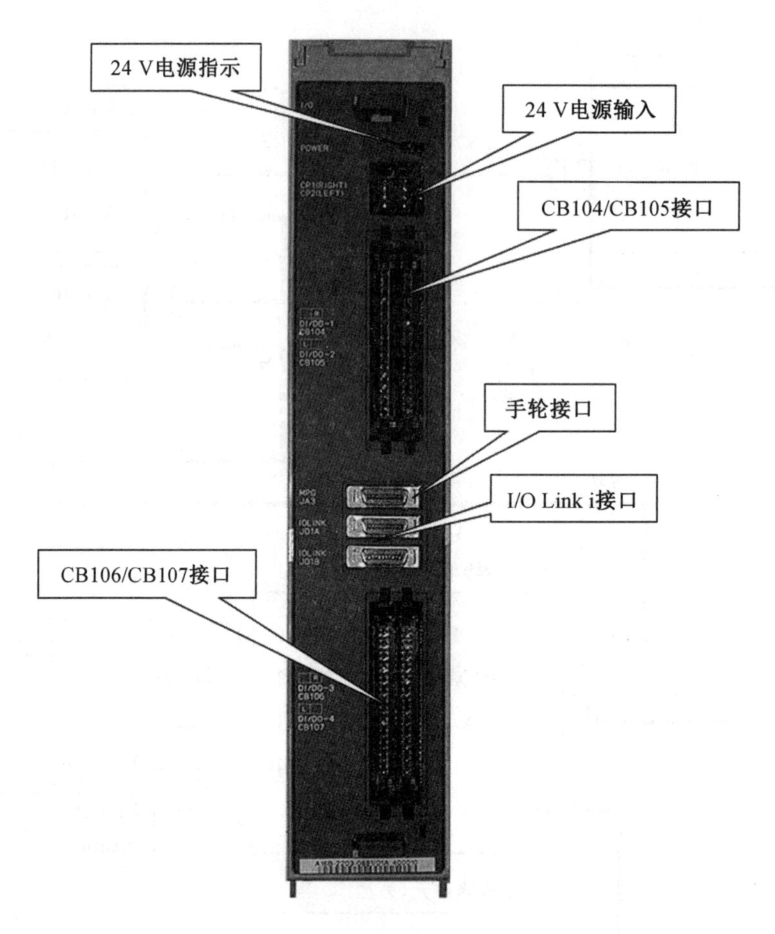

图 3.19　I/O 模块实物图

(1)CP1/CP2 DC 24 V 输入。

I/O 模块需要外部提供 24 V 直流电源，电源电压必须满足输入电压 24 V±10%，允许输入瞬间中断持续时间为 10 ms(输入幅值下降 100%) 或 20 ms(输入幅值下降 50%)。

(2)CB104－CB107 I/O 模块输入输出信号。

表 3.8 为连接器 CB104、CB105、CB106、CB107 管脚，表中的 m、n 是对该模块进行地址分配对“MODULE”界面的首地址。图 3.20 中的 B01 脚＋24 V 是输出信号，该管脚输出 24 V 电源，不要将外部 24 V 电源接入到该管脚。

表 3.8 CB104、CB105、CB106、CB107 接口说明

CB104
HIROSE 50PIN

	A	B
01	0V	24V
02	Xm+0.0	Xm+0.1
03	Xm+0.2	Xm+0.3
04	Xm+0.4	Xm+0.5
05	Xm+0.6	Xm+0.7
06	Xm+1.0	Xm+1.1
07	Xm+1.2	Xm+1.3
08	Xm+1.4	Xm+1.5
09	Xm+1.6	Xm+1.7
10	Xm+2.0	Xm+2.1
11	Xm+2.2	Xm+2.3
12	Xm+2.4	Xm+2.5
13	Xm+2.6	Xm+2.7
14		
15		
16	Yn+0.0	Yn+0.1
17	Yn+0.2	Yn+0.3
18	Yn+0.4	Yn+0.5
19	Yn+0.6	Yn+0.7
20	Yn+1.0	Yn+1.1
21	Yn+1.2	Yn+1.3
22	Yn+1.4	Yn+1.5
23	Yn+1.6	Yn+1.7
24	DOCOM	DOCOM
25	DOCOM	DOCOM

CB105
HIROSE 50PIN

	A	B
01	0V	24V
02	Xm+3.0	Xm+3.1
03	Xm+3.2	Xm+3.3
04	Xm+3.4	Xm+3.5
05	Xm+3.6	Xm+9.7
06	Xm+8.0	Xm+8.1
07	Xm+8.2	Xm+8.3
08	Xm+8.4	Xm+8.5
09	Xm+8.6	Xm+8.7
10	Xm+9.0	Xm+9.1
11	Xm+9.2	Xm+9.3
12	Xm+9.4	Xm+9.5
13	Xm+9.6	Xm+9.7
14		
15		
16	Yn+2.0	Yn+2.1
17	Yn+2.2	Yn+2.3
18	Yn+2.4	Yn+2.5
19	Yn+2.6	Yn+2.7
20	Yn+3.0	Yn+3.1
21	Yn+3.2	Yn+3.3
22	Yn+3.4	Yn+3.5
23	Yn+3.6	Yn+3.7
24	DOCOM	DOCOM
25	DOCOM	DOCOM

CB106
HIROSE 50PIN

	A	B
01	0V	24V
02	Xm+4.0	Xm+4.1
03	Xm+4.2	Xm+4.3
04	Xm+4.4	Xm+4.5
05	Xm+4.6	Xm+4.7
06	Xm+5.0	Xm+5.1
07	Xm+5.2	Xm+5.3
08	Xm+5.4	Xm+5.5
09	Xm+5.6	Xm+5.7
10	Xm+6.0	Xm+6.1
11	Xm+6.2	Xm+6.3
12	Xm+6.4	Xm+6.5
13	Xm+6.6	Xm+6.7
14	COM4	
15		
16	Yn+4.0	Yn+4.1
17	Yn+4.2	Yn+4.3
18	Yn+4.4	Yn+4.5
19	Yn+4.6	Yn+4.7
20	Yn+5.0	Yn+5.1
21	Yn+5.2	Yn+5.3
22	Yn+5.4	Yn+5.5
23	Yn+5.6	Yn+5.7
24	DOCOM	DOCOM
25	DOCOM	DOCOM

CB107
HIROSE 50PIN

	A	B
01	0V	24V
02	Xm+7.0	Xm+7.1
03	Xm+7.2	Xm+7.3
04	Xm+7.4	Xm+7.5
05	Xm+7.6	Xm+7.7
06	Xm+10.0	Xm+10.1
07	Xm+10.2	Xm+10.3
08	Xm+10.4	Xm+10.5
09	Xm+10.6	Xm+10.7
10	Xm+11.0	Xm+11.1
11	Xm+11.2	Xm+11.3
12	Xm+11.4	Xm+11.5
13	Xm+11.6	Xm+11.7
14		
15		
16	Yn+6.0	Yn+6.1
17	Yn+6.2	Yn+6.3
18	Yn+6.4	Yn+6.5
19	Yn+6.6	Yn+6.7
20	Yn+7.0	Yn+7.1
21	Yn+7.2	Yn+7.3
22	Yn+7.4	Yn+7.5
23	Yn+7.6	Yn+7.7
24	DOCOM	DOCOM
25	DOCOM	DOCOM

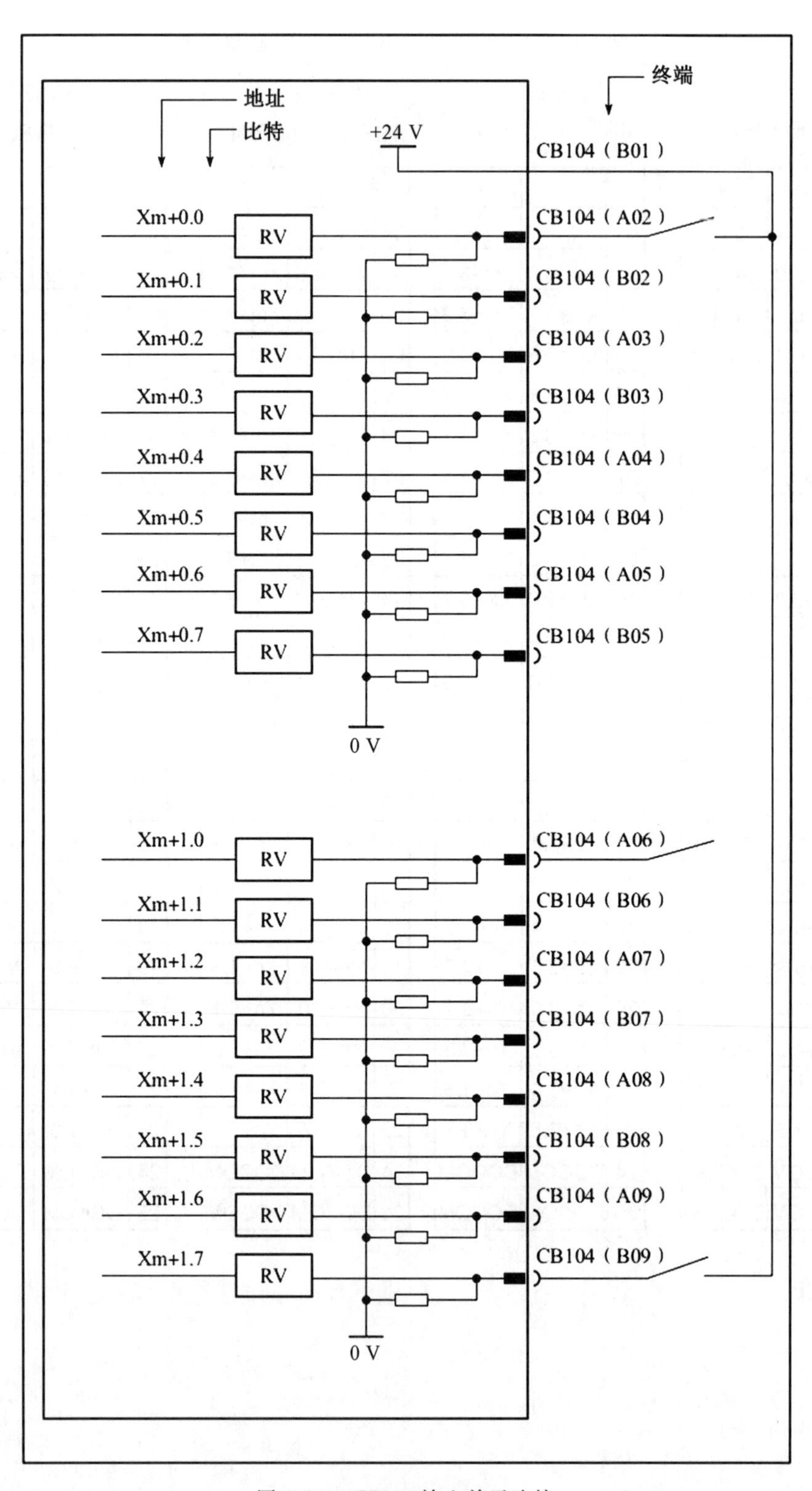

图 3.20　CB104 输入单元连接

如果需要使用连接器的 Y 信号，则将 24 V 电源输入到 DOCOM 管脚，如图 3.21 所示。

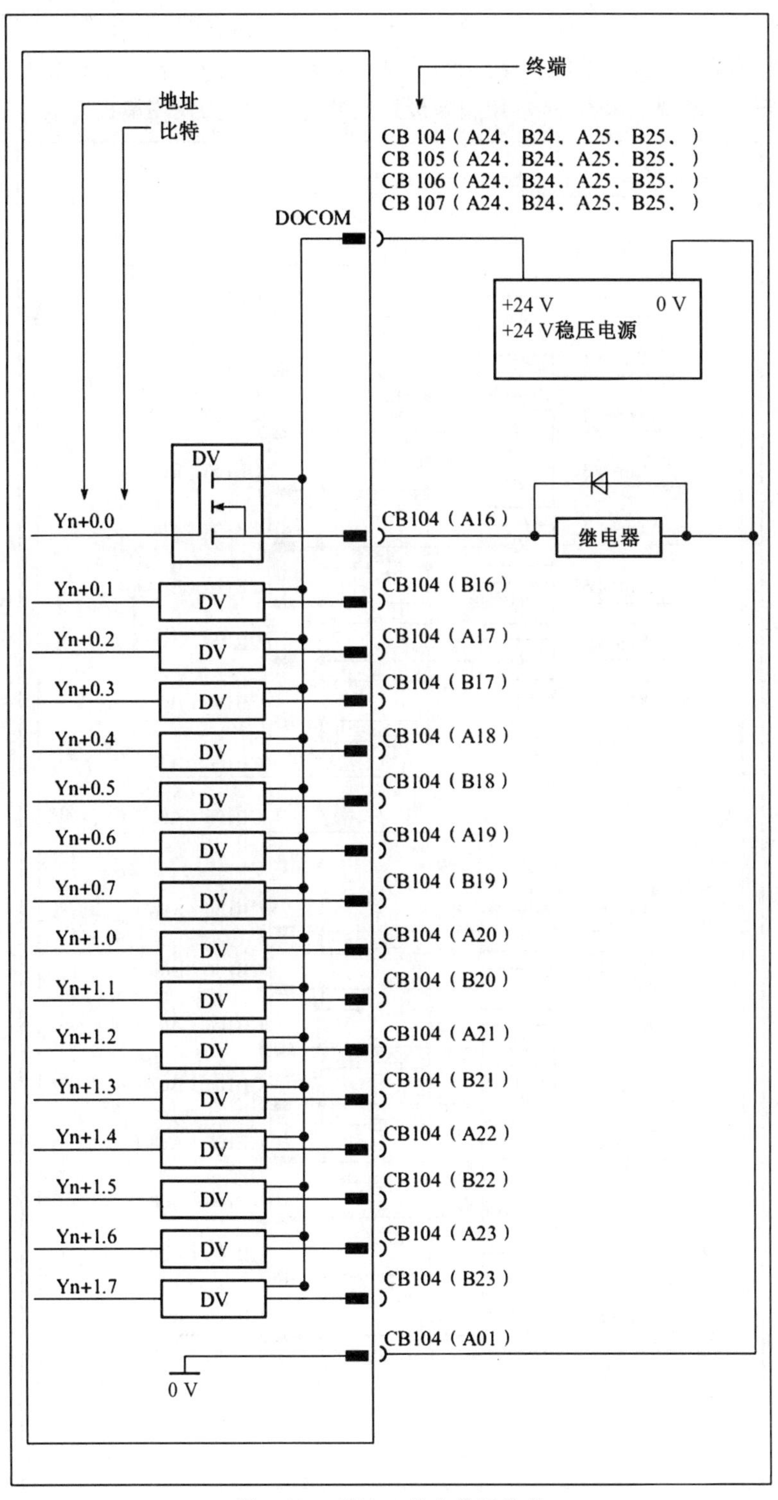

图 3.21　CB104 输出单元连接

如果需要使用Xm＋4.0的地址，不要悬空COM4管脚，建议将0 V电源接入COM4管脚，如图3.22所示。对于地址Xm＋4.0，既可以选择源极型，也可以选择漏极型，通过连接24 V电源或者0 V电源来判断。COM4必须被连接到24 V电源或者0 V电源，而不能悬空，从安全标准观点来看，推荐使用漏极型信号，图3.22为使用漏极型信号的范例。

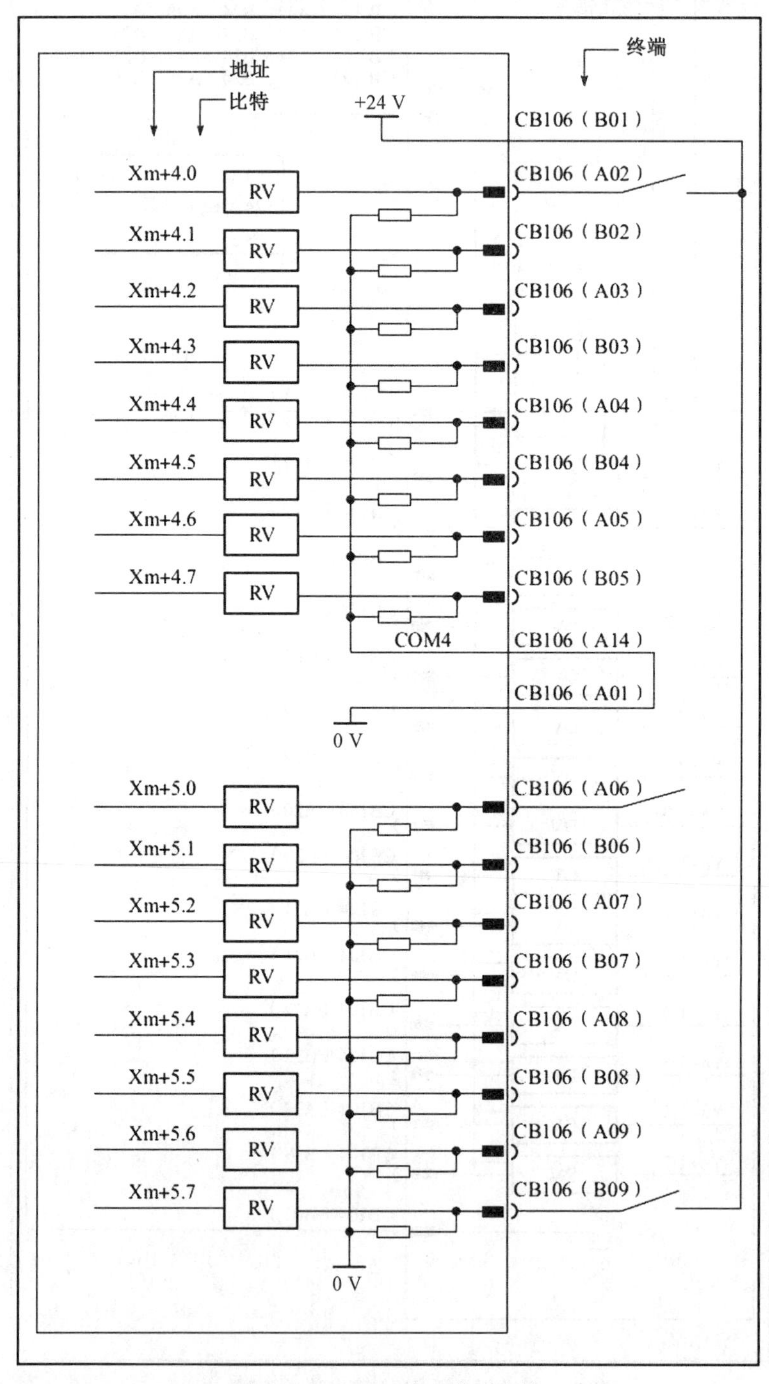

图 3.22　CB106 输入单元连接

(3)JA03 手轮接口。

用于连接手轮。I/O 侧和手轮侧管脚连接图如图 3.23 所示。

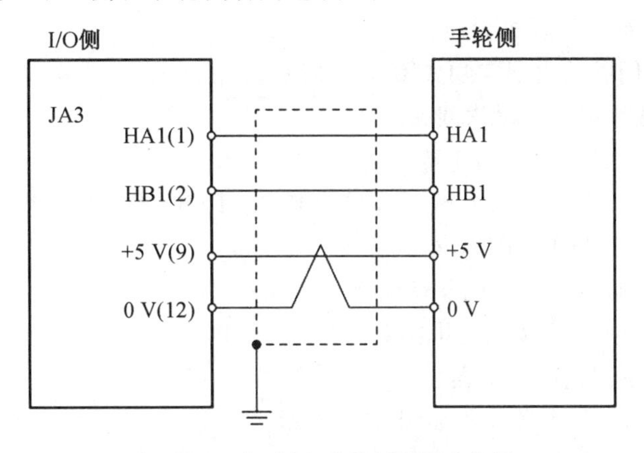

图 3.23　I/O 侧和手轮侧管脚连接图

(4)JD1A/JD1B I/O 模块通信接口。

本接口与数控系统的 JD51A 接口连接。

4. 操作面板

操作面板实物图如图 3.24 所示,接口图如图 3.25 所示。

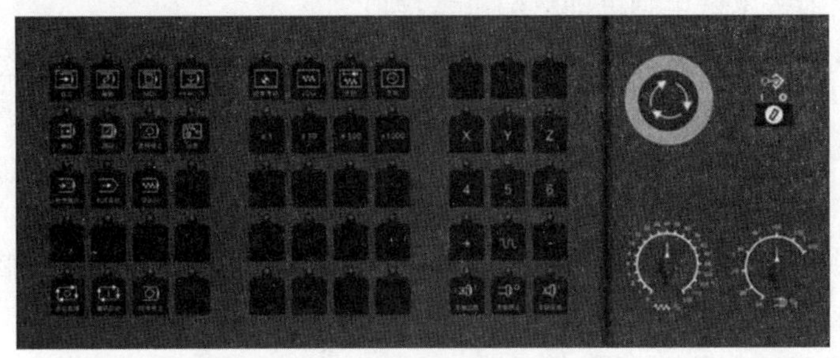

图 3.24　操作面板实物图

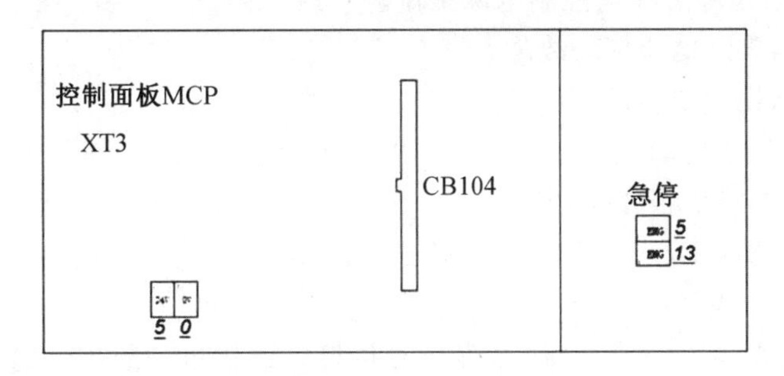

图 3.25　操作面板接口图

控制面板通过光缆连接 I/O 模块 CB104 接口。

5.伺服放大器

(1)αiSV－B系列伺服放大器。

αiSV 20－B伺服放大器实物如图3.26所示。

①U/V/W:伺服电动机动力线接口。

②CXA2A/CXA2B:放大器跨接电缆,＋24V。

③COP10A/COP10B:FSSB光缆连接线接口。FSSB光缆连接线,遵循B进A出,系统总是从COP10A连到COP10B。

④JF1/JF2:伺服电动机编码器反馈信号接口。

⑤CX5X:绝对型位置编码器电池接口。

(2)αiSP－B系列伺服放大器。

αiSP 15－B伺服放大器实物如图3.27所示。

①CXA2A/CXA2B接口:24 V直流电源输入。

② COP10B/COP10A接口:FSSB光缆连接线,遵循B进A出,系统总是从COP10A连到COP10B。

③JX6:断电备份模块。

④JY1:主轴电动机状态监控接口。

⑤JA7B/JA7A:主轴接口输入/主轴接口输出。NC与主轴放大器之间通信。

⑥JYA2:主轴传感器主轴电动机编码器接口。

⑦JYA3:主轴位置编码器接口、α位置编码器、外部1转信号(数字信号)。

⑧JYA4:主轴位置编码器接口、α位置编码器、外部1转信号(模拟信号)。

(3)αiPS－B系列电源模块。

αiPS 7.5－B电源模块实物如图3.28所示。

①DC Link盒:直流电源(DC 300 V)输出端,该接口与主轴模块、伺服模块的直流输入端连接。

② 状态指示窗口(STATUS):

PIL(绿色):表示电源模块控制电源工作。

ALM(红色):表示电源模块故障。

— :表示电源模块未启动。

00:表示电源模块启动就绪。

##:表示电源模块报警信息。

③ CXA2A/CXA2B:均为DC＋24 V输出。

④CXA2D:控制电源＋24 V。

⑤ CX3:主电源MCC(常开点)控制信号接口。该接口一般用于电源模块三相交流电源输入主接触器的控制。

⑥CX4B:*ESP急停信号接口。该接口一般与机床操作面板的急停开关的常闭点相接,不用该信号时,必须将CX4短接,否则系统处于急停报警状态。

⑦L1、L2、L3:三相交流200 V输入,一般与三相伺服变压器输出端连接。

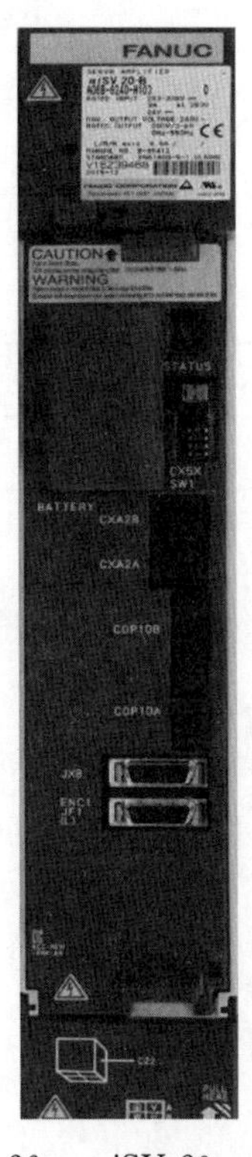

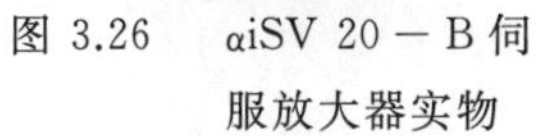
图 3.26　αiSV 20－B 伺服放大器实物

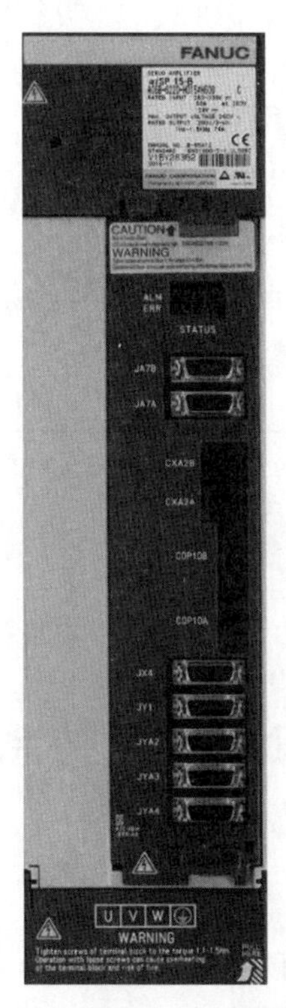

图 3.27　αiSP 15－B 伺服放大器实物

图 3.28　αiPS 7.5－B 电源模块实物

3.2.5　实训步骤

查看 FANUC 数控系统硬件，了解各硬件接口及其作用，并填入表 3.9 中。

表 3.9　FANUC 数控系统硬件接口记录表

序号	系统硬件名称	接口标识	功能
1			
2			
3			
4			
5			
6			

续表3.9

序号	系统硬件名称	接口标识	功能
7			
8			
9			
10			
11			
12			
13			
14			

3.2.6 思考题

COP10B/COP10A 的进出顺序是怎样的？如果接线接反了会有什么现象？

实训任务 3.3 FANUC 数控系统硬件连接与调试

FANUC 数控系统硬件连接

3.3.1 实训目标

(1) 理解和掌握伺服放大器的硬件连接。

(2) 理解和掌握伺服电动机硬件连接。

(3) 理解和掌握数控系统的整体连接。

3.3.2 实训内容

FANUC 数控系统硬件连接。

3.3.3 实训工具、仪器和器材

工具：螺丝刀、内六角扳手、万用表。

3.3.4 实训指导

1. 伺服放大器连接

(1)FANUC 系统伺服放大器接口。

图 3.29 为亚龙 YL－569 型 0i－MF 数控机床装调实训平台伺服系统，硬件连接电路大致分为光缆连接、控制电源连接、主电源连接、急停信号连接、MCC 连接、主轴指令连接(指串行主轴，模拟主轴接在变频器中)、伺服电动机主电源连接、伺服电动机编码器

连接。

图 3.29 亚龙 YL－569 型 0i－MF 数控机床装调实训平台伺服系统

(2)DC 24 V 控制电源连接。

控制电源采用DC 24 V电源，主要用于伺服控制电路的电源供电。在上电顺序中，推荐优先给伺服放大器供电，如图 3.30 所示。图 3.31 为 DC 24 V 电源连接图，其连接方式有两种，通过查看驱动名牌确定所选的接线方式。

注意：超出部分另外供电，并且超出部分不得大于 4.5 A。可选导线规格：0.5 m^2。

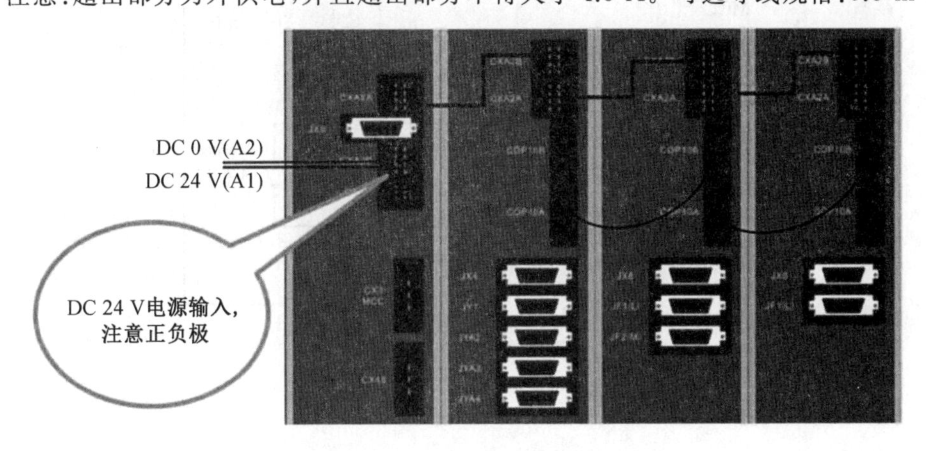

图 3.30 DC 24 V 电源连接图

① 当模块总电流小于 9 A 时的连接方式如图 3.31(a) 所示。

② 当模块总电流大于 9 A 时的连接方式如图 3.31(b) 所示。

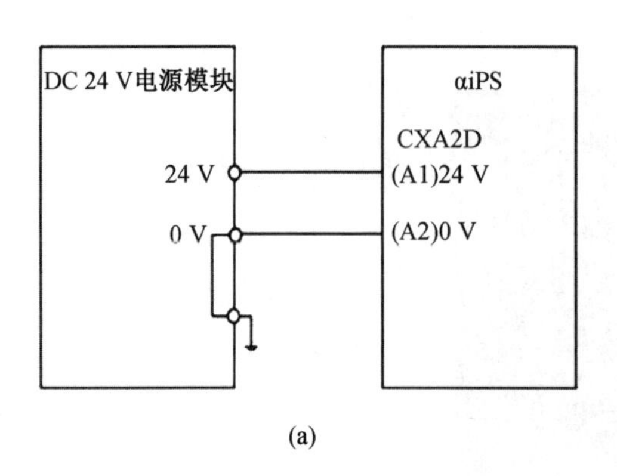

(a)

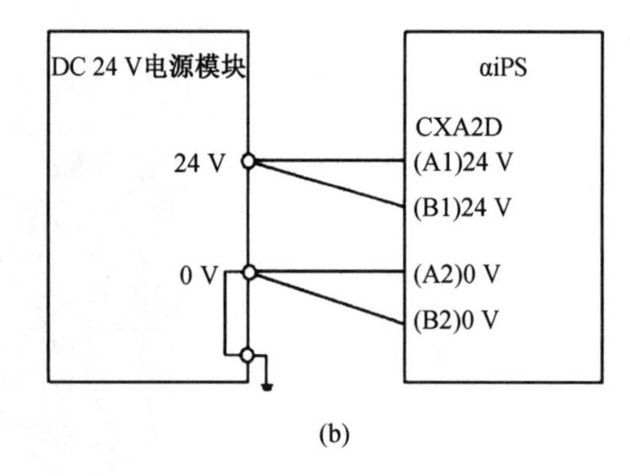

(b)

图 3.31　CXA2D 接口连接

(3)MCC 与急停控制线路的连接。

该部分主要用于对伺服主电源的控制与伺服放大器的保护,如发生报警、急停等情况下能够切断伺服放大器主电源,分离型与一体型伺服放大器 MCC 为 CX3 接口、ESP 为 CX4 接口,如图 3.32、图 3.33 所示。单体型与单体双轴型放大器 MCC 为 CX29 接口、ESP 为 CX30 接口,如图 3.34、图 3.35 所示。

注:①ESP 一般接急停继电器的常开触点。MCC 一般用于串接在伺服主电源接触器的线圈,且交流接触器线圈电压不超过 AC 250 V,常规采用 110 V,当放大器准备就绪后内部继电器就会自动吸合。② 当使用多个单体放大器相连时,仅需处理第一个放大器的 ESP 信号,如使用多个单体放大器连接,仅需使用第一个放大器的 MCC 信号。

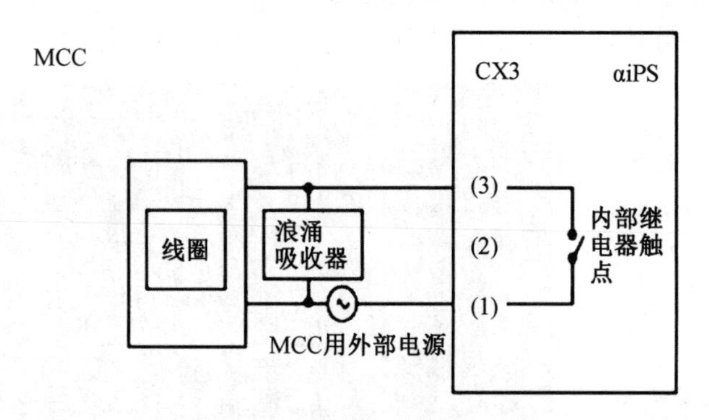

图 3.32　CX3 接口

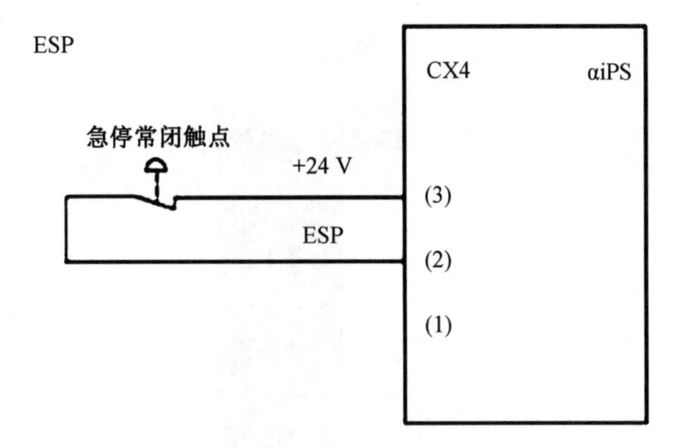

图 3.33　CX4 接口

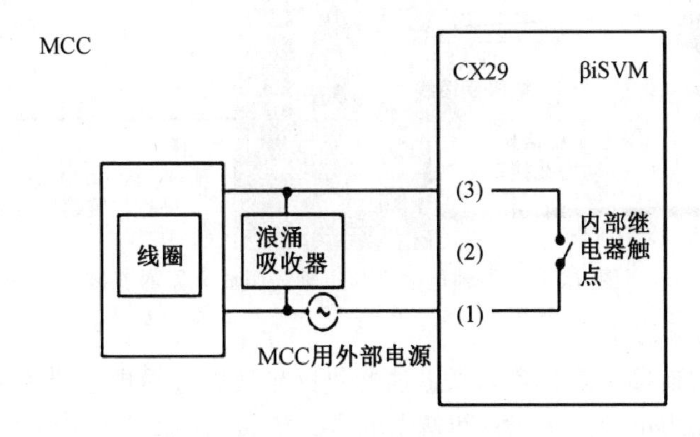

图 3.34　CX29 接口

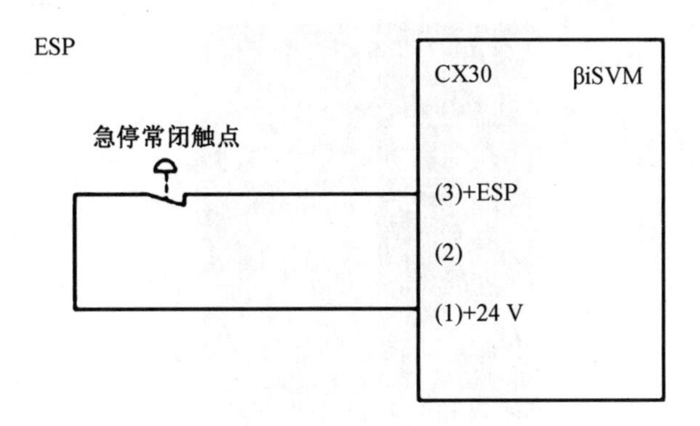

图 3.35　CX30 接口

2. 伺服电动机的连接

(1) 主轴电动机的连接。

将 2.5 mm^2 的五芯护套线连接到 SP 主轴驱动器上的 CZ2 口，确保相序一一对应，再将主轴编码器电缆连接到驱动器的 JYA2 口，如图 3.36 所示。

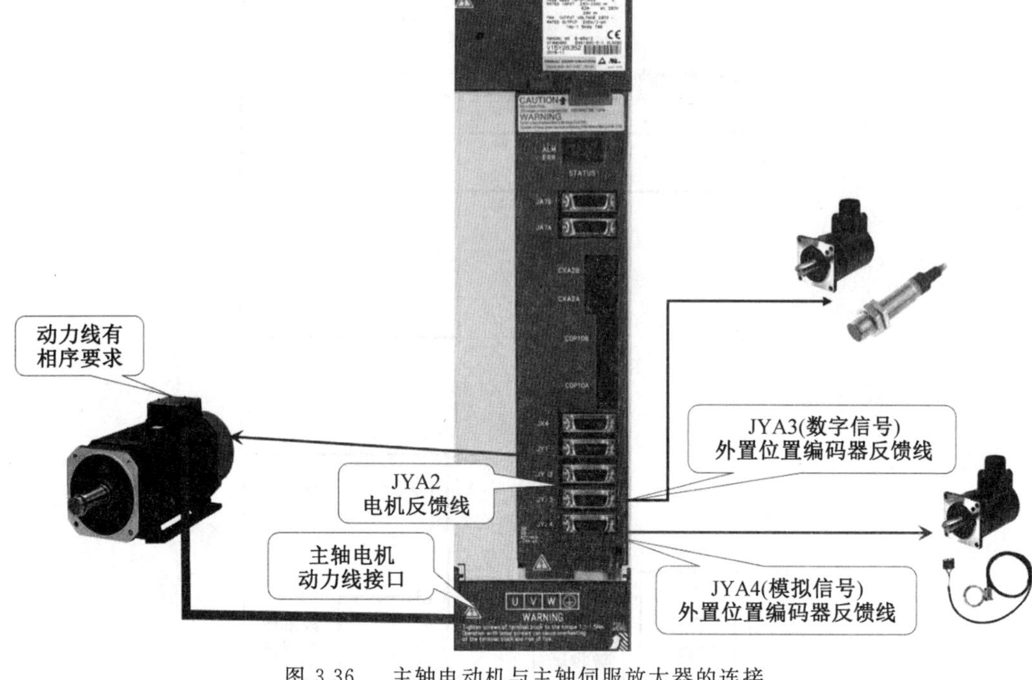

图 3.36　主轴电动机与主轴伺服放大器的连接

(2) 进给电动机的连接。

进给电动机的连接主要包含伺服主轴电动机与伺服进给电动机的动力电源连接，伺服主轴电动机的动力电源是采用接线端子的方式连接，伺服进给电动机的动力电源是采用接插件连接，在连接过程中，一定要确保相序的正确，如图 3.37 所示。

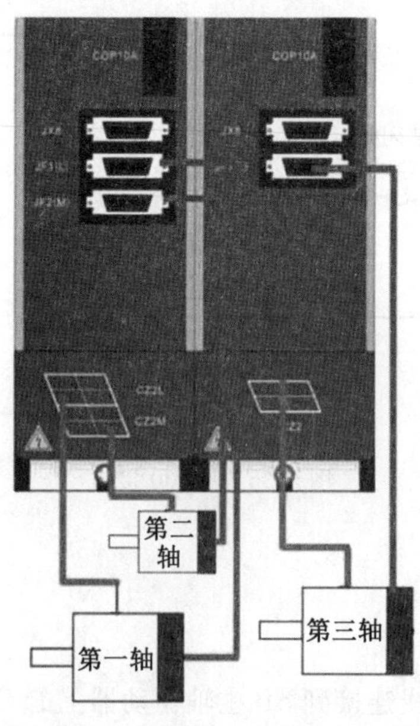

图 3.37　伺服电动机动力电源与伺服放大器的连接

3. 系统整体连接

亚龙 YL－569 型 0i－MF 数控机床装调实训平台数控系统整体连接如图 3.38 所示。

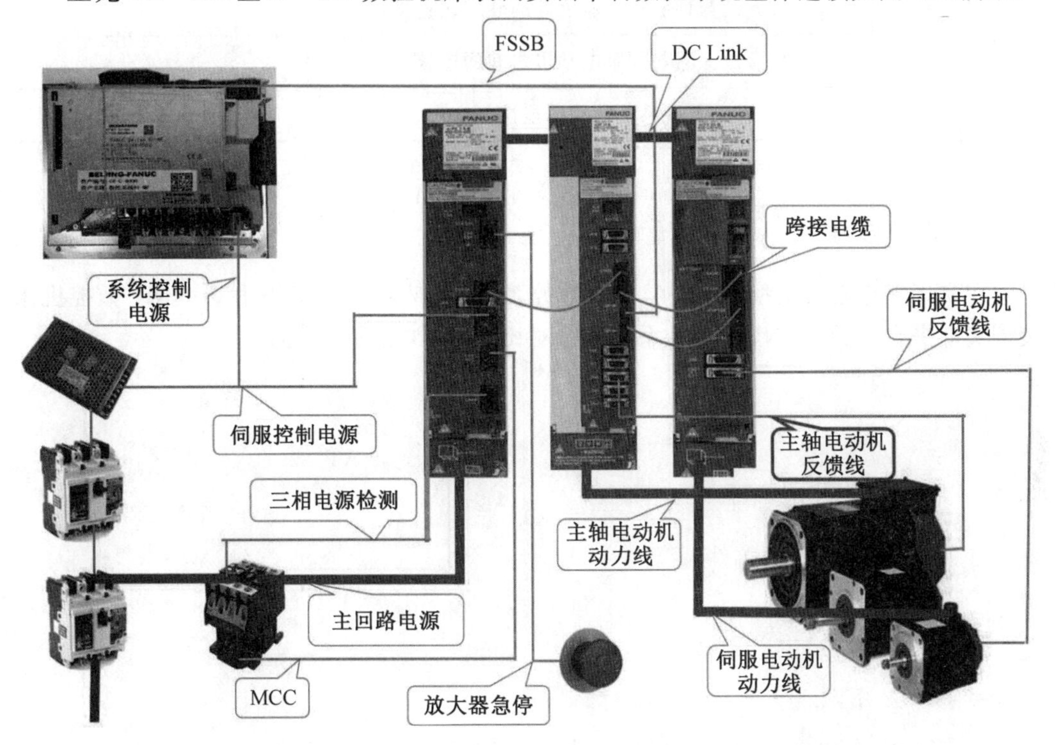

图 3.38 亚龙 YL－569 型 0i－MF 数控机床装调实训平台数控系统整体连接

3.3.5 实训步骤

1.完成数控系统与伺服放大器之间的连接

在亚龙 YL－569 型 0i－MF 数控机床装调实训平台上完成数控系统与伺服放大器之间的连接。

2.完成伺服放大器与伺服电动机之间的连接

在亚龙 YL－569 型 0i－MF 数控机床装调实训平台上完成伺服放大器与伺服电动机之间的连接。

3.完成数控系统的整体连接

在亚龙 YL－569 型 0i－MF 数控机床装调实训平台上完成数控系统的整体连接。

各任务完成后，请老师在表 3.10 中确认连接是否正确。

表 3.10　亚龙 YL－569 型 0i－MF 数控机床装调实训平台数控系统硬件连接情况确认表

序号	任务内容	完成情况确认
1	数控系统与伺服放大器之间的硬接线连接	
2	伺服放大器与伺服电动机之间的连接	
3	数控系统的整体连接	

3.3.6　思考题

在实训室查看其他型号的 FANUC 数控系统，与亚龙 YL－569 型 0i－MF 数控机床装调实训平台上的 FANUC 数控系统进行对比，其硬件上有何异同？

项目 4　数控机床电气连接与调试

项目引入

数控机床是集机、电、液、气于一体的机电一体化装备，数控机床电气控制系统是其核心，它能否可靠运行，直接关系到整个设备能否正常运行。当电气控制系统发生故障时，应迅速诊断故障，排除事故，使其恢复正常，同时应进行预防性维护，这对于提高数控设备运行效率非常重要。本项目以典型的数控机床各功能模块电气连接与调试为学习载体，分任务介绍了数控系统电源、急停电气连接与调试，数控机床伺服系统电气连接与调试，数控机床外围设备电气连接与调试等。

项目目标

(1) 了解数控机床电源的特点，在实际生产中能识别电源单元的种类和规格。

(2) 掌握电源、急停电路的连接与调试、冷却电路的连接与调试、主传动系统电路的连接与调试、进给传动系统电路的连接与调试。

(3) 能够诊断和排除数控机床常见电气连接故障，掌握其方法和电气原理。

项目任务

掌握数控机床外围电路原理，熟悉硬件连接，能够正确安装、调试、诊断及维修外围电路。

实训任务 4.1　数控系统电源、急停电气连接与调试

数控系统电源、急停电气连接与调试

4.1.1　实训目标

(1) 读懂机床电气原理图。

(2) 了解各种电气元件，能根据电气原理图选择正确元器件。

(3) 掌握数控系统电源、急停电路的连接与调试。

4.1.2　实训内容

识读数控机床电气原理图，按图连接系统电源与启动、急停电路。

4.1.3　实训工具、仪器和器材

工具:螺丝刀、内六角扳手、万用表、压线钳、剥线钳、号码管等。

4.1.4　实训指导

1. 数控机床电气原理图

(1) 绘制原理图的基本规则。

① 电气原理图一般分为主电路、控制电路和辅助电路,控制电路、辅助电路中通过的电流较小。在原理图中,各电器元件采用国家标准规定的图形符号来画,文字符号也要符合国家标准。同一电器的各个部件可以不画在一起,但必须采用同一文字符号标明。若有多个同一种类的电器元件,可在文字符号后加上数字序号来区分,如 KM1、KM2。

② 元器件和设备的状态通常是以元器件在没有通电和外力作用下的自然状态表示。对于接触器、电磁式继电器等,是表示其线圈未加电压的状态;而对于按钮、限位开关等,则是表示其未被压合的状态。

③ 原理图中,如果交叉导线在连接点电路是连通的,则要用黑圆点表示。交叉导线若在交叉处没有黑圆点,则说明连接点处各电路没有连通。

④ 原理图中,无论是主电路还是辅助电路,各电器元件一律都是按动作顺序从上至下从左到右依次排列,呈横平竖直布置。

(2) 图面区域的划分。

数控机床电气原理图需要表达的内容较多,相应的页码也较多,为了表示清楚各页码之间电路的关系,每页都由横向和纵向区域构成的电路内容,以及告知页码和设备名称等信息的标题栏构成。

图面分区时,一般竖边从上到下用拉丁字母,横边从左到右用阿拉伯数字分别编号。分区的代号用该区域字母和数字表示。图区横向编号下方的"电源输入端子"等字样,表明它对应的下方元件或电路的功能,这样标记更方便读图人员理解对应电路的工作原理。

(3) 符号索引。

在数控机床电气原理图中,按钮开关等单一作用的元器件不会与其他电路发生直接关联。但对于有复合关联作用的元器件,如继电器、接触器的线圈电路,控制触点电路的各关联元器件的电路图,因为其分散区域较大,为了能清楚地表达各相关电路之间的联系,在继电器、接触器的线圈文字符号下方,要清楚标注其触点位置的索引;而在触点文字符号下方,则要标明其线圈位置的索引。

符号位置的索引,采用图号、页次和区号的组合索引法,如图 4.1 所示。

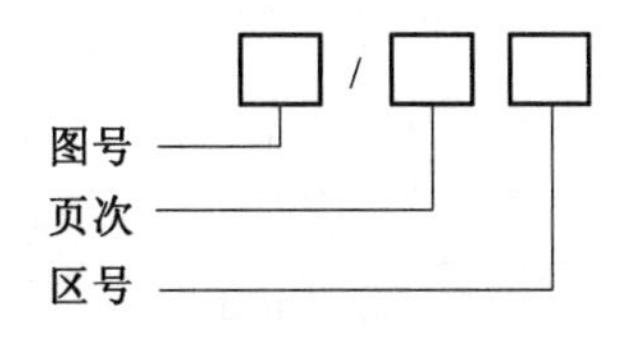

图 4.1 符号索引表示法

2. 数控系统电源与启动、急停电气原理图

(1) 数控系统电源概况。

数控系统通过 CP1 接口连接外部提供的 24 V 直流电源，电源电压波动不超过 ±10%，且允许输入瞬间中断持续时间为 10 ms。电源接口连接图如图 3.8 所示。数控系统电源电气原理图如图 4.2 和图 4.3 所示。

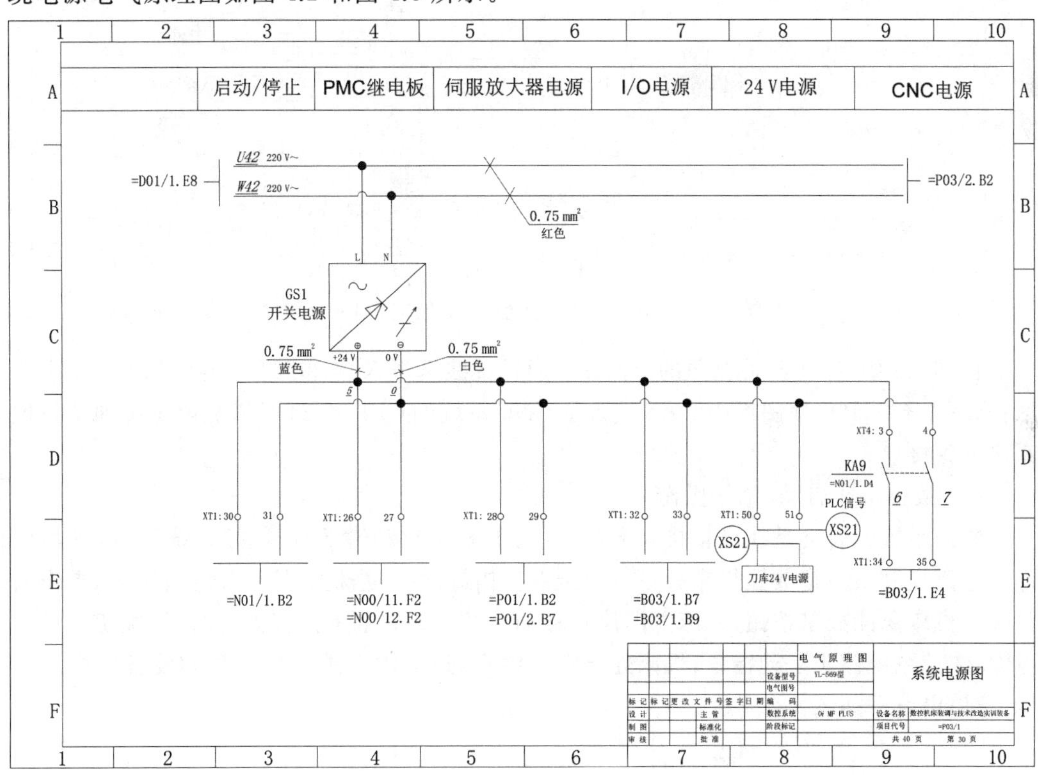

图 4.2 亚龙 YL－569 型 0i－MF 数控机床装调实训平台系统电源图

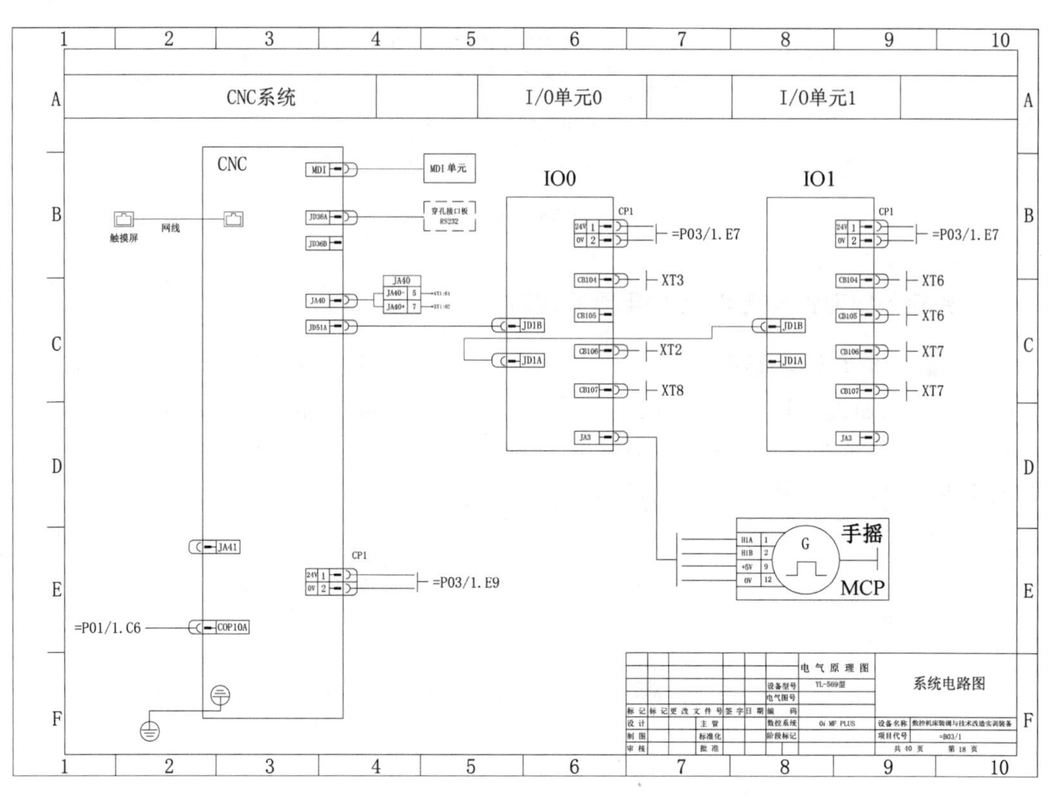

图 4.3　亚龙 YL－569 型 0i－MF 数控机床装调实训平台数控系统电路图

在图 4.2 中，GS1 开关电源的节点 5、0 通过接线端子 XT4 和 XT1 接到了 B03/1 页 E4 区；在图 4.3 中，P03/1 图纸中 E9 区接入了 CNC 系统的 CP1，将 24 V 直流电源接到了数控系统电源接口。

(2) 数控机床启动、急停操作。

数控系统的启动是在设备接入电源后，按下系统启动键 SB1，数控系统得电，开始工作。急停控制回路是数控机床必备的安全保护措施之一，当机床处于紧急情况时，操作人员按下机床急停控制按钮，机床立即停止移动。数控装置启动急停处理时，伺服切断动力电源，数控系统停止运动指令，机床处于安全状态，最大限度地保护人身和设备安全。启动、急停电路图如图 4.4 所示。

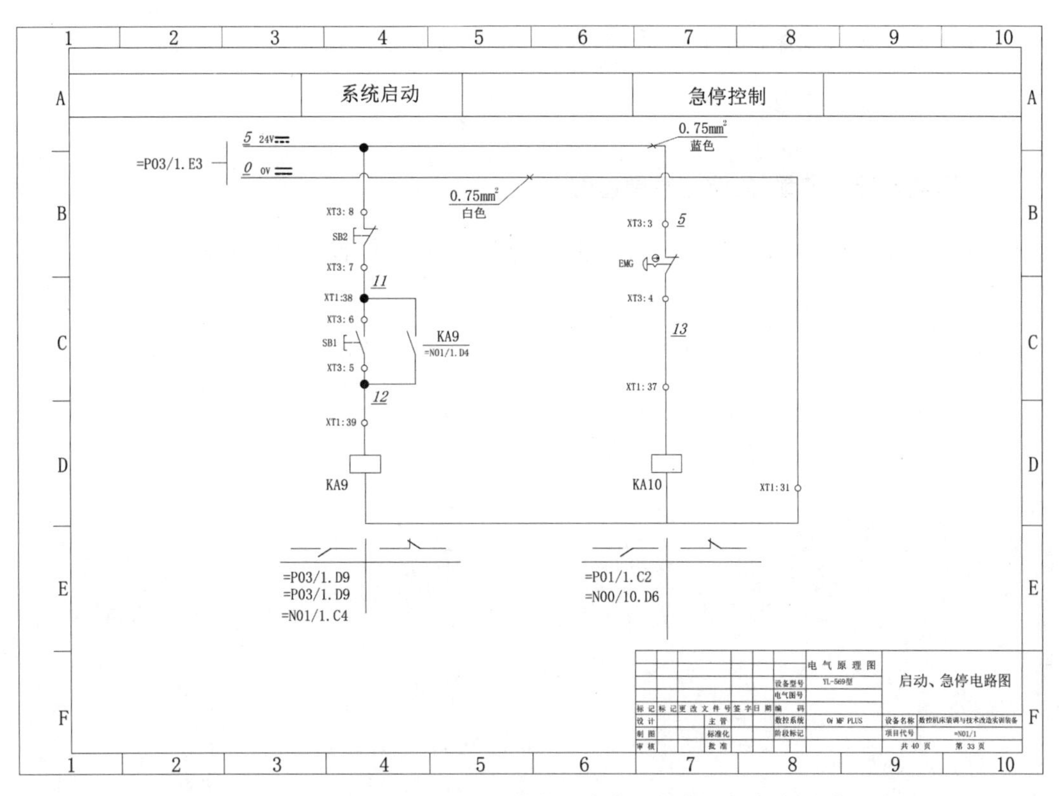

图 4.4　亚龙 YL－569 型 0i－MF 数控机床装调实训平台启动、急停电路图

3. 数控系统电源不供电的检测方法

数控机床电气线路的装调方法与步骤如下：

(1) 按负载及工作环境等使用要求选取电气元器件；

(2) 在电气柜中找到各电气元器件的合适安装位置，并将其安装好；

(3) 在各电气元器件之间安装大小合适的线槽；

(4) 按负载计算导线的横截面尺寸，也可以用计算结果核实一下设计好的电气原理图上的标注；

(5) 以各连接点之间的距离长度裁剪导线；

(6) 按电气原理图标注给裁剪好的导线套上线号；

(7) 给接头处的导线剥开绝缘胶皮，剥开长度以线鼻子接合长度为准，并在剥开绝缘胶皮的地方，用压线钳压上线鼻子；

(8) 按电气原理图接线，并把线号捋到接线端口位置附近，以方便调试维修；

(9) 用万用表检查各相线之间是否有短路情况，接地是否良好；

(10) 从前面的电源开关开始，逐步往后通电，同时逐个测量检查各元器件接线情况并保证系统电源正常；

(11) 启动系统，在确保系统参数和 PMC 程序调试到位后，以 MDI 方式及手动方式运行数控机床的各个功能，同时检查各控制电路的接线情况；

(12) 确定电气线路连接正常后，把各管线整齐地放进线槽中，盖上线槽盖。

4.1.5 实训步骤

1. 识读电源与启动、急停电气原理图

识读并理解系统电源与启动、急停电气原理图，并绘制启动、急停原理图。

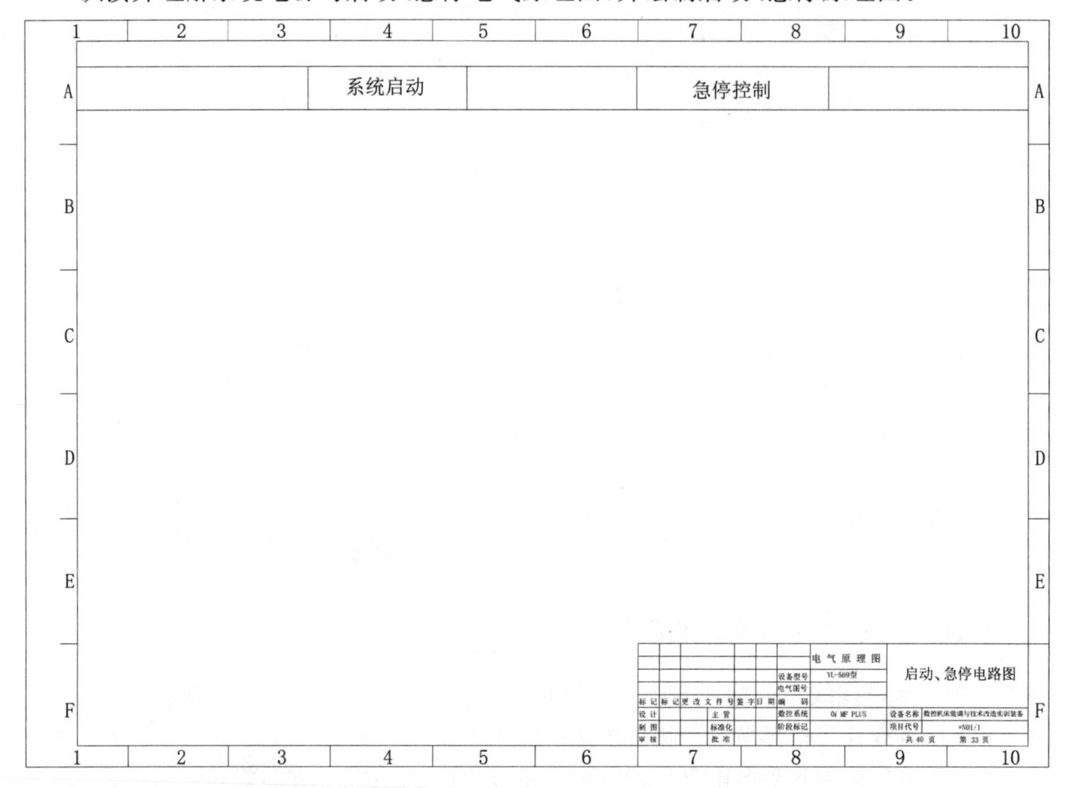

2. 选择合适的元器件

根据所绘制的原理图，选择安装启动、急停电路所需要的元器件，填写表 4.1。

表 4.1 元器件选择记录表

序号	名称	规格 / 型号	数量
1			
2			
3			
4			
5			
6			
7			

续表4.1

序号	名称	规格 / 型号	数量
8			
9			

数控机床主传动系统的电气连接与调试

3. 安装电源、启动及急停电路

电路安装注意事项：

(1) 元件安装位置合理，紧固不松动，工具使用合理；

(2) 线上号码管安装规范，与电气原理图相符；

(3) 接至板外的导线经端子排转接，端子排上一个接点接一根线，且端子与端子之间留有空端子；

(4) 所有导线进走线槽或进行捆束。

4. 系统启动的调试

当按下关机按钮SB2时，KA9线圈失电，KA9触点断开，接通DC 24 V电源进CNC系统的回路就被断开，从而实现关机。

系统启动电路在安装连接后，进系统的电源接头先不要与系统连接，按下开机按钮SB1。用万用表测量电压大小和电流方向都没有问题后，再按关机按钮SB2，插上进系统电源接头，然后再开机。

4.1.6 思考题

电气原理图中的符号"＝P03/2.B2"和"$\frac{\text{KA9}}{\text{=N01/1.D4}}$"是什么含义？

实训任务4.2 数控机床伺服系统电气连接与调试

4.2.1 实训目标

数控机床进给传动系统的电气连接与调试

(1) 读懂机床电气原理图。

(2) 了解各种电气元件、伺服系统外部接口定义，能根据电气原理图选择正确元器件。

(3) 掌握数控机床伺服系统电路的连接与调试。

4.2.2 实训内容

识读数控机床电气原理图，按图连接机床伺服系统电路。

4.2.3 实训工具、仪器和器材

工具:螺丝刀、内六角扳手、万用表、压线钳、剥线钳、号码管等。

4.2.4 实训指导

数控机床的伺服系统主要用于实现数控机床的进给伺服控制和主轴伺服控制。数控伺服系统的作用是把接收的来自数控装置的指令信息,经功率放大、整形处理后,转换成机床执行部件的直线位移或角位移运动。由于数控伺服系统是数控机床的最后环节,其性能将直接影响数控机床的精度和速度等技术指标。

1. 伺服系统概述

(1) 伺服系统的结构。

从基本结构来看,伺服系统主要由三部分组成:控制器、功率驱动装置、测量与反馈装置和电动机,如图 4.5 所示。控制器按照数控系统的给定值和通过反馈装置检测的实际运行值的差,调节控制量;功率驱动装置作为系统的主回路,一方面按控制量的大小将电网中的电能作用到电动机之上,调节电动机转矩的大小;另一方面按电动机的要求把恒压恒频的电网供电转换为电动机所需的交流电或直流电,电动机则按供电大小拖动机械运转。

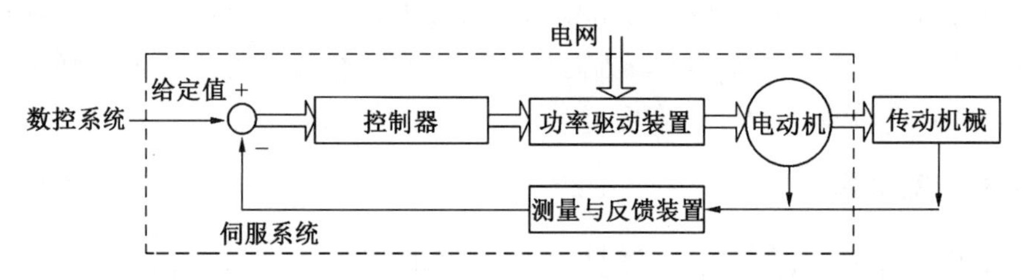

图 4.5 伺服系统的基本结构

(2) 伺服系统的工作原理。

伺服系统是以机械运动为驱动设备,以电动机为控制对象,以控制器为核心,以电力电子功率变换装置为执行机构,在自动控制理论的指导下组成的电气传动自动控制系统。这类系统控制电动机的转矩、转速和转角,将电能转换为机械能,实现驱动机械运动的要求。具体在数控机床中,伺服系统接收数控系统发出的位移、速度指令,经变换、调整与放大后,由电动机和机械传动机构驱动机床坐标轴、主轴等,带动工作台及刀架,通过轴的联动使刀具相对工件产生各种复杂的机械运动,从而加工出用户所要求的复杂形状的工件。

(3) 伺服系统控制方式。

① 开环伺服系统。

开环伺服系统即为无位置反馈系统,如图 4.6 所示。其驱动元件主要为步进电动机,功能是每接收一个指令脉冲,步进电动机就旋转一定角度,步进电动机的旋转速度取决于指令脉冲的频率,转角的大小则取决于脉冲数目。由于系统中没有位置检测装置和反馈

电路,工作台是否移动到位,取决于步进电动机的步角距、齿轮传动间隙、丝杠螺母副精度等,因此,开环伺服系统的精度低。但由于其结构简单,易于调整,主要用于轻载且负载变化不大的机床或经济型的数控机床。

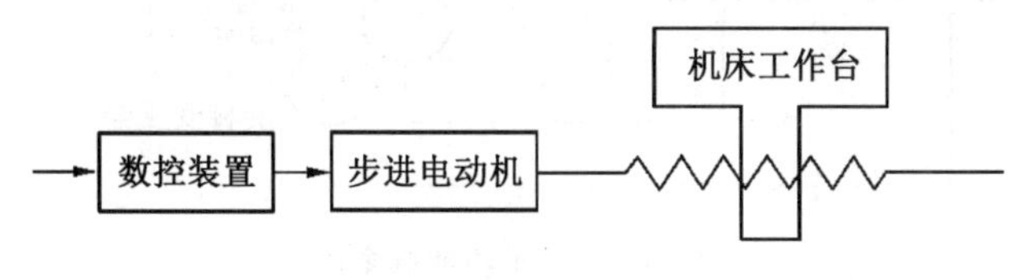

图 4.6 开环伺服系统

② 闭环伺服系统。

闭环伺服系统是误差随动控制系统,如图 4.7 所示。它由伺服电动机、位置反馈单元、驱动线路、比较环节等部分组成。检测反馈单元安装在机床工作台上,直接将测量的工作台位移量转换为电信号,反馈给比较环节,使之与指令信号比较,并将其差值经伺服控制系统放大。此时,控制伺服电动机带动工作台移动,直至两者差值为零。

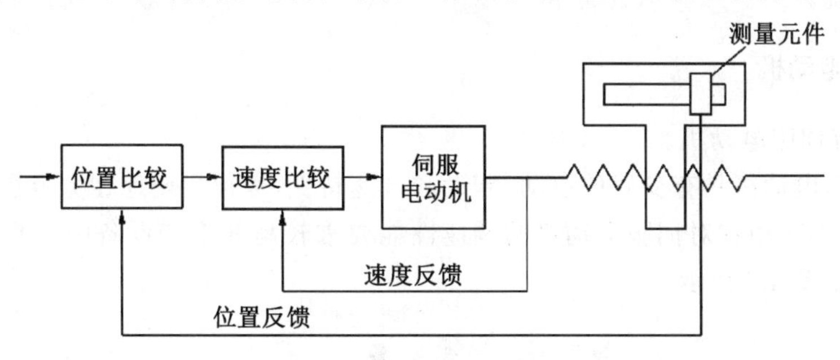

图 4.7 闭环伺服系统

由于闭环伺服系统是反馈控制,反馈测量装置的精度很高,所以系统传动链的误差、环内各元件的误差以及运动中造成的误差都可以得到补偿,从而大大提高了跟随精度和定位精度。系统精度只取决于测量装置的制造精度和安装精度。

然而由于各个环节都包含在反馈回路内,所以机械传动系统的刚度、间隙、制造误差和摩擦阻尼等非线性因素都直接影响系统的调节参数。由此可见,闭环伺服系统的结构复杂,其调试、维护都有较高的技术难度,价格也较昂贵,常用于精密机床。

③ 半闭环伺服系统。

半闭环伺服系统位置检测元件不直接安装在进给坐标的最终运动部件上,而是需要经过机械传动部件的位置转换(称为间接测量),如图 4.8 所示。半闭环伺服系统与闭环伺服系统的区别在于,其反馈环节不在机床工作台上,而安装在中间某一部位(如电的机轴上)。由于这种系统抛开了机械传动系统的刚度、间隙、制造误差和摩擦阻尼等非线性因素,所以这种系统调试比较容易,稳定性好。由于这种系统不反映反馈回路之外的误差,所以这种伺服系统的精度低于闭环系统。但由于采用高分辨率的检测元件,也可以获得比较满意的精度。

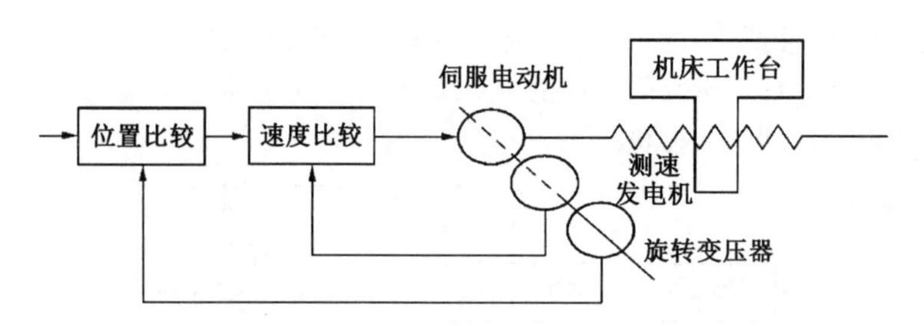

图 4.8　半闭环伺服系统

半闭环伺服系统和闭环伺服系统的控制结构是一样的，不同点只是闭环伺服系统内包括较多的传动部件，各种传动误差均可补偿，理论上精度可以达到很高。但由于受机械变形、温度变化、振动以及其他因素的影响，并且机床运行一段时间后，机械传动部件的磨损变形及其他因素的改变会使精度发生变化，因此，目前使用半闭环伺服系统较多。只在具备传动部件紧密度高、性能稳定、使用过程温差变化不大的高精度数控机床上才使用全闭环伺服系统。

2. **伺服电动机**

(1) 直流伺服电动机。

直流伺服电动机具有良好的启动、制动和调速特性，可很方便地在宽范围内实现平滑无级调速，故多采用在对伺服电动机的调速性能要求较高的生产设备中。直流伺服电动机的结构图如图 4.9 所示。

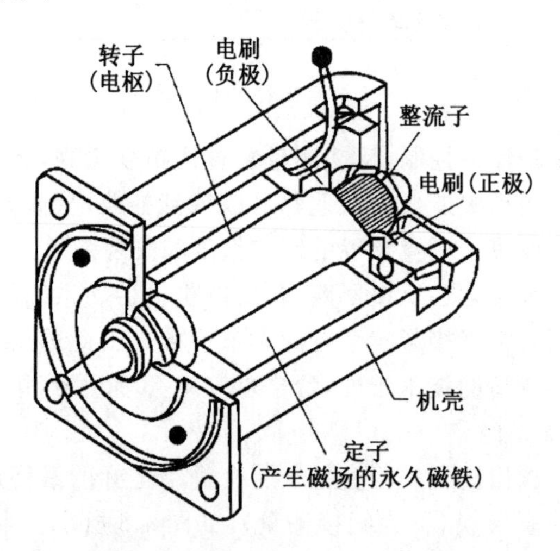

图 4.9　直流伺服电动机的结构图

① 直流伺服电动机的结构。

a.定子：定子磁极磁场由定子的磁极产生。根据产生磁场的方式，直流伺服电动机可分为永磁式和他激式。永磁式磁极由永磁材料制成，他激式磁极由冲压硅钢片叠压而成，外绕线圈通以直流电流便产生恒定磁场。

b.转子：转子又称为电枢，由硅钢片叠压而成，表面嵌有线圈，通以直流电流时，在定

子磁场作用下产生带动负载旋转的电磁转矩。

c.电刷与换向片：为使所产生的电磁转矩保持恒定方向，转子能沿固定方向均匀地连续旋转，电刷与外加直流电源相接，换向片与电枢导体相接。

② 直流伺服电动机工作原理。

直流伺服电动机的工作原理与一般直流电动机的工作原理是完全相同的。他激直流电动机转子上的载流导体(即电枢绕组)在定子磁场中受到电磁转矩 T 的作用，使电动机转子旋转。由直流电动机的基本原理分析得到其调速方法有以下三种：

a.改变电枢电压：变速范围较大，直流伺服电动机常用此方法调速。

b.改变磁通量：改变励磁回路的电阻以改变励磁电流，可以达到改变磁通量的目的；调磁调速因其变速范围较小，常常作为调速的辅助方法，而主要的调速方法是调压调速。若采用调压与调磁两种方法互相配合，可以获得很宽的变速范围，又可充分利用电动机的容量。

c.在电枢回路中串联调节电阻 R：这种方法只能调低转速，而且电阻上的铜耗较大，因此并不经济，应用较少。

(2) 交流伺服电动机。

在数控机床上，闭环伺服驱动系统由于具有工作可靠、抗干扰性强以及精度高等优点，因而较开环伺服驱动系统更为常用。闭环伺服驱动系统对执行元件的要求更高，它要求电动机尽可能减小转动惯量，以提高系统的动态响应；尽可能提高过载能力，以适应经常出现的冲击现象；尽可能提高低速运行的稳定性，以保证低速时伺服系统的精度。因此，闭环伺服驱动系统中广泛采用交流伺服电动机。

① 交流伺服电动机的类型。

交流伺服电动机有同步型和异步型两大类。异步型交流电动机指的是交流感应电动机。它有三相和单相之分，也有鼠笼式和线绕式之分。通常多用笼式三相感应电动机，其优点是结构简单，与同容量的直流伺服电动机相比，质量轻 1/2，价格仅为直流伺服电动机的 1/3 等。缺点是不能经济地实现范围很广的平滑调速，必须从电网吸收滞后的励磁电流，因而令电网功率因数变坏。

同步型交流电动机结构虽比交流感应电动机复杂，但比直流电动机简单。同步型交流伺服电动机按转子结构不同，可分电磁式及非电磁式两大类。非电磁式又分为磁滞式、永磁式和反应式多种。其中磁滞式和反应式同步型交流伺服电动机存在效率低、功率因数较差、容量不大等缺点。因此，数控机床中多用永磁式同步型交流伺服电动机。与电磁式相比，永磁式同步型交流伺服电动机的优点是结构简单、运行可靠、效率较高。当永磁式同步型交流伺服电动机采用高剩磁感应、高矫顽力的稀土类磁铁时，其体积比直流伺服电动机外形尺寸约小 1/2，质量减轻 60%，转子惯量可减小到直流电动机的 1/5。它与异步型交流伺服电动机相比，由于采用了永磁励磁，消除了励磁损耗及有关的杂散损耗，所以效率较高。又因为没有电磁式同步型交流伺服电动机所需的电刷和换向器等，其机械可靠性与交流感应(异步)电动机相同，而功率因数却大大高于交流感应电动机。

② 交流永磁同步电动机的工作原理。

如图 4.10 所示，交流永磁同步电动机主要由定子、定子三相绕组和转子等组成。交流永磁同步电动机的定子与异步电动机的定子结构相似，是由硅钢片、三相对称的绕组、固定铁芯的机壳及端盖部分组成。交流永磁同步电动机的转子采用永磁稀土材料制成，永磁转子产生固定磁场。

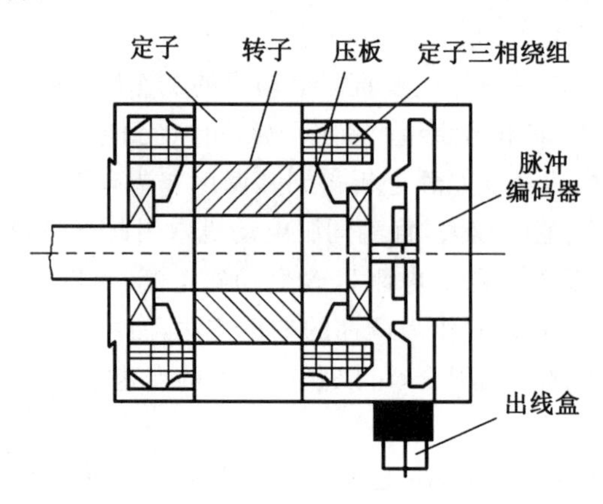

图 4.10　交流永磁同步电动机

以两极交流永磁同步电动机为例，如图 4.11 所示，当定子三相绕组通上交流电流后，产生一个以转速 n_s 转动的旋转磁场。转子磁场由永久磁铁产生，用另一对磁极表示。由于磁极同性相斥，异性相吸，定子的旋转磁场与转子的永磁磁极互相吸引，并带着转子一起旋转，因此，转子也将以同步转速 n_s 与旋转磁场一起转动。当转子加上负载转矩之后，转子磁极轴线将落后定子磁场轴线一个 θ 角，随着负载增加，θ 也增大；负载减少时，θ 也减小；只要不超过一定限度，转子始终跟着定子的旋转磁场以恒定的同步转速 n_s 旋转。转子转速：

$$n_r = n_s = \frac{60f_1}{p} \tag{4.1}$$

式中　p—— 定子和转子的磁极对数；

　　　f_1—— 交流供电电源频率。

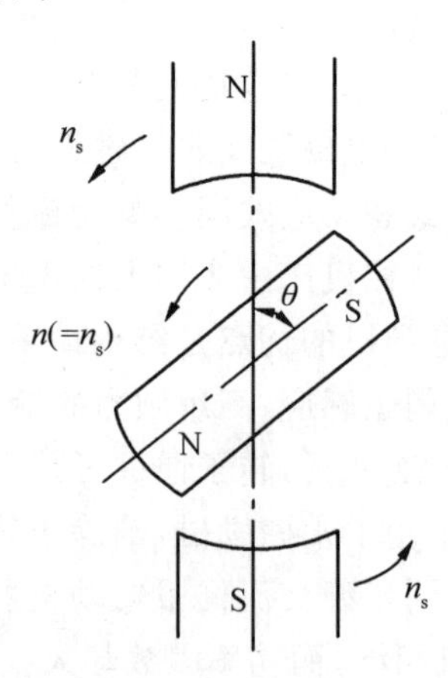

图 4.11　两极交流永磁同步电动机的工作原理

需要注意：

当负载超过一定极限后，转子不再按同步转速旋转，甚至可能不转，这就是同步电动机的失步现象，此负载的极限称为最大同步转矩。

③ 交流永磁同步交流伺服电动机的特点。

a.性能优越。交流伺服电动机在连续工作区可连续工作，断续工作区范围扩大，尤其是在高速区性能优越，有利于提高电动机的加、减速能力。

b.可靠性高。用电子逆变器取代了直流电动机换向器和电刷，免去了换向器及电刷的保养和维护，其工作寿命最终通过轴承决定。

c.与直流伺服电动机相比，能量主要损耗在定子绕组与铁芯上，故散热容易，便于安装热保护。

d.转子惯量小，其结构允许高速工作。

e.体积小，质量小。

3. 检测装置

检测装置是数控机床闭环和半闭环控制系统重要的组成部分之一。它的作用是检测工作台的位置和速度，发送反馈信号至数控装置，使工作台按规定的路径精确地移动。闭环系统数控机床的精度主要取决于检测系统的精度。因此，研制和选用性能较好的检测装置是数控机床加工精度的重要保证之一。

随着科学技术的不断发展，人们对机械加工速度和精度提出了越来越高的要求，使得采用开环伺服系统的数控机床在精度上往往不能满足要求，因此发展了闭环和半闭环的数控机床位置伺服系统，半闭环或闭环伺服系统中作为产生反馈信号的位置检测元件是十分重要的。对于设计完善的高精度数控机床，它的加工精度和定位精度将主要取决于检测装置。通常机床装置的检测精度为 0.001 ～ 0.01 mm/m，分辨率为 0.001 ～ 0.01 mm，能满足工作台以 0 ～ 24 m/min 的速度移动。

数控机床检测装置的种类很多，若按被测量的几何量分，则有回转型和直线型；若按检测信号的类型分，则有数字式和模拟式；若按检测量的基准分，则有增量式和绝对式。不同分类方法见表 4.2。

表 4.2　检测装置的分类

类型	数字式		模拟式	
	增量式	绝对式	增量式	绝对式
回转型	编码器 圆光栅	编码器	旋转变压器 旋转感应同步器 圆形磁栅	多极旋转变压器 旋转变压器 三速旋转式 感应同步器
直线型	长光栅 激光干涉仪	编码尺 多通道透射光栅	直线式感应同步器 磁栅、容栅	三速感应同步器 绝对值式磁尺

(1) 脉冲编码器。

常用的编码器有编码盘和编码尺,统称为码盘,是数控机床中常用的角度检测装置,常与伺服电动机或丝杠同轴安装,检测伺服电动机或丝杠的转角。根据输出信号不同,可分为绝对式编码器和增量式编码器;根据工作原理不同,可分为接触式、光电式和电磁式等。

① 绝对式编码器。

a.接触式。

接触式编码器的结构简图如图 4.12(a) 所示,图 4.12(b)(c) 是一个 4 位二进制编码盘,图中未涂黑部分是绝缘的,码盘的外 4 圈按导电为"1"、绝缘为"0" 组成二进制码。通常把组成编码的各圈称为码道。对应的 4 个码道并排安装 4 个电刷,电刷经电阻接到电源正极。编码器的里面一圈是公用的,与 4 个码道上的导电部分连在一起,而与绝缘部分断开,该圈接到电源负极(地) 编码器的转轴与被测对象连在一起(如机床丝杠),编码器的电刷则装在一个不随被测对象一起运动的部件(如机床本体) 上。当被测对象带动编码器一起转动时,根据与电刷串联的电阻上有无电流流过,可用相应的二进制代码表示。若编码器逆时针方向转动,就可依次得到 0000,0001,0010,…,1111 的二进制输出。

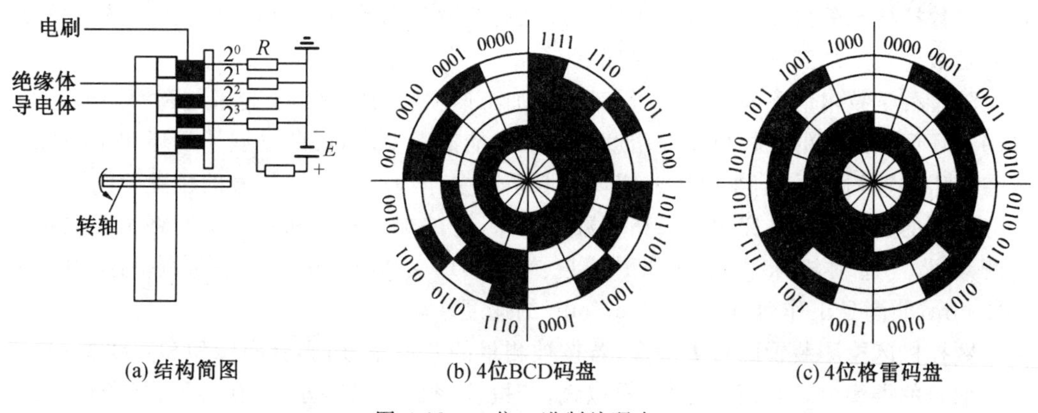

(a) 结构简图　　(b) 4位BCD码盘　　(c) 4位格雷码盘

图 4.12　4 位二进制编码盘

若采用 n 位码盘,则能分辨的角度为 $360°/2^n$,位数 n 越大,能分辨的角度越小,测量精度越高。

用二进制代码做的编码器,编码器制作方面的误差、电刷安装不准确而引起的误差,以及个别电刷微小地偏离其设计位置,将造成很大的测量误差。消除这种误差有两种方法。一种是采用双电刷,即在编码器的不同位置上分别安装一组电刷,并且当一组电刷位于过渡线上时另一组电刷一定位于两个过渡线中间。这样根据两组电刷的空间位置和测得的编码值进行比较判断,可推算出正确的测量值。另一种方法采用特殊代码即循环码。

b.光电式。

光电式编码器的码盘由透明区及不透明区按一定编码构成。码盘上的码道条数就是数码的位数。光源发出的光经过柱面镜聚光后投射到码盘上，通过透明区的光线经过狭缝形成一束很窄的光束投射到光电管上，此时处于亮区的光电管输出为“1”，处于暗区的光电管输出为“0”，光电管组输出按一定规律编码的数字信号表示了码盘轴的转角大小。其结构如图 4.13 所示。

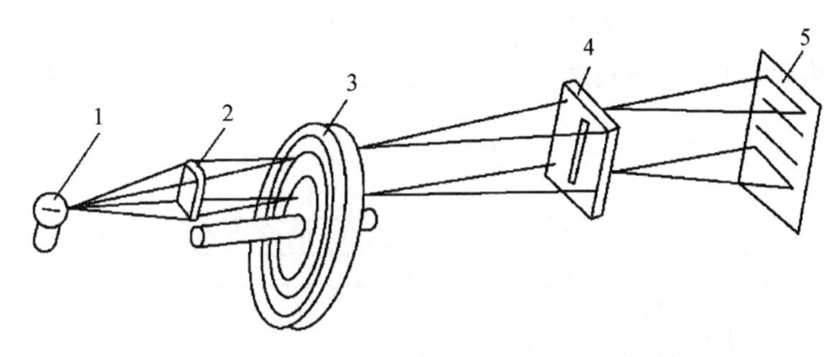

图 4.13　光电式编码器结构示意图

1— 发光二极管；2— 柱面透镜；3— 码盘；4— 刻线板；5— 光电管

光电式编码器按码制可分为二进制、循环码、十进制、十六进制等。

除以上介绍的几种码盘外，还有电磁式码盘、霍尔式码盘，在工业中也得到了应用。光电式的精度与可靠性都优于其他，因此数控机床上多使用光电式编码器，电磁式以及霍尔式编码器在速度检测中也有使用。

② 增量式编码器。

增量式编码器结构示意图如图 4.14 所示。在增量式编码器的码盘边缘等间隔地制出 n 个透光槽，发光二极管发出的光透过槽孔被光电管所接受，当码盘转过 $1/n$ 圈时，光电管即发出一个数字脉冲，计数器对脉冲的个数进行加减增量计数，从而判断码盘转动的相对角度。在码盘上还须设置一个基准点，以得到码盘的相对位置。

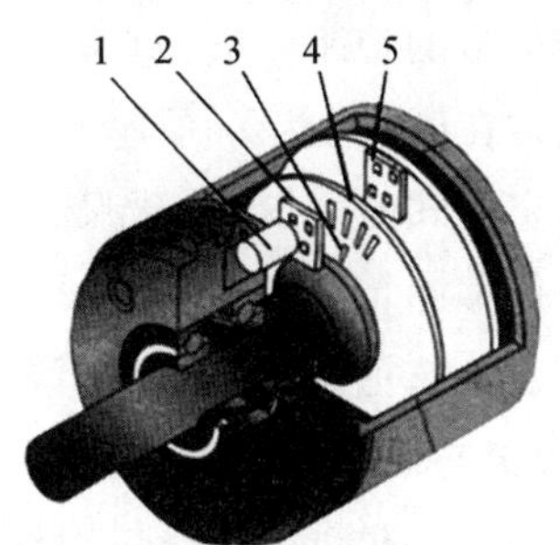

图 4.14　增量式编码器结构示意图

1— 发光二极管；2— 柱面透镜；3— 零位标记槽；4— 码盘；5— 刻线板

增量式编码器除了可以测量角位移外，还可以通过测量光电脉冲的频率，转而用来测量转速。

(2) 磁尺。

磁尺又称磁栅，也是一种电磁监测装置。它利用磁记录原理，将一定波长的矩形波或正弦波电信号用记录磁头记录在磁性标尺的磁膜上，作为测量基准。检测时，拾磁磁头将磁性标尺上的磁化信号转化为电信号，并通过检测电路将磁头相对于磁性标尺的位置或位移量用数字显示出来，或转化为控制信号输入给数控机床。磁尺具有精度高、复制简单以及安装调整方便等优点，而且在油污、灰尘较多的工作环境中使用时，仍具有较高的稳定性。它作为检测元件可用在数控机床和其他测量机上。

磁尺一般由磁性标尺、拾磁磁头以及检测电路三部分组成，其结构原理图如图 4.15 所示。

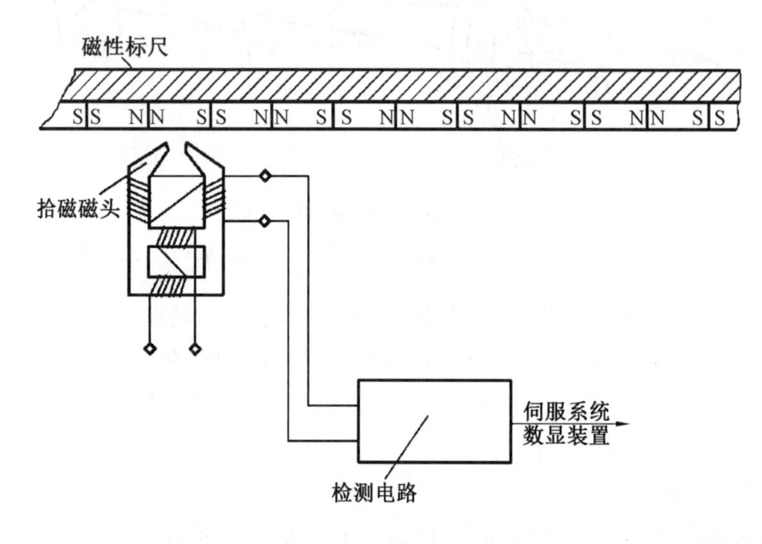

图 4.15　磁尺结构原理图

磁性标尺是在非导磁材料如铜、不锈钢、玻璃或其他合金材料的基体上，涂敷、化学沉积或电镀的一层 10 ～ 20 μm 的导磁材料（Ni－Co 或 Fe－Co 合金），在它的表面上录制相等节距、周期变化的磁信号。磁信号的节距一般为 0.05 mm、0.1 mm、0.2 mm、1 mm。为了防止磁头对磁性膜的磨损，通常在磁膜上涂一层厚 1 ～ 2 μm 的耐磨塑料保护层。按磁性标尺的基体形状，磁尺可分为实体式磁尺、带状磁尺、线状磁尺和回转磁尺。前三种用于直线位移测量，后一种用于角位移测量。

磁头是进行磁电转换的变换器，它把反映空间位置的磁信号输送到检测电路中去。普通录音机上的磁头输出电压幅值与磁通变化率成比例，属于速度响应型磁头。根据数控机床的要求，为了在低速运动和静止时也能进行位置检测，必须采用磁通响应型磁头。如图 4.16 所示，它的一个明显的特点就是在它的磁路中设有“可饱和铁芯”，并在铁芯的可饱和段上绕有两个可产生不同磁通方向的励磁绕组。

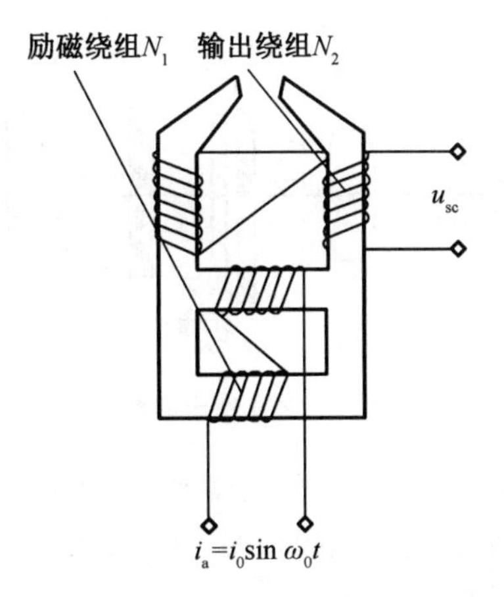

图 4.16　磁通响应式磁头结构

在实际应用中，一般选用多个磁通响应式磁头，以一定的方式串联起来，做成一体成为多间隙磁通响应式磁头，这样可以提高其灵敏度，而且能均化误差，并使输出幅值均匀。

(3) 光栅。

在高精度的数控机床上，目前大量使用光栅作为反馈检测元件。光栅与前面介绍的旋转变压器、感应同步器不同，它不是依靠电磁学原理进行工作的，不需要励磁电压，而是利用光学原理进行工作，因而不需要复杂的电子系统。光栅作为光电检测装置，有物理光栅和计量光栅之分，在数字检测系统中，通常使用计量光栅进行高精度位移的检测，尤其是在闭环伺服系统中。光栅的检测精度较高，可达 1 μm 以上。

① 光栅的类型与结构。

常见的光栅从光线走向上可分为透射式光栅和反射式光栅；从形状上可分为圆光栅和长光栅，圆光栅用于角位移的检测，长光栅用于直线位移的检测。

光栅是利用光的透射、衍射现象制成的光电检测元件，它主要由标尺光栅和光栅读数头两部分组成。通常，标尺光栅固定在机床的活动部件上(如工作台或丝杠)，光栅读数头安装在机床的固定部件上(如机床底座)，二者随着工作台的移动而相对移动。在光栅读数头中，安装着一个指示光栅，当光栅读数头相对于标尺光栅移动时，指示光栅便在标尺光栅上移动。当安装光栅时，要严格保证标尺光栅和指示光栅的平行度以及两者之间的间隙(一般取 0.05 mm 或 0.1 mm) 要求。

光栅尺是利用光的干涉和衍射原理制作而成的传感器，它包括标尺光栅和指示光栅。对于长光栅，这些线纹相互平行，各线纹之间的距离相等，称之为栅距。对于圆光栅，这些线纹是等栅距角的向心条纹。栅距和栅距角是决定光栅光学性质的基本参数，同一个光栅内，其标尺光栅和指示光栅的线纹密度必须相同。

光栅读数头由光源、透镜、标尺光栅、指示光栅、光敏元件和驱动电路组成，如图 4.17 所示。

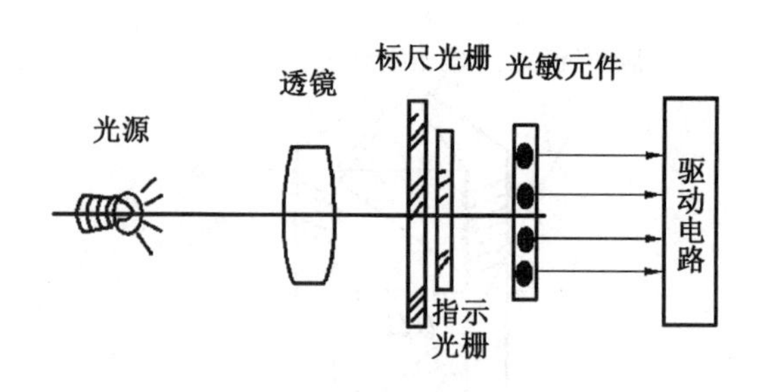

图 4.17　垂直光栅读数头

除垂直光栅读数头之外，常见的还有分光读数头、反射读数头和镜像读数头等。图4.18(a)、(b)、(c)所示分别为它们的结构原理图，其中Q表示光源，L表示透镜，G表示光栅尺，P表示光敏元件，Pr表示棱镜。

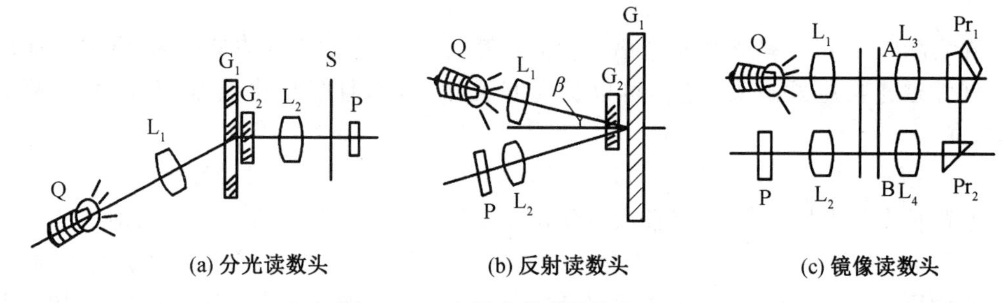

图 4.18　光栅读数头结构原理图

② 光栅的工作原理。

常见光栅的工作原理都是根据物理上莫尔条纹的形成原理进行工作的。图4.19是其工作原理图。把两光栅的刻线面相对叠合在一起，中间留有很小的间隙，并使两者的栅线保持很小的夹角 θ。在刻线的重合处，光从缝隙透过形成亮带；两光栅刻线彼此错开处，由于相互挡光作用而成暗带。这种亮带和暗带形成明暗相间的条纹称为莫尔条纹，条纹方向与刻线方向近似垂直。

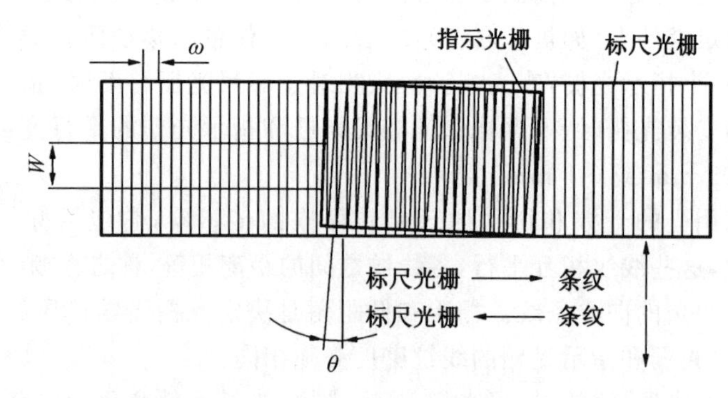

图 4.19　光栅工作原理图

莫尔条纹具有以下性质：

a.莫尔条纹是由光栅的大量刻线共同形成的，对光栅刻线的刻画误差有平均作用，从

而能在很大程度上消除光栅刻线不均匀引起的误差。

b.当两光栅沿与栅线垂直的方向做相对运动时，莫尔条纹则沿光栅刻线方向移动。光栅反向移动，莫尔条纹亦反向移动。

c.莫尔条纹的间距是放大了的光栅栅距，它随着光栅刻线夹角而改变，由于θ较小，所以其关系可用下式表示：

$$W=\frac{\omega}{\sin\theta}\approx\frac{\omega}{\theta} \tag{4.2}$$

式中 W—— 莫尔条纹间距；

ω—— 光栅栅距；

θ—— 两光栅刻线夹角(rad)。

由此可知，θ 越小，W 越大，相当于把微小的栅距扩大了 $1/\theta$ 倍。可见，计量光栅起到光学放大器的作用。

d.莫尔条纹移过的条纹数与光栅移过的刻线数相等。

根据上述莫尔条纹的特性，假如在莫尔条纹移动的方向上开四个观察窗口 a、b、c、d，且使这四个窗口相距 1/4 莫尔条纹间距，即 $W/4$。由上述可知，当两光栅尺相对移动时，莫尔条纹随之移动，从四个观察窗口 a、b、c、d 可以得到四个在相位上依次超前或滞后(取决于两光栅相对移动的方向)1/4 周期($\pi/4$) 的近似于余弦函数的光强度变化过程，经过功率放大和信号转换，就可以检测出光栅尺的相对移动。光栅测量系统简图如图 4.20 所示。

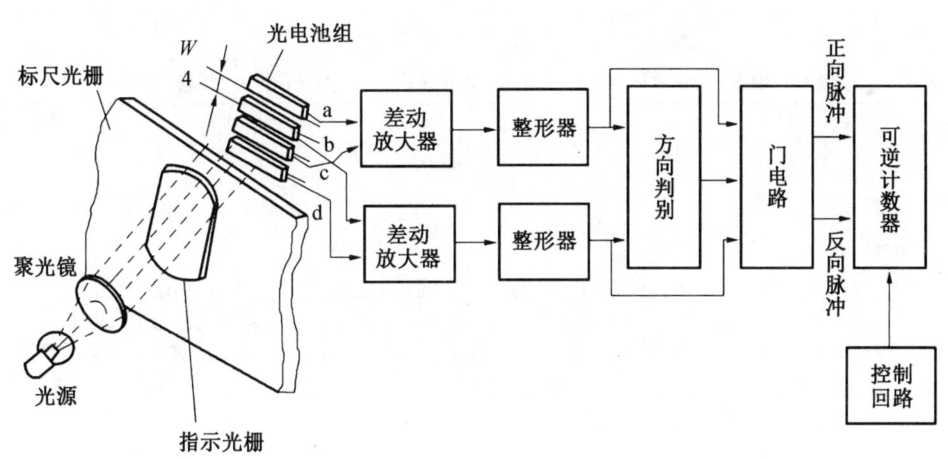

图 4.20 光栅测量系统简图

4. 亚龙 YL－569 型 0i－MF 数控机床伺服系统相关电气原理图

亚龙 YL－569 型 0i－MF 数控机床伺服系统相关电气原理图如图 4.21～4.27 所示。

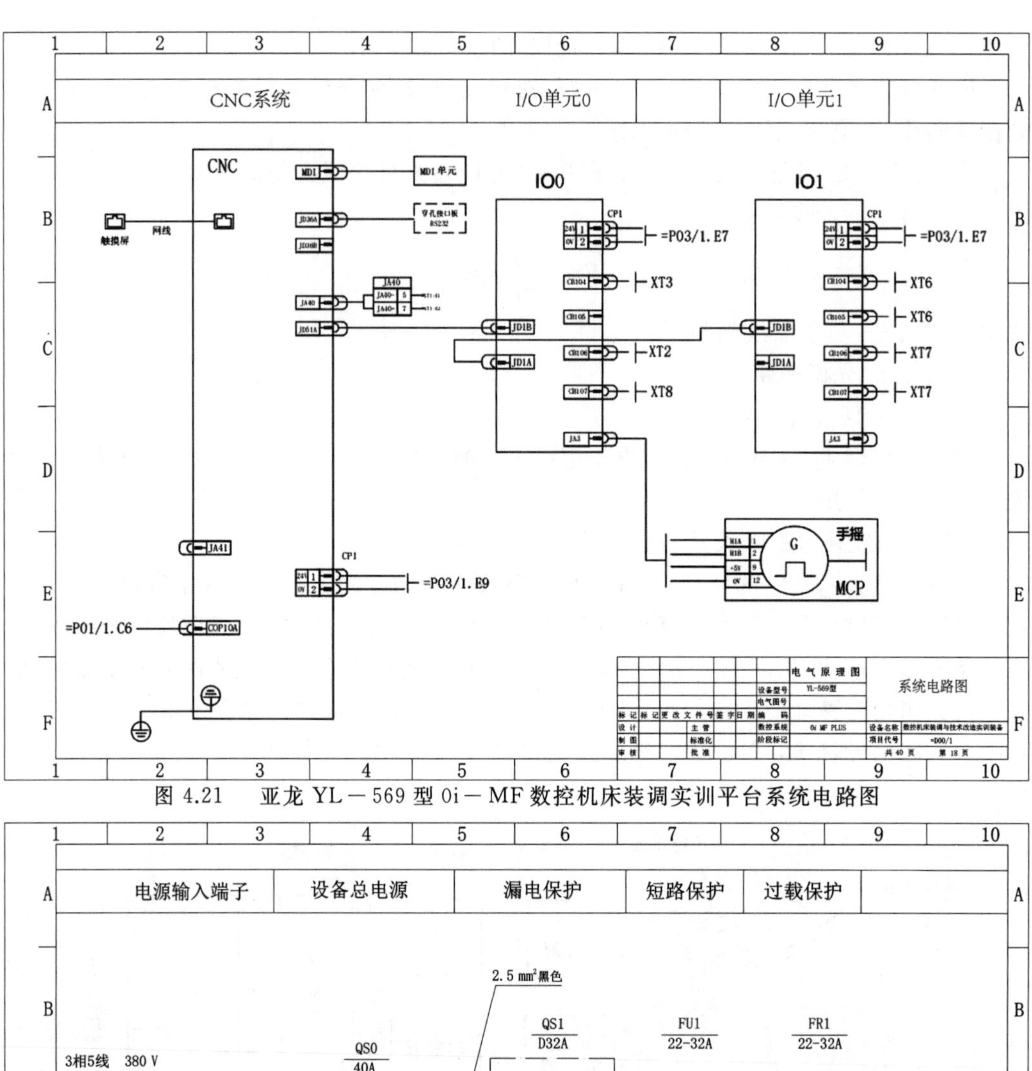

图 4.21　亚龙 YL－569 型 0i－MF 数控机床装调实训平台系统电路图

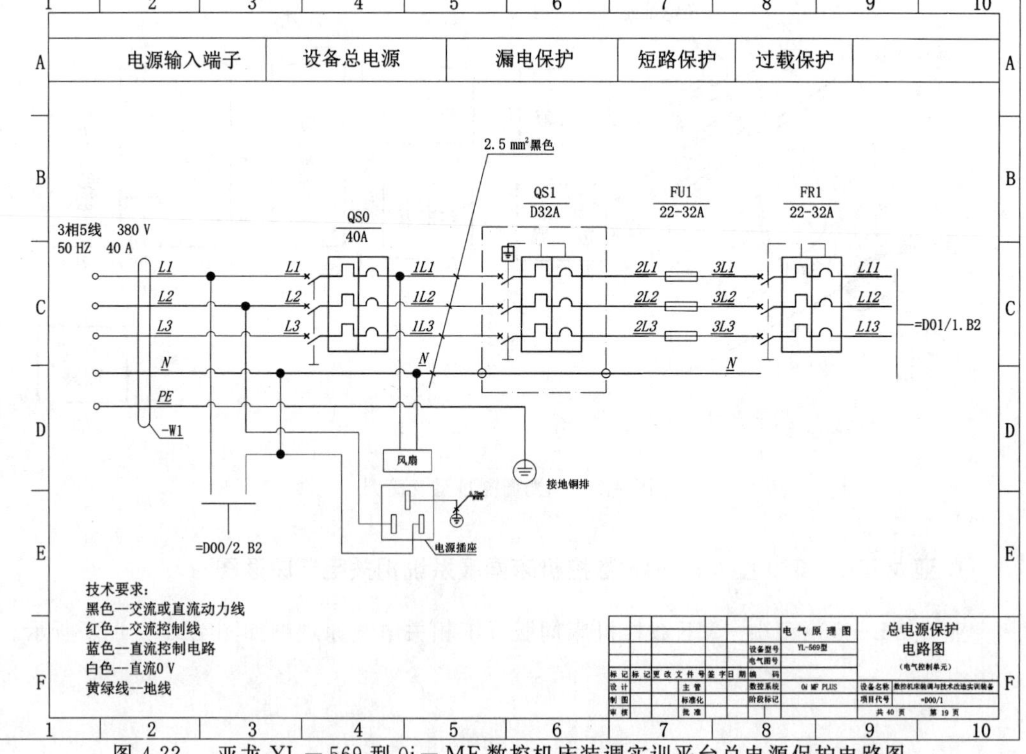

图 4.22　亚龙 YL－569 型 0i－MF 数控机床装调实训平台总电源保护电路图

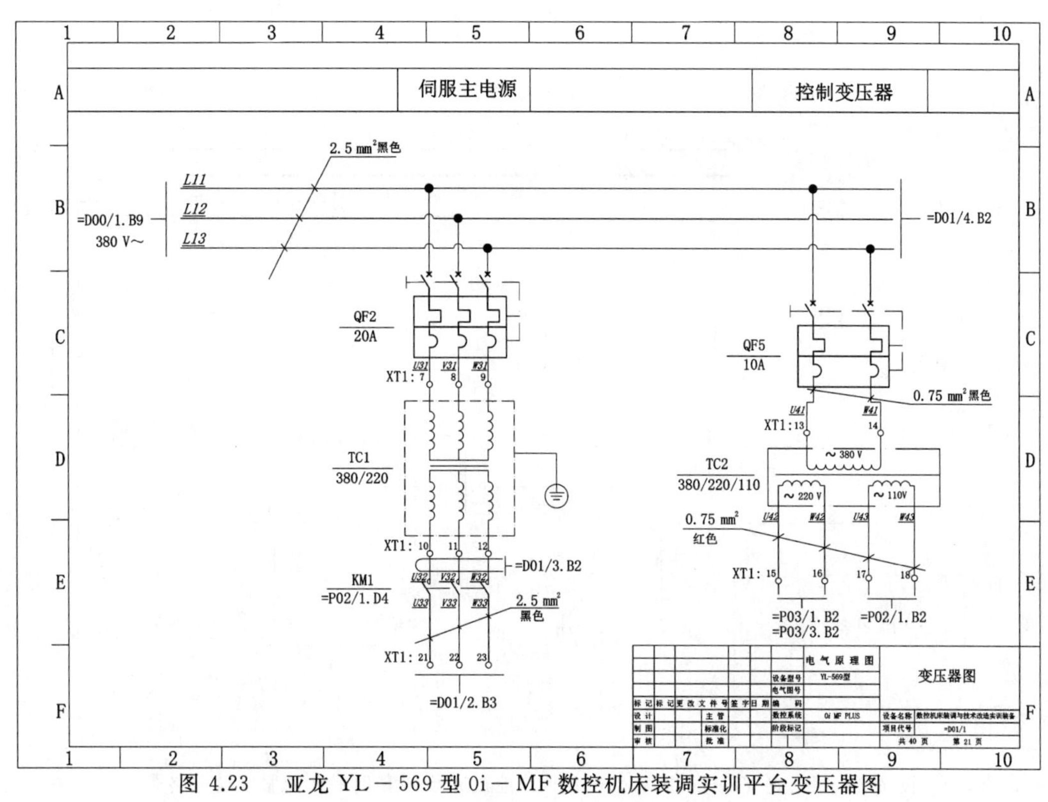

图 4.23 亚龙 YL－569 型 0i－MF 数控机床装调实训平台变压器图

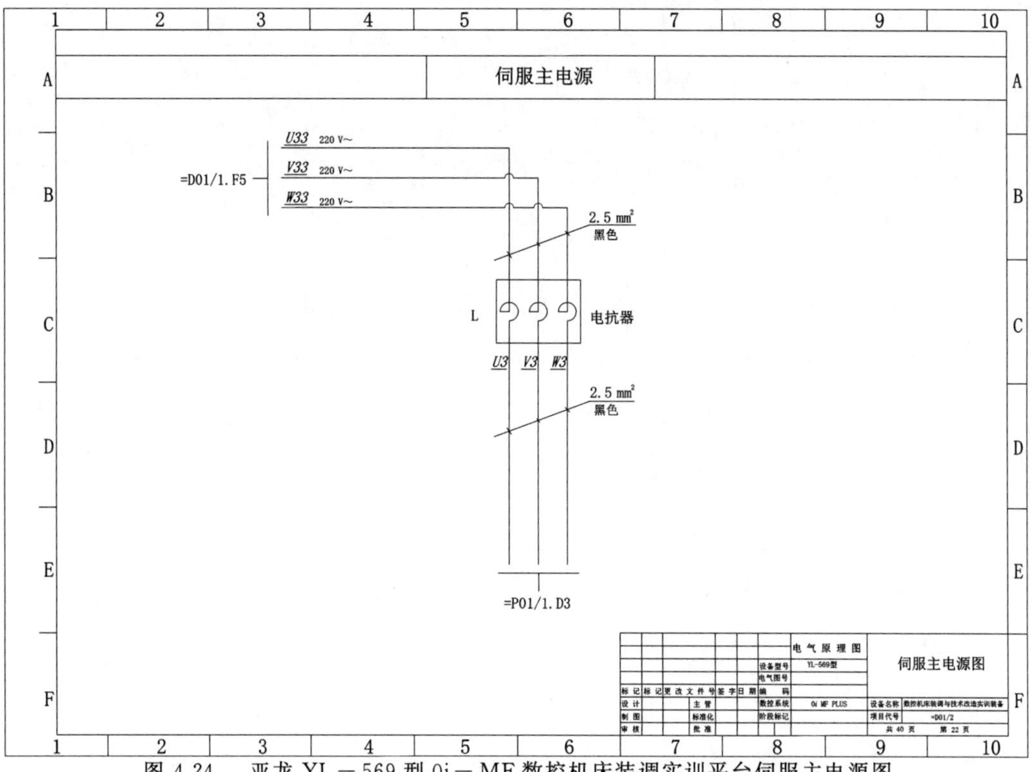

图 4.24 亚龙 YL－569 型 0i－MF 数控机床装调实训平台伺服主电源图

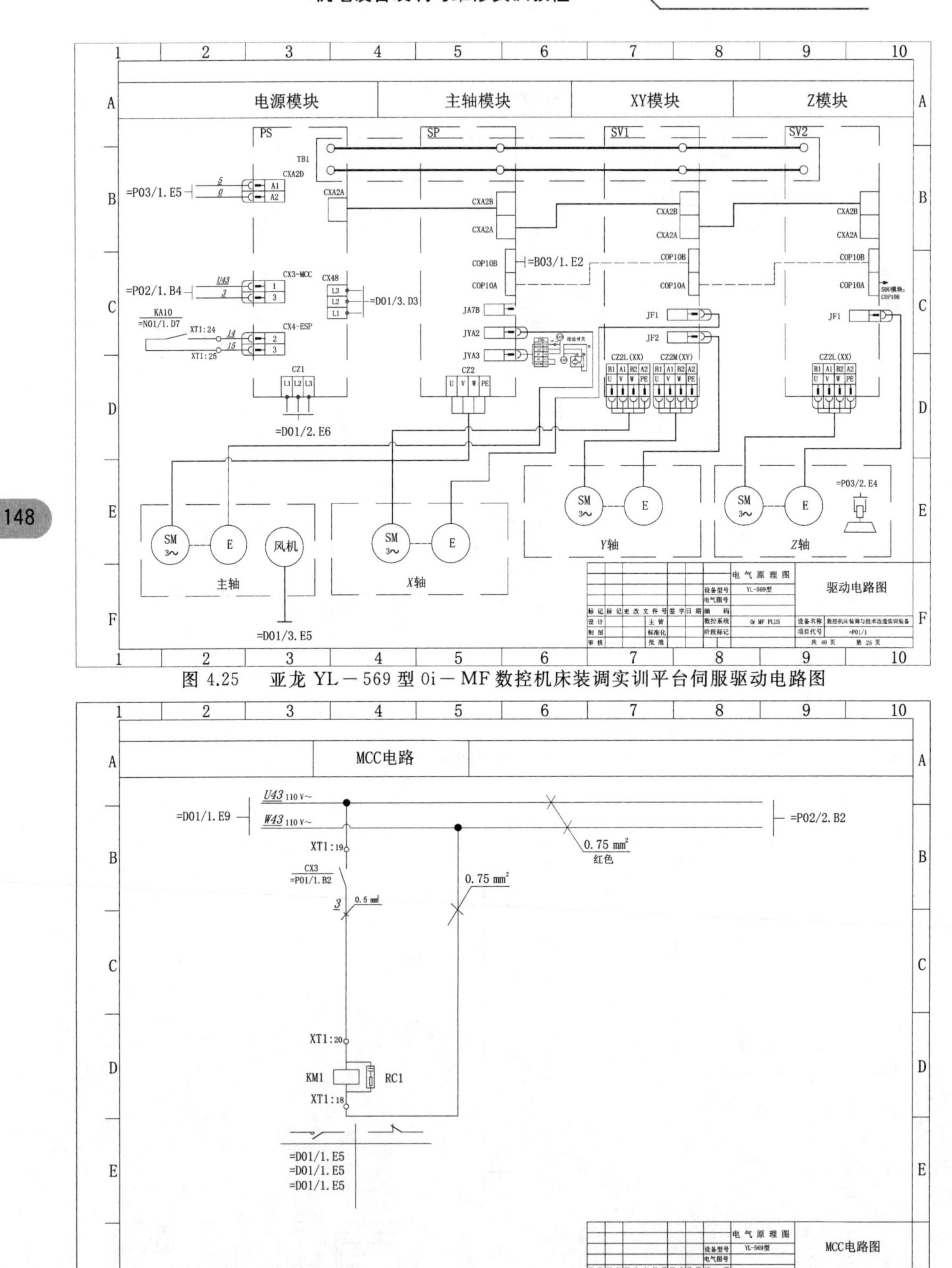

图 4.25　亚龙 YL－569 型 0i－MF 数控机床装调实训平台伺服驱动电路图

图 4.26　亚龙 YL－569 型 0i－MF 数控机床装调实训平台 MCC 电路图

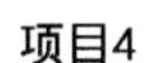

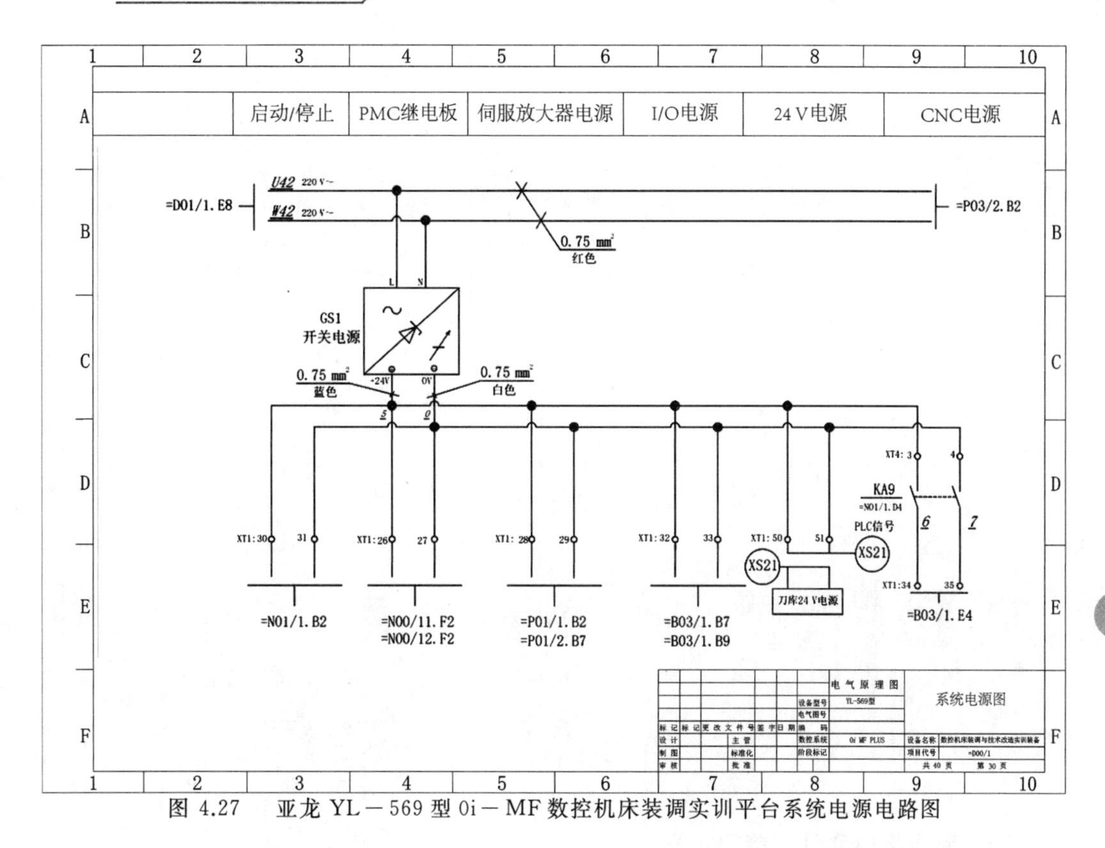

图 4.27 亚龙 YL－569 型 0i－MF 数控机床装调实训平台系统电源电路图

4.2.5 实训步骤

1. 识读伺服系统电气原理图

识读并理解伺服系统电气原理图，并绘制伺服系统驱动电路图。

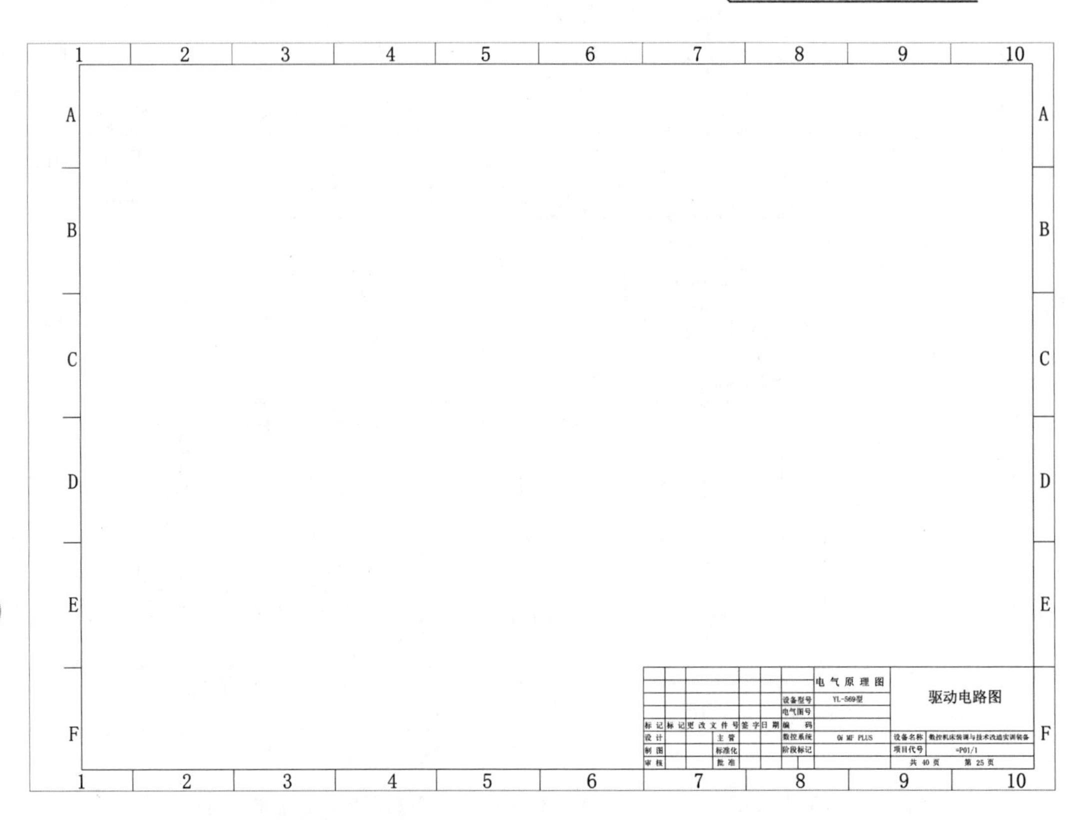

2. 识别伺服驱动外部接口定义

根据所绘制的原理图，识别伺服驱动外部接口定义，填写表 4.3。

表 4.3　伺服驱动外部接口记录表

序号	接口代号	定义
1		
2		
3		
4		
5		
6		
7		
8		
9		

3. 安装伺服驱动电路并调试

电路连接及调试评分标准见表 4.4。

表 4.4　电路连接及调试评分标准

项目	项目配分	评分点	配分	扣分标准	得分	项目得分
电气连接	40	电气连接	20	1.不按原理图接线,每处扣 5 分; 2. 布线不进线槽、不美观,主电路、控制电路,每根扣 4 分; 3. 接点松动、露铜过长、压绝缘层,标记线号不清楚、遗漏或误标,引出端无压端子,每处扣 2 分; 4. 损伤导线层绝缘或线芯,每根扣 2 分; 5. 线号未标或错标,每处扣 1 分		
			20	1.检查线路连接有错误,每处扣 2 分; 2. 上电前未检测短路、虚接、断路;上电中未采用逐级上电等,每项扣 5 分; 3. 首次通电前不通知现场技术人员检查,扣 5 分		
功能验证	40	功能实现	40	1.手动方式下,实现 X/Y/Z 轴的进给运动,未实现每轴扣 10 分; 2. 手动方式下,进给轴运动方向正确,未实现每轴扣 5 分; 3. MDI 方式下,实现 X/Y/Z 轴的进给运动,未实现每轴扣 10 分; 4.MD 方式下,进给轴运动方向正确,未实现每轴扣 5 分		
职业素养与安全	20	操作规范	4			
		材料利用率,接线及材料损耗率	4			
		工具、仪器、仪表使用情况	4			
		现场安全、文明情况	4			
		团队分工协作情况	4			
				合计		

4.2.6 思考题

查阅资料，回答 FANUC 数控系统配套的分体式伺服系统与一体式伺服系统各有什么特点。

实训任务 4.3 数控机床外围设备电气连接与调试

4.3.1 实训目标

(1) 了解数控机床外围设备的功能。
(2) 了解各种电气元件，能根据电气原理图选择正确元器件。
(3) 掌握数控机床外围设备电路的连接与调试。

4.3.2 实训内容

识读数控机床电气原理图，按图连接机床外围电路。

4.3.3 实训工具、仪器和器材

工具：螺丝刀、内六角扳手、万用表、压线钳、剥线钳、号码管等。

4.3.4 实训指导

1. 数控机床典型外围设备

亚龙 YL－569 型 0i－MF 数控机床装调实训平台典型外围设备主要有冷却系统、润滑系统、排屑系统、刀库系统、三色灯、照明装置等。

(1) 冷却系统的功能。

数控机床的车削加工是金属加工中最常见、应用最广泛的加工方式。切削液的使用对金属切削加工起着重要的作用。在金属切削过程中，刀具与工件、刀具与切屑的界面间产生很大的摩擦，使切削力、切削热和工件变形增加，导致刀具磨损，同时也影响工件已加工表面的质量。切削液的作用主要体现在以下四个方面。

① 切削液具有冷却作用。

由于切削液的自身冷却能力，其直接冷却作用不但可以降低切削温度，减少刀具磨损，延长刀具寿命，还可以防止工件热膨胀，减少对加工精度的影响，以及冷却已加工表面、抑制热变质层的产生。

数控机床冷却电路连接与调试

② 切削液具有润滑作用。

切削液的润滑作用是指减小前刀面与切屑、后刀面与工件表面之间的摩擦、磨损及熔着、黏附的能力。在一定条件下，使用一定的切削液，可以减少刀具前、后面的摩擦，因而能降低功率，增加刀具寿命，并获得较好的表面质量，更重要的是减少积屑瘤（即刀瘤）的产生。

③ 切削液具有清洗作用。

在切削过程中产生细碎的切屑、金属粉末及砂轮的砂粒粉末(加工铸铁、珩磨、精磨时特别多)黏附在刀具、工件加工表面和机床的运动部件之间,从而造成机械擦伤和磨损,导致工件表面质量变坏,刀具寿命和机床精度降低。因此,要求切削液具有良好的清洗作用,在使用时往往给予一定的压力,以提高冲刷能力,及时将细碎切屑、砂粒、黏结剂的粉末冲走。

④ 切削液具有防锈作用。

在机床加工过程中,工件和机床容易受周围介质(如水分、氧气、手汗、酸性物质及空气中的灰尘)侵袭而产生锈蚀。在高温、高湿季节或潮湿地区,锈蚀尤为突出。同时根据我国加工的金属制件在车间里周转时间长的现状,必须要求切削液本身不但对机床、刀具和工件不产生锈蚀,而且对金属制品应具有良好的防锈性能。切削液良好的综合性能的数控机床在金属切削中发挥着巨大的作用。合理地选用切削液可以延长刀具寿命,保证和提高加工精度,防止工件和机床腐蚀或生锈,提高切削加工效率,降低能耗和生产成本。

(2) 润滑系统的功能。

数控机床的润滑系统在机床整机中占有十分重要的位置,它不仅具有润滑作用,还具有冷却作用,以减小机床热变形对加工精度的影响。润滑系统的设计、调试和维修保养,对于保证机床加工精度、延长机床使用寿命等都具有十分重要的意义。

数控机床上常用的润滑方式有油脂润滑和油液润滑两种。油脂润滑是数控机床的主轴支承轴承、滚珠丝杠支承轴承及低速滚动线导轨最常采用的润滑方式;高速滚动直线导轨、贴塑导轨及变速齿轮等多采用油液润滑方式。丝杠螺母副有采用油脂润滑的,也有采用油液润滑的。

油脂润滑不需要润滑设备,工作可靠,不需要经常添加和更换润滑脂,维护方便,但摩擦阻力大。支承轴承油脂的封入量一般为润滑空间容积的10%,滚珠丝杠螺母副油脂封入量一般为其内部空间容积的1/3。封入的油脂过多,会加剧运动部件的发热。采用油脂润滑时,必须在结构上采取有效的密封措施,以防止因冷却液或润滑油流入而使润滑脂失去功效。

(3) 排屑系统的功能。

排屑系统是主要用于收集机器产生的金属和非金属废屑,并将其传输到收集车上的系统。

(4) 刀库系统的功能。

刀库系统是加工中心实现自动加工过程中用来存刀、换刀的一种装置。刀库主要是提供存刀位置,并能按照程序,正确选择刀具并实现定位、换刀动作。刀库必须与换刀机构同时存在。

根据刀库的容量、布局,不同的机床有不同的刀库类型相适用,根据刀库的容量、外形和取刀方式,刀库可大概分为以下几种。

① 斗笠式刀库。

斗笠式刀库一般能存16～24把刀,斗笠式刀库换刀时整个刀库向主轴移动。当主轴上的刀具进入刀库的卡槽时,主轴向上移动脱离刀具,这时刀库转动。当要换的刀具对正主轴正下方时主轴下移,使刀具进入主轴锥孔内,夹紧刀具后,刀库退回原来的位置。

② 圆盘式刀库。

圆盘式刀库通常应用在小型立式综合加工机上。“圆盘刀库”一般俗称“盘式刀库”，以便和“斗笠式刀库”“链条式刀库”相区分。需搭配自动换刀机构 ATC(auto tools change) 进行刀具交换。

③ 链条式刀库。

链条式刀库的特点是可存放刀具数量较多，一般都在 20 把以上，有些可储放 120 把以上。它是由链条将要换的刀具传到指定位置，由机械手将刀具装到主轴上。换刀动作均采用电动机加机械凸轮的结构，具有结构简单、动作快速、准确、可靠的特点，但是价格较高，通常为定制化产品。

(5) 其他外围设备的功能。

其他外围设备包括三色灯及照明装置。

① 三色灯。

三色灯是一种机床信号指示灯，它通常由红色、黄色和绿色三个颜色组成。在机床的生产过程中，三色灯会发出不同颜色的信号，用于指示机床的工作状态。当机床处于工作状态时，绿色信号灯会亮起；当机床发生故障或需要维修时，红色信号灯会亮起。工人可以根据红色信号灯的提示及时停机进行维修，以保证机床的正常运行。

② 照明装置。

照明装置是安装在机床内部的，方便光线不充足情况下，在机床内部进行工件、夹具等装调作业。

2. 数控机床典型外围设备相关电气原理图

亚龙 YL－569 型 0i－MF 数控机床装调实训平台外围典型设备电气原理图如图 4.28～4.38 所示。

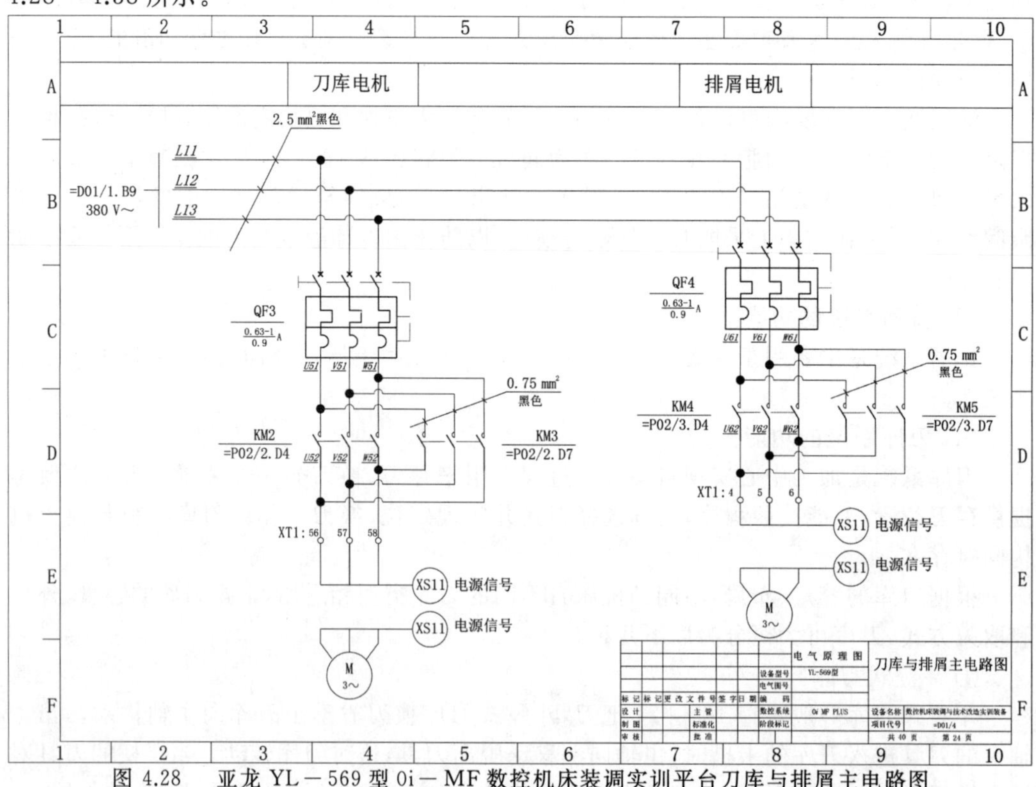

图 4.28　亚龙 YL－569 型 0i－MF 数控机床装调实训平台刀库与排屑主电路图

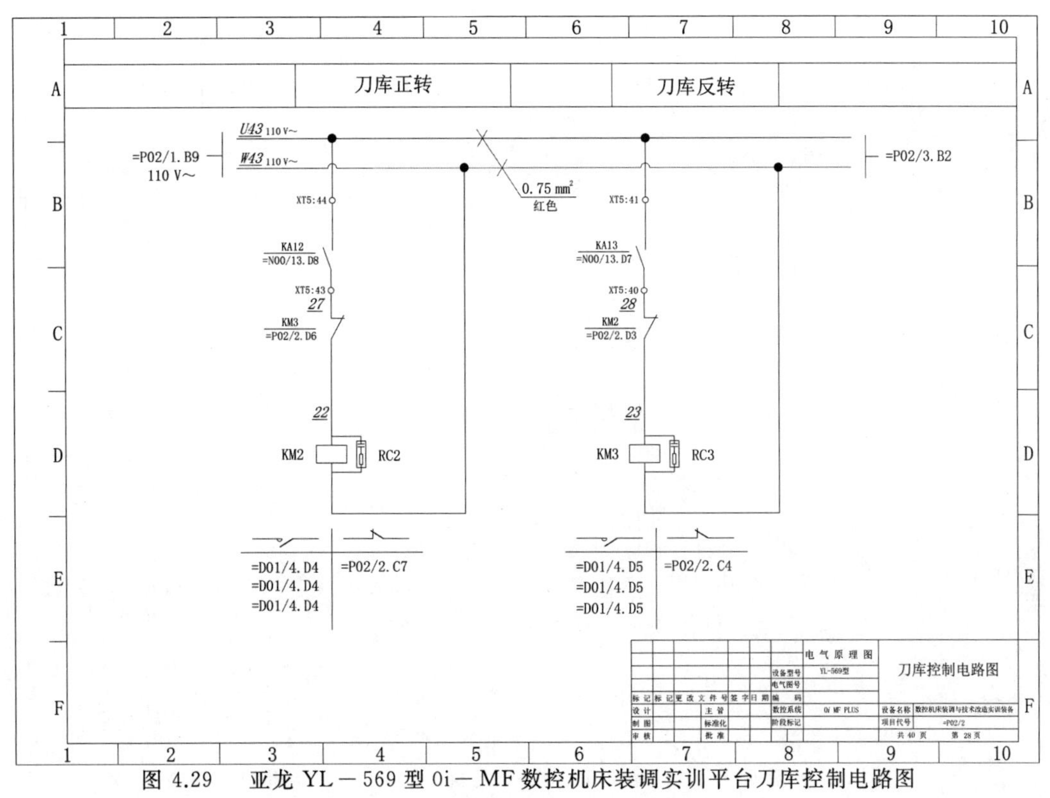

图 4.29 亚龙 YL－569 型 0i－MF 数控机床装调实训平台刀库控制电路图

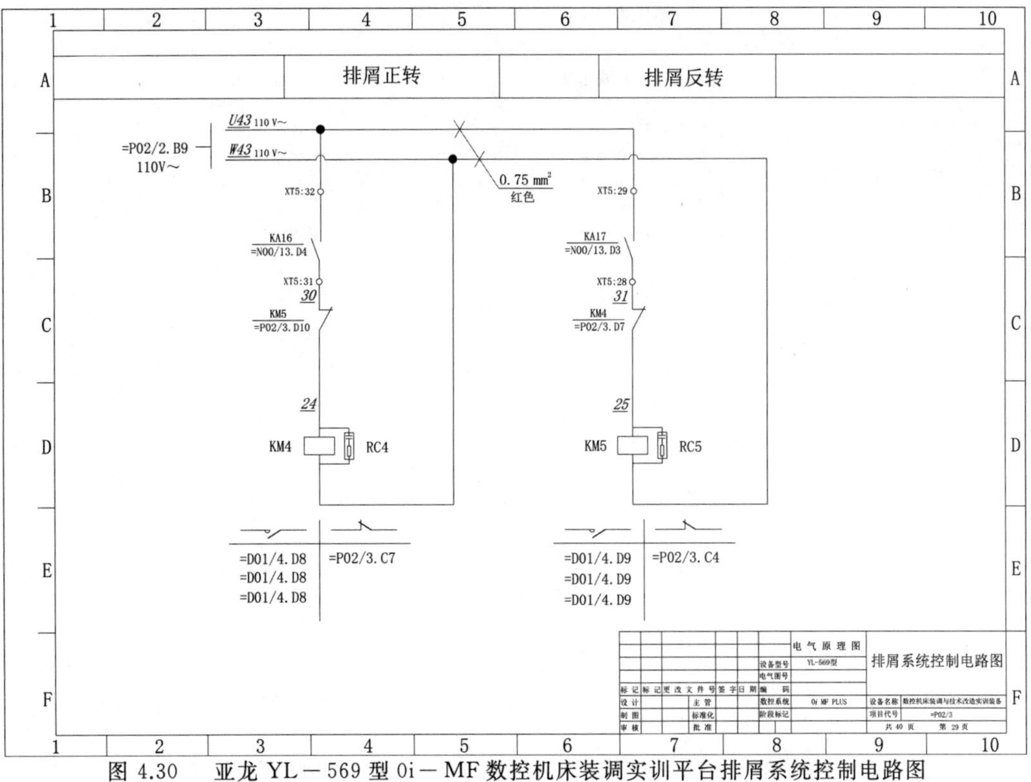

图 4.30 亚龙 YL－569 型 0i－MF 数控机床装调实训平台排屑系统控制电路图

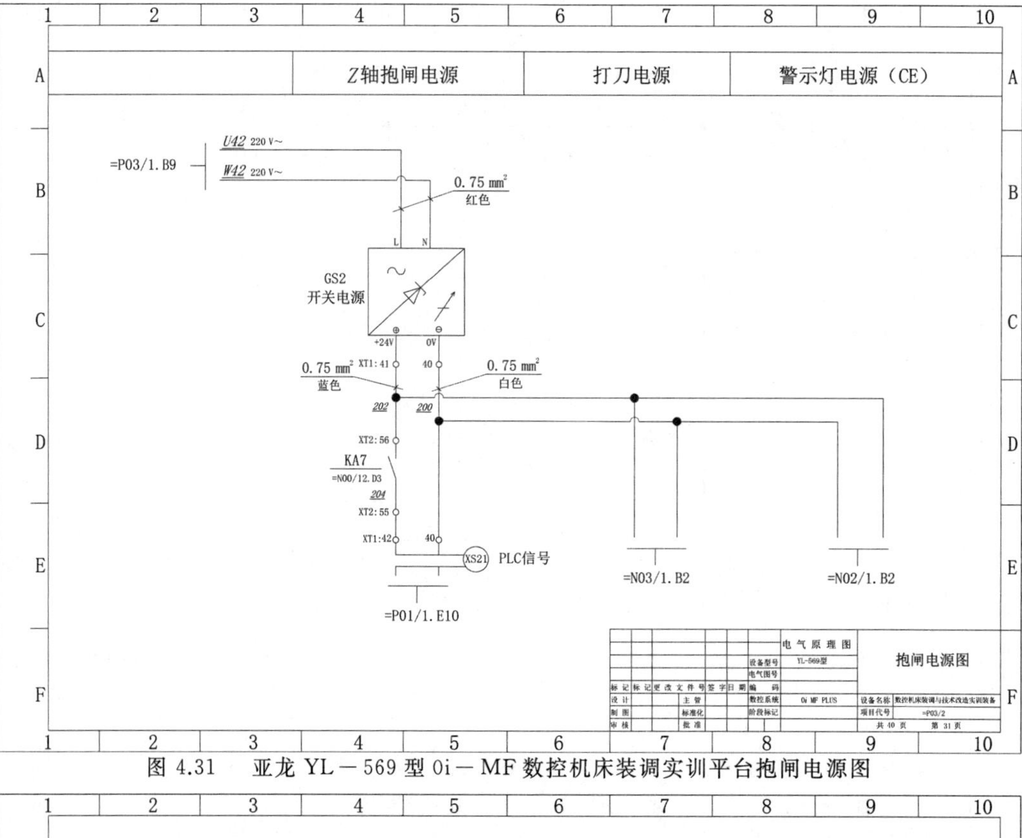

图 4.31　亚龙 YL－569 型 0i－MF 数控机床装调实训平台抱闸电源图

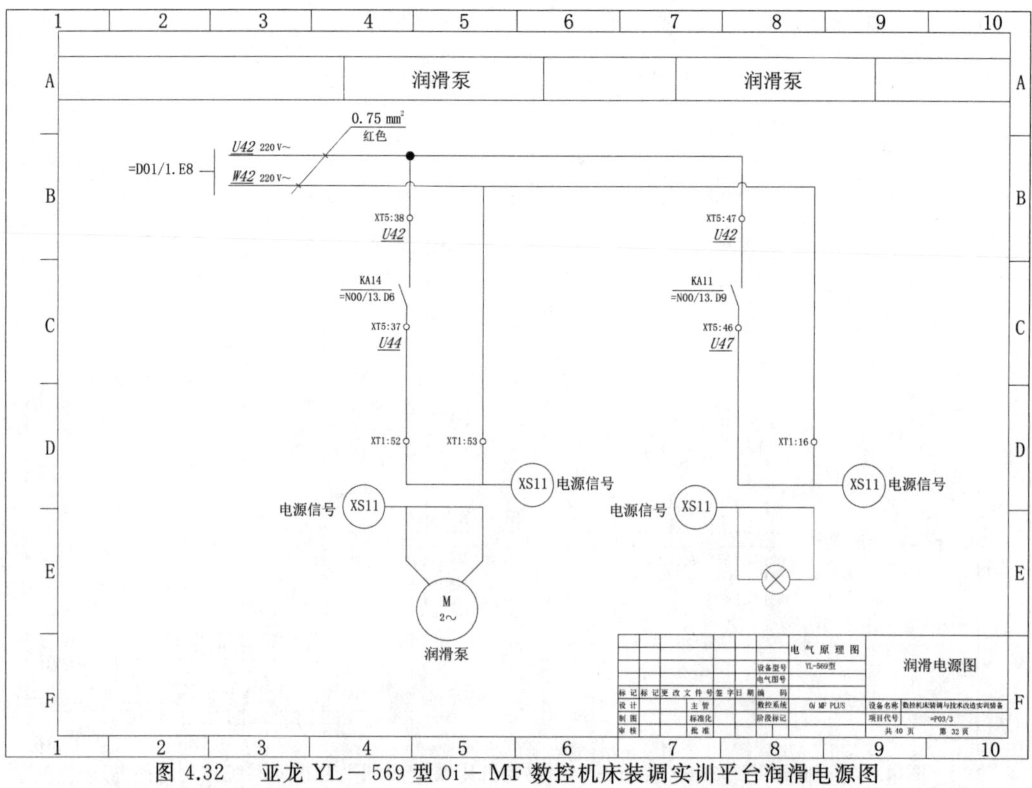

图 4.32　亚龙 YL－569 型 0i－MF 数控机床装调实训平台润滑电源图

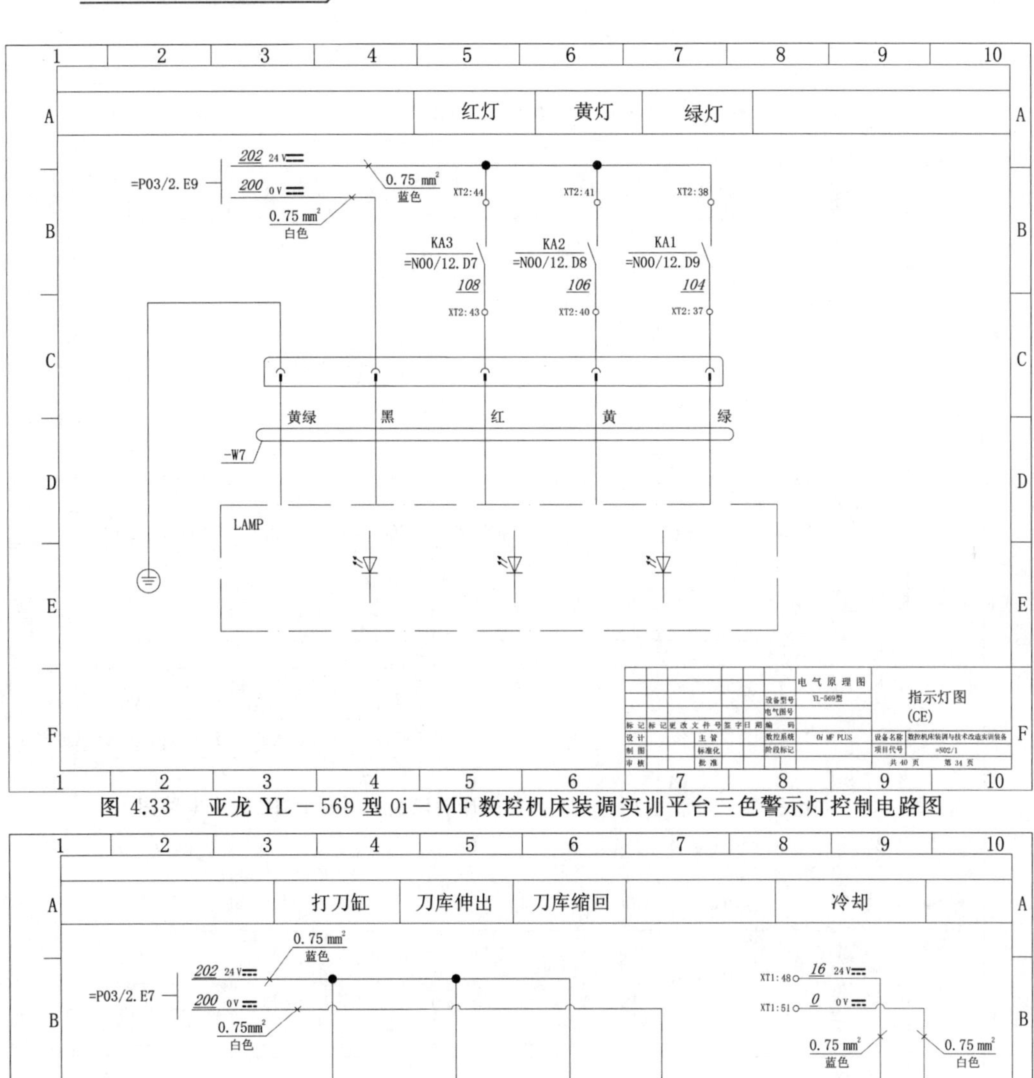

图 4.33　亚龙 YL－569 型 0i－MF 数控机床装调实训平台三色警示灯控制电路图

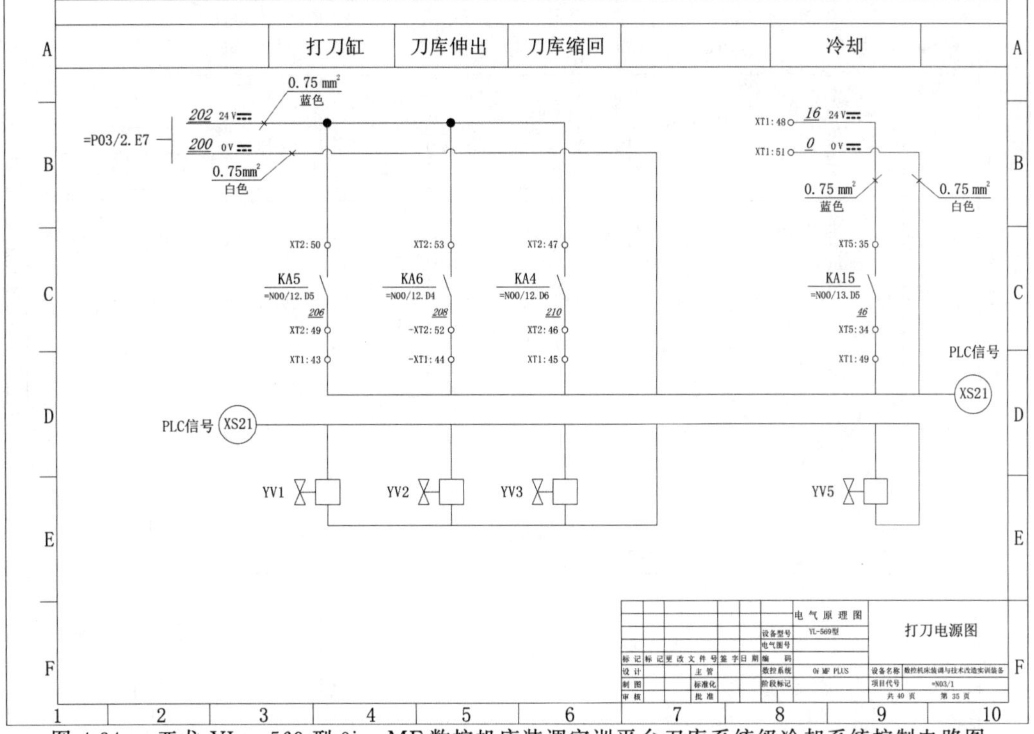

图 4.34　亚龙 YL－569 型 0i－MF 数控机床装调实训平台刀库系统级冷却系统控制电路图

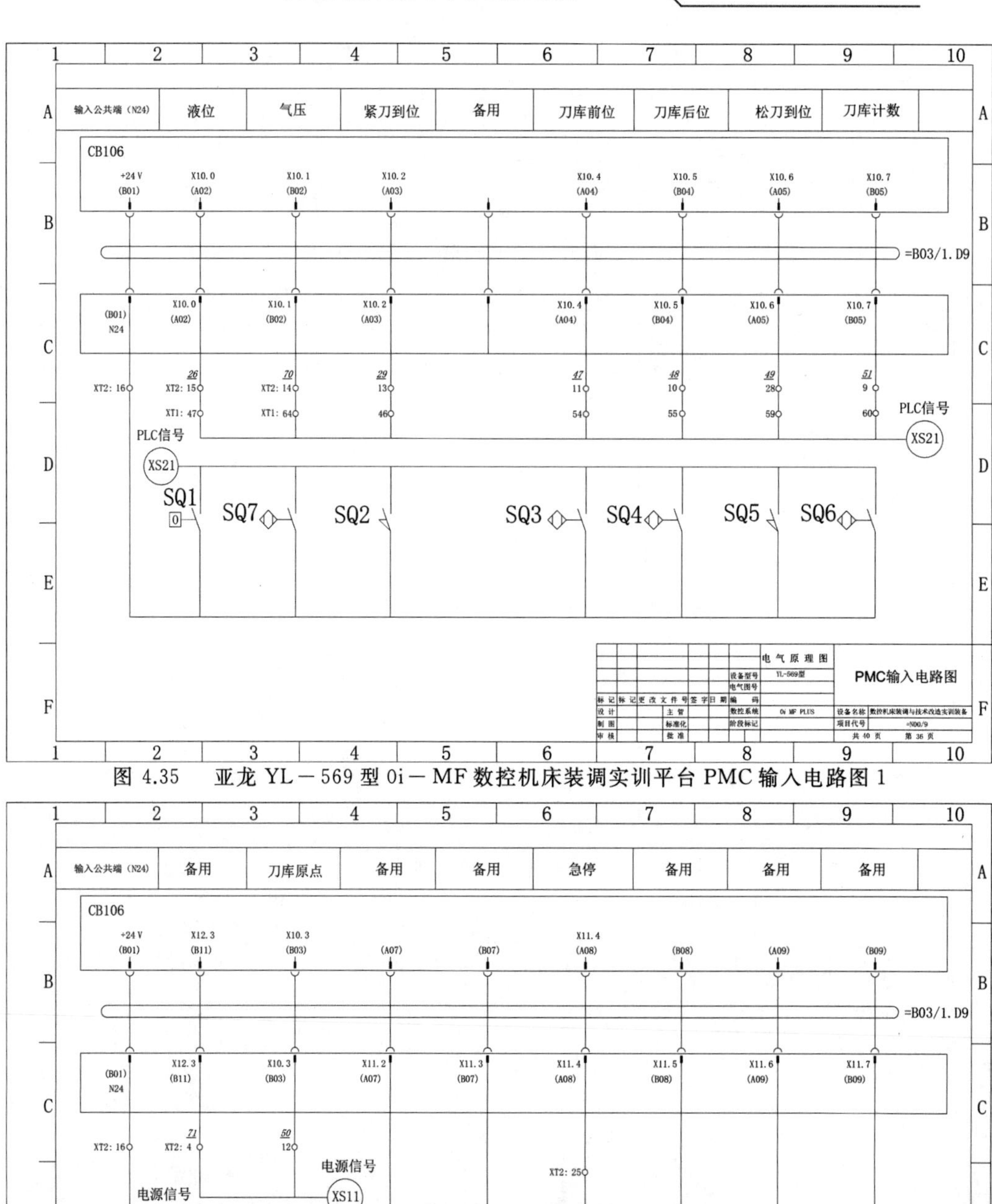

图 4.35　亚龙 YL－569 型 0i－MF 数控机床装调实训平台 PMC 输入电路图 1

图 4.36　亚龙 YL－569 型 0i－MF 数控机床装调实训平台 PMC 输入电路图 2

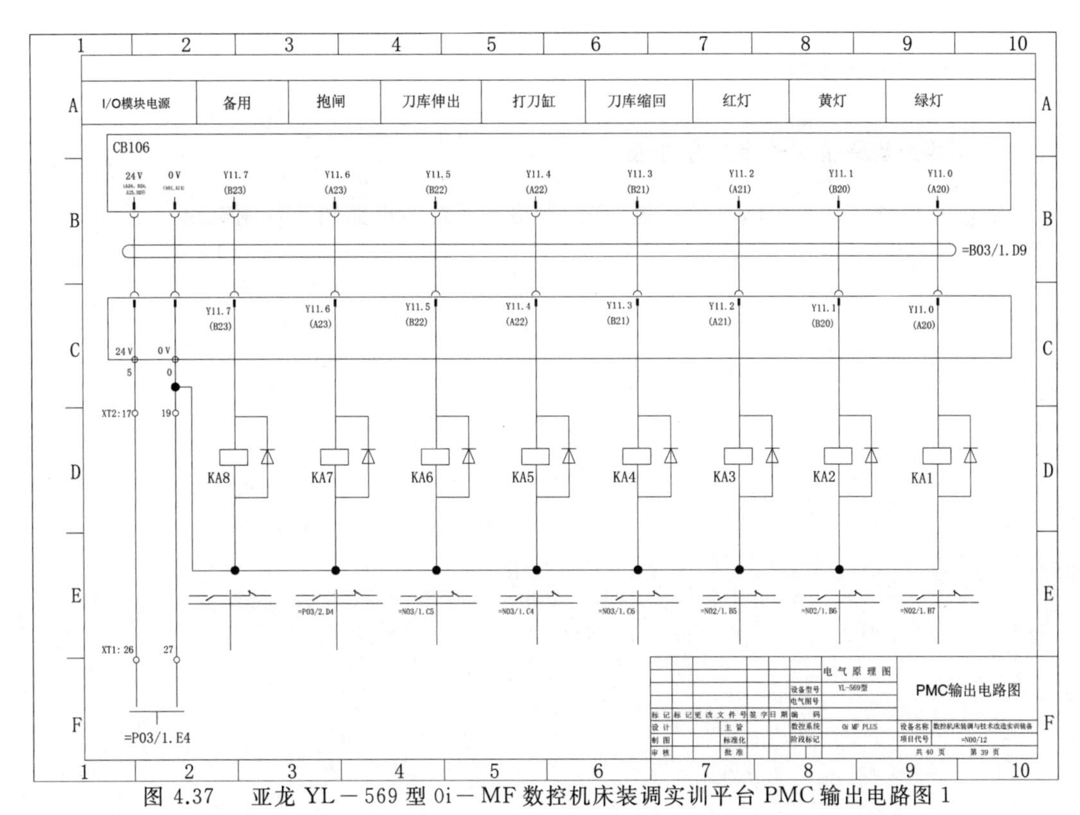

图 4.37 亚龙 YL－569 型 0i－MF 数控机床装调实训平台 PMC 输出电路图 1

图 4.38 亚龙 YL－569 型 0i－MF 数控机床装调实训平台 PMC 输出电路图 2

4.3.5 实训步骤

1. 识读典型外围设备电气原理图

识读并理解冷却系统电气原理图，并绘制冷却系统主电路图与控制电路。

识读并理解排屑系统电气原理图,并绘制排屑系统主电路图与控制电路。

识读并理解三色警示灯电气原理图,并绘制三色警示灯主电路图与控制电路。

2. 识别冷却系统电路所用的元器件

根据所绘制的冷却系统电气原理图，识别选取电气元件，并填写表 4.5 元器件清单。

表 4.5　冷却系统电路元器件清单

序号	元器件名称	元器件符号	数量
1			
2			
3			
4			
5			
6			
7			
8			
9			

3. 安装冷却系统电路并调试

电路连接及调试评分标准见表 4.6。

表 4.6　电路连接及调试评分标准

<table>
<tr><th>项目</th><th>项目配分</th><th>评分点</th><th>配分</th><th>扣分标准</th><th>得分</th><th>项目得分</th></tr>
<tr><td rowspan="2">电气连接</td><td rowspan="2">80</td><td rowspan="2">电气连接</td><td>60</td><td>1.不按原理图接线，每处扣 5 分；
2. 布线不进线槽、不美观，主电路、控制电路，每根扣 4 分；
3. 接点松动、露铜过长、压绝缘层，标记线号不清楚、遗漏或误标，引出端无压端子，每处扣 2 分；
4.损伤导线层绝缘或线芯，每根扣 2 分；
5.线号未标或错标，每处扣 1 分</td><td></td><td rowspan="2"></td></tr>
<tr><td>20</td><td>1.检查线路连接有错误，每处扣 2 分；
2. 上电前未检测短路、虚接、断路，上电中未采用逐级上电等，每项扣 5 分；
3. 首次通电前不通知现场技术人员检查扣 5 分</td><td></td></tr>
</table>

续表4.6

项目	项目配分	评分点	配分	扣分标准	得分	项目得分
职业素养与安全	20	操作规范	4			
		材料利用率，接线及材料损耗率	4			
		工具、仪器、仪表使用情况	4			
		现场安全、文明情况	4			
		团队分工、协作情况	4			
				合计		

4.3.6 思考题

1. 说出排屑系统电路安装需要哪些元器件。
2. 机床外围设备电路中有哪些保护措施？

项目 5　机床数控系统设置及应用

项目引入

数控系统的参数决定了机床的功能、特性、硬件配置、工艺选择等，参数是 CNC 系统和使用者之间的桥梁，参数设置正确与否直接影响数控机床的使用及其性能的发挥，若能充分掌握和熟悉数控系统的相关参数，将会使得数控机床发挥最大的功效。实践证明，充分地了解参数的含义会给数控机床的故障诊断和维修带来很大的方便，会极大地缩减故障诊断的时间，提高机床的利用率。另外，在条件允许的情况下，参数的修改还可以开发 CNC 系统在数控机床订购时某些没有表现出来的功能，对二次开发会有一定的帮助。因此，无论是哪一型号的 CNC 系统，了解和掌握参数的含义都是非常重要的。

项目目标

(1) 使学生了解 FANUC 数控系统常见参数的含义，在实际生产中，能够正确查阅 FANUC 相关参数说明书，对数控机床参数相关的故障进行诊断和维修，保证数控机床的正常使用，提高企业数控机床的利用率。

(2) 培养学生从事数控机床电气装调、机床装调维修工等职业的素质和技能，并让学生具备从事相关岗位的职业能力和可持续发展能力。

(3) 在数控系统参数设置与调整中，要有严谨的态度，任何不恰当的参数设置和调整都会影响数控机床加工工件的质量，导致工件的报废。

(4) 在数控机床相关参数故障诊断和排除中，应培养与其他同学团结协作的意识，较好地完成本项目的学习，养成良好的职业素养。

项目任务

对与数控机床设定、轴控制 / 设定单位、坐标系、存储行程检测、加减速控制、程序和螺距误差补偿(简称螺补) 等参数进行设定。

FANUC 0i Mate D 数控系统参数设定、备份与恢复

实训任务 5.1　FANUC 0i Mate D 数控系统参数设定、备份与恢复

5.1.1　实训目标

(1) 了解 FANUC 0i Mate D 数控系统参数设定画面。

(2) 掌握 FANUC 0i Mate D 数控系统基本参数的含义。
(3) 了解 FANUC 0i Mate D 数控系统基本参数的设定。
(4) 掌握 FANUC 0i Mate D 数控系统参数的备份与恢复方法。

5.1.2 实训内容

为防止控制单元损坏、电池失效或电池更换时出现差错，导致机床数据丢失，要定期做好数据的备份工作，以防意外发生。在 FANUC 0i Mate D 数控系统中需要备份的数据有加工程序、CNC 参数、螺补值、宏变量、刀具补偿值、工件坐标系数据、PMC 程序、PMC 数据等。

5.1.3 实训工具、仪器和器材

工具、仪器和器材：CF 卡、U 盘；FANUC 0i Mate D 数控系统。

5.1.4 实训指导

1. FANUC 数控系统中保存的数据和保存位置

FANUC 数控系统中保存的数据和保存位置、来源见表 5.1。

表 5.1 FANUC 数控系统中保存的数据和保存位置、来源

数据	保存位置	来源	备注
CNC 参数	SRAM	机床厂家提供	必须保存
PMC 参数	SRAM	机床厂家提供	必须保存
梯形图程序	FLASH ROM	机床厂家提供	必须保存
螺补值	SRAM	机床厂家提供	必须保存
宏变量和加工程序	SRAM	机床厂家提供	必须保存
宏编译程序	FLASH ROM	机床厂家提供	如果有，保存
C 执行程序	FLASH ROM	机床厂家提供	如果有，保存
系统文件	FLASH ROM	FANUC 提供	不需要保存

FANUC 系统文件不需要备份，也不能轻易删除，因为有些系统文件一旦删除了，再恢复原样也会出现系统报警而导致系统停机，不能使用。

FANUC 0i Mate D 数控系统进行数据备份和恢复的方法主要有两种，一是使用存储卡通过 FANUC 数控系统的引导页面或正常启动页面进行数据备份和恢复，二是通过控制单元上的 JD36A 或 JD36B 接口(RS−232C 串口)或以太网接口和个人计算机进行数据的备份和恢复。

FANUC 数控系统中保存的数据类型丰富，PMC 参数、CNC 参数等存放在 SRAM 中，修改比较方便。

2. 系统参数设置与修改作用

在数控系统中，系统参数用于设定数控机床及辅助设备的规格和内容，以及加工操作中所需的一些数据。在机床厂家制造机床、最终用户使用的过程中，通过设定系统参数，实现对伺服驱动、加工条件、机床坐标、操作功能和数据传输等方面的设定和调用。

当系统在安装调试或使用过程中出现故障时，如果是系统故障，可以通过对系统控制原理的理解和系统报警号提示进行故障排除；如果是外围故障，可以通过分析 PMC 程序进行故障排除；如果是功能和性能方面的问题，则可以通过对参数进行调整来解决。

FANUC 数控系统中的参数功能强大，如果参数设定错误，将对机床及数控系统的运行产生不良影响。所以更改参数之前，一定要清楚地了解该参数的意义及其对应的功能。

3. 系统参数数据种类

FANUC 数控系统的参数按照数据的形式大致可分为位型和字型。其中位型又分位型和位轴型；字型又分字节型、字节轴型、字型、字轴型、双字型、双字轴型。轴型参数允许分别设定给各个控制轴。

位型参数就是对该参数的 0 ～ 7 这 8 位单独设置 0 或 1。位型参数格式显示页面如图 5.1 所示。数据号就是常讲的参数号。

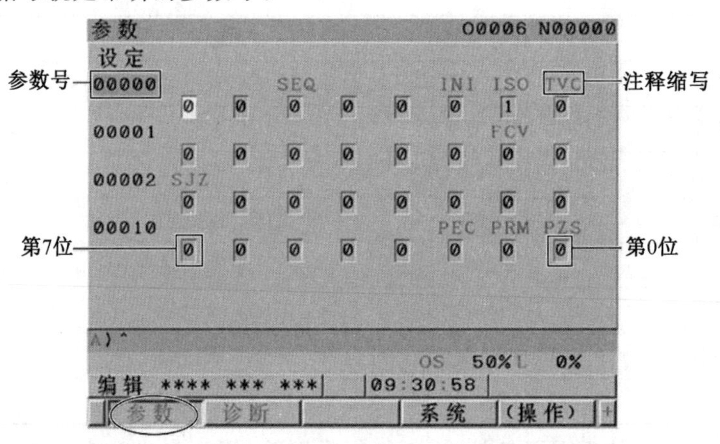

图 5.1　位型参数格式显示页面

4. 参数的表示方法

位型以及位(机械组 / 路径 / 轴 / 主轴) 型参数的表示方法如图 5.2 所示。

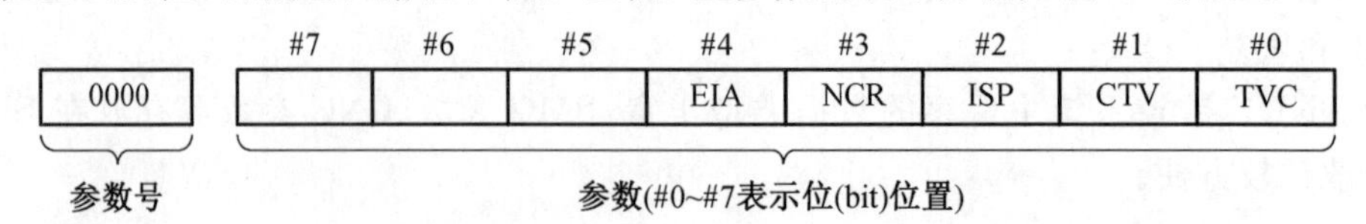

图 5.2　位型以及位(机械组 / 路径 / 轴 / 主轴) 型参数的表示方法

上述位型以外的参数表示方法如图 5.3 所示。

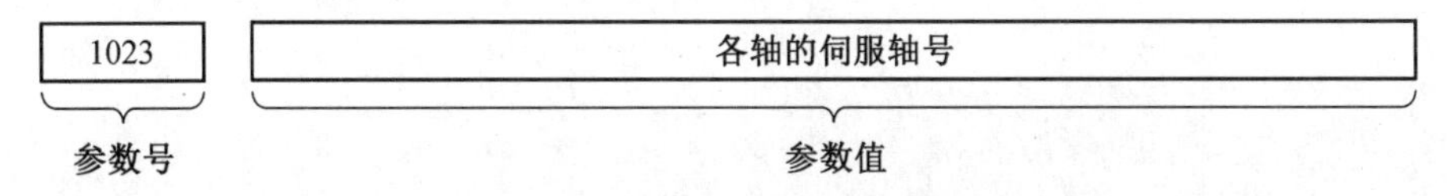

图 5.3　位型以外的参数表示方法

在位型参数名称的表示法中，附加在各名称上的小字符“x”或者“s”表示其为下列参数。

“□□□ x”：位轴型参数；

“○○○ s”：位主轴型参数；

字型参数格式显示页面如图 5.4 所示。

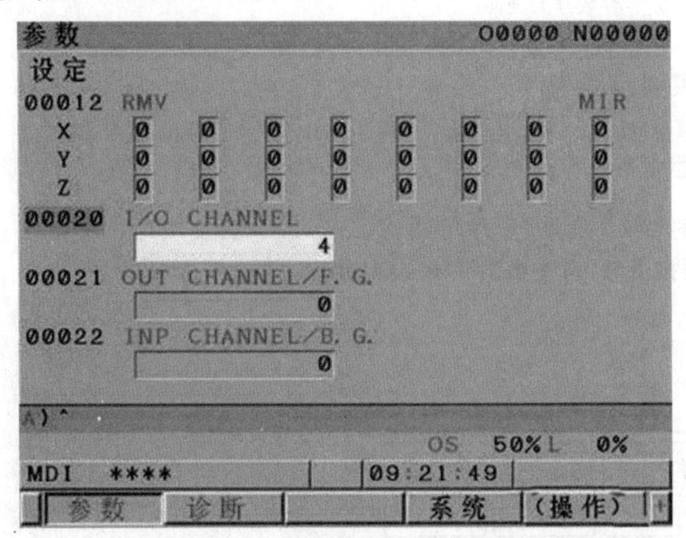

图 5.4　字型参数格式显示页面

5. 参数设定画面

在进行参数的设置、修改等操作时需要打开参数开关，按下 OFSSET 键后，显示图 5.5 所示画面就可以进行修改参数开关，当参数开关为 1 时，可以进入参数画面进行修改，图 5.6 为参数画面。

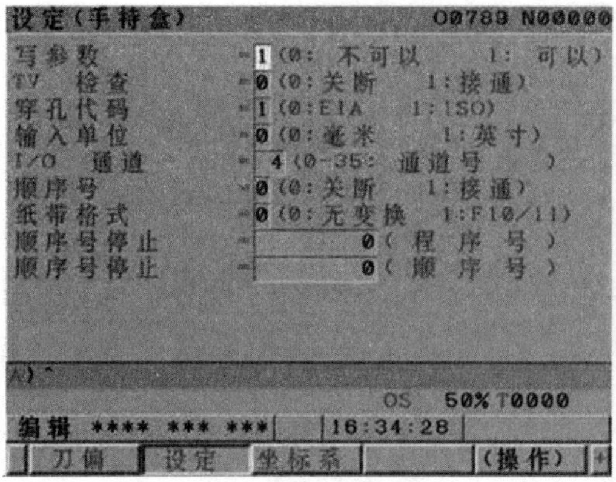

图 5.5　参数开关画面 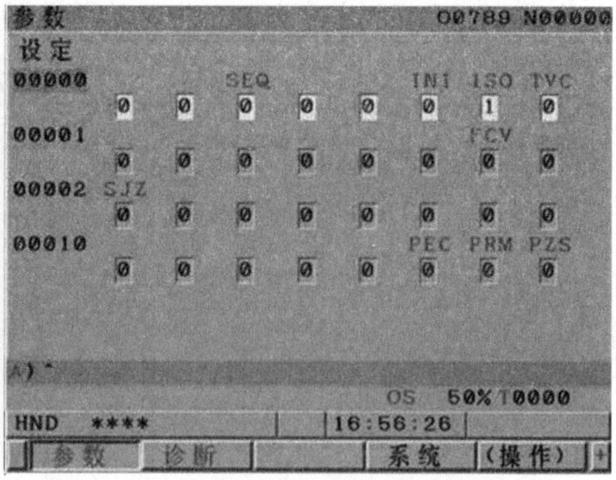　　　　图 5.6　参数画面

5.1.5　实训步骤

1. 系统显示参数

按图 5.7 的 MDI 面板上的功能键【SYSTEM】数次后，或者在按一次功能键【SYSTEM】，再按下软键【参数】后，则出现参数画面，如图 5.8 所示。

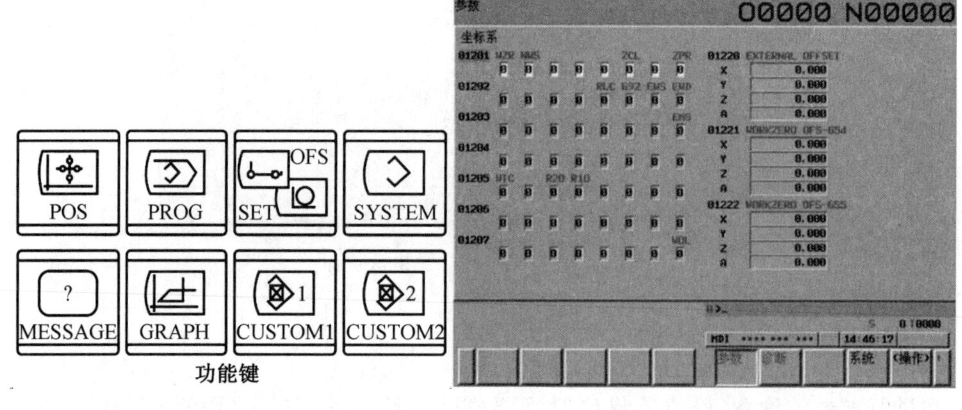

图 5.7　MDI 面板上的功能键　　　　图 5.8　参数画面

参数画面由数页构成。可通过以下两种方法进入指定参数所在界面。

(1) 用翻页键或光标移动键，逐页寻找所需显示的参数页面。

(2) 输入希望显示的参数号，按下软键【搜索号码】。由此，显示指定参数所在的界面，光标同时指示所指定的参数位置，如图 5.9 所示。

图 5.9　参数搜索章节

注意：在软键显示为“章节选择键”的状态下开始键入时，软键的显示自动变为包括【搜索号码】在内的“操作选择键”。按下软键【操作】，也可变更为“操作选择键”。

2. 系统参数设定

步骤 1:选择 MDI 方式或急停。

步骤 2:按下 MDI 面板上的功能键【OFS/SET】,系统进入参数设定页面。

步骤 3:单击【设定】,页面如图 5.10 所示。

当页面提示“写参数”时输入 1,出现 SW0100 报警(表明参数可写入)。

步骤 4:按下 MDI 面板上的功能键【SYSTEM】,单击【参数】进入参数页面,如图 5.11 所示。

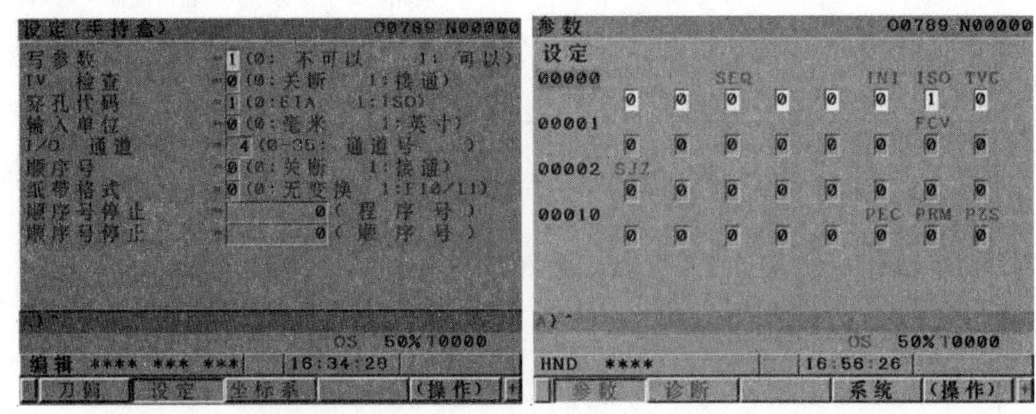

图 5.10 参数设定页面 图 5.11 参数页面

步骤 5:键入需要设置的参数号,页面如图 5.12 所示。

步骤 6:单击【号搜索】设置,页面直接变换到设置的参数号对应的页面,如图 5.13 所示。

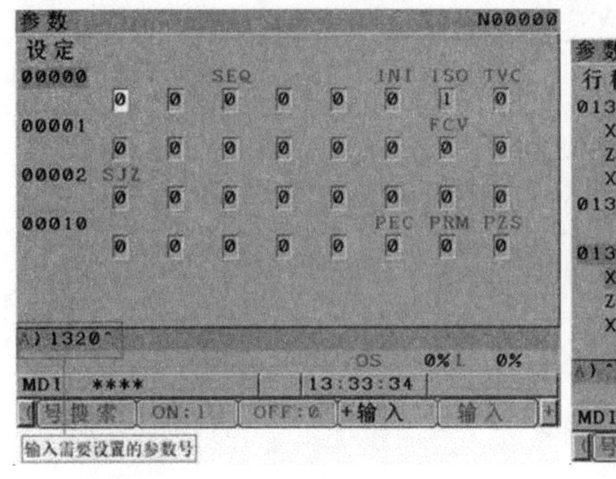

图 5.12 键入需要设置的参数号

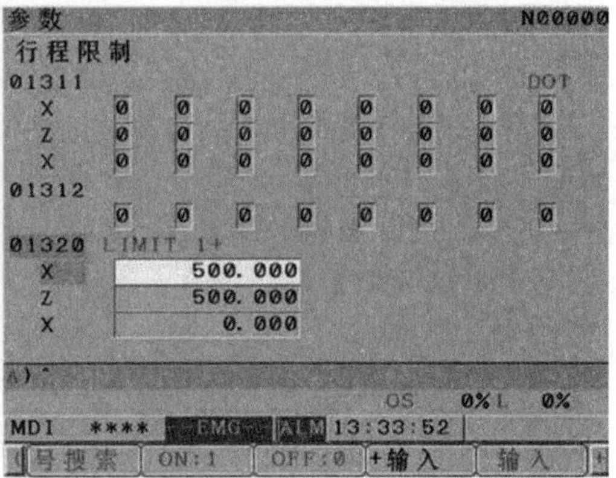

图 5.13 键入参数的显现

步骤 7:在 MDI 方式下设置所需要的参数。

步骤 8:参数修改好后,将参数设定页面的写参数再设定为 0。此时参数的修改全部完成。

步骤 9:按 MDI 面板上的复位键【RESET】,消除 SW0100 报警。

如果修改参数后出现“PW0000”号报警，说明必须关机再上电后参数修改才能生效。不消除“PW0000”号报警，数控系统不能工作。

3. 系统参数备份和恢复

系统参数备份相关参数设定见表5.2。

表5.2 输入/输出用存储卡参数设定

参数号	设定值	说明
20	4	使用存储卡作为输入/输出设备

备份操作：开机前按下显示器右下方两个键（或者MDI的数字键6和7），如图5.14所示。

编号	画面	说明
①	SYSTEM MONITOR MAIN MENU　60W3-01	①主菜单。右端显示出引导系统的系列、版本。
②	1.END	②退出引导系统，启动CNC。
③	2.USER DATA LOADING	③用户数据加载，向FLASH ROM写入数据。
④	3.SYSTEM DATA LOADING	④系统数据加载，向FLASH ROM写入数据。
⑤	4.SYSTEM DATA CHECK	⑤系统数据检查。
⑥	5.SYSTEM DATA DELETE	⑥删除FLASH ROM或存储卡中的文件。
⑦	6.SYSTEM DATA SAVE	⑦将FLASH ROM中的用户文件写到存储卡上。
⑧	7.SRAM DATA UTILITY	⑧备份/恢复SRAM区。
⑨	8.MEMORY CARD FORMAT	⑨格式化存储卡。
	MESSAGE	
⑩	SELECT MENU AND HIT SELECT KEY.	⑩显示简单的操作方法和错误信息。
	[SELECT] [YES] [NO] [UP] [DOWN]	

图5.14 备份操作

按下软键【UP】或【DOWN】，把光标移动到【7.SRAM DATA UTILITY】。
按下【SELECT】键，显示SRAM DATA UTILITY画面，如图5.15所示。
按下软键【UP】或【DOWN】，进行功能的选择。
使用存储卡备份数据：SRAM BACKUP向SRAM。
恢复数据：SRAM RESTORE。
按下软键【SELECT】。
按下软键【YES】，执行数据的备份和恢复。

	画面	说明
①	SRAM DATA UTILTY	①显示标题。
②	1.SRAM BACKUP（CNC->MEMORY CARD） 2.SRAM RESTORE（MEMORY CARD->CNC）	②显示菜单。
③	3.END	③返回引导页面主菜单。
④	SRAM+ATA PROG FILE:（4MB）	④显示文件内容。 （在选定处理后予以显示）
⑤	SRAM_BAK.001	⑤显示目前正在保存/加载的文件名。 （在选定处理后予以显示）
	MESSAGE SET MEMORY CARD NO.001 ARE YOU SURE? HIT YES OR NO. [SELECT] [YES] [NO] [UP] [DOWN]	
⑥	***MESSAGE*** SELECT MENU AND HIT SELECT KEY. [SELECT] [YES] [NO] [UP] [DOWN]	⑥显示信息。

图 5.15 SRAM DATA UTILITY 画面

执行【SRAM BACKUP】时，如果在存储卡上已经有了同名的文件，会询问【OVER WRITE OK ？】，可以覆盖时，按下【YES】键继续操作。

执行结束后，显示【COMPLETE.HIT SELECT KEY】信息。按下【SELECT】软键，返回主菜单。

上述 SRAM 数据备份后，还需要进入系统后，分别备份系统数据，如系统参数等。分别备份系统数据的操作如下：

解除急停 — 在机床操作面板上选择方式为 EDIT（编辑）— 依次按下功能键【SYSTEM】、软键【参数】，出现参数画面，如图 5.16 所示。

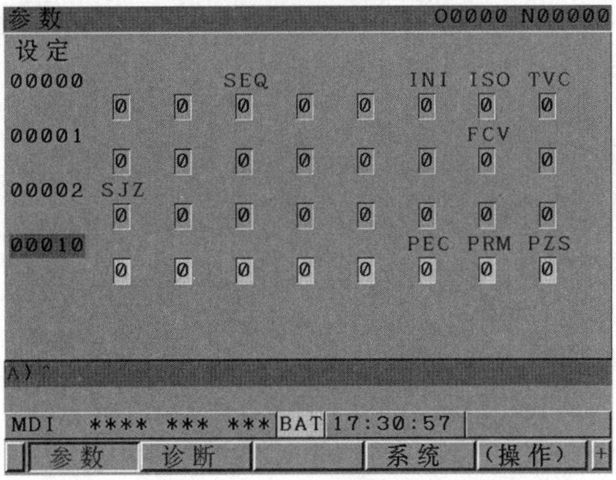

图 5.16 参数画面

依次按下软键【操作】、【文件输出】、【全部】、【执行】，则 CNC 参数被输出。

5.1.6 思考题

FANUC 数控系统中会保存哪些数据？其存储位置在哪里？

实训任务 5.2　与数控机床设定相关的参数设定

5.2.1　实训目标

(1) 了解与机床设定相关的参数。
(2) 了解与阅读机 / 穿孔机接口相关的参数。
(3) 了解有关通道 1(I/O CHANNEL＝0) 的参数。
(4) 了解有关与 CNC 画面显示功能相关的参数。

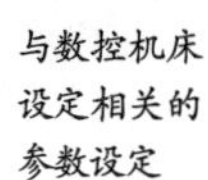

与数控机床设定相关的参数设定

5.2.2　实训内容

设定与阅读机 / 穿孔机接口、通道 1(I/O CHANNEL＝0) 和 CNC 画面显示功能等相关的参数。

5.2.3　实训工具、仪器和器材

工具、仪器和器材：FANUC 0i Mate D 数控系统、MDI 面板。

5.2.4　实训指导

1. 与机床设定相关的参数

(1) 参数 0000。

0000	＃7	＃6	＃5	＃4	＃3	＃2	＃1	＃0
			SEQ			INI	ISO	TVC

①＃0 TVC：是否进行 TV 检查。
设定：0，不进行；1，进行。
②＃1 ISO：数据输出时的代码格式。
设定：0，EIA 代码；1，ISO 代码。
③＃2 INI：数据输入单位。
设定：0，公制输入；1，英制输入。
④＃5 SEQ：是否自动插入顺序号。
设定：0，不自动插入；1，自动插入。
注意：① 存储卡的输入输出设定，通过参数 ISO(No.0139＃0) 进行。
② 数据服务器的输入输出设定，通过参数 ISO(No.0908＃0) 进行。
(2) 参数 0002。

0002	＃7	＃6	＃5	＃4	＃3	＃2	＃1	＃0
	SJZ							

＃7 SJZ：若是参数 HJZx(No.1005＃3) 被设定为有效的轴，手动返回参考点。

设定 0：在参考点尚未建立的情况下，执行借助减速挡块的参考点返回操作；在已经建立参考点的情况下，以参数中所设定的速度定位到参考点，与减速挡块无关。

设定 1：始终执行借助减速挡块的参考点返回操作。

注意：SJZ 对参数 HJZx(No.1005#3) 被设定为"1"的轴有效。但是在参数 LZx(No.1005#1) 被设定为"1"的情况下，在参考点建立后的手动返回参考点操作中，以参数中所设定的速度定位到参考点，与 SJZ 的设定无关。

(3) 参数 0010。

0010	#7	#6	#5	#4	#3	#2	#1	#0
						PEC	PRM	PZS

① #0 PZS：零件程序穿孔时的 0 号。

设定：0，不进行零抑制；1，进行零抑制。

② #1 PRM：输出参数时，是否输出参数值为 0 的参数。

设定：0，予以输出；1，不予输出。

③ #2 PEC：在输出螺补数据时，是否输出补偿量为 0 的数据。

设定：0，予以输出；1，不予输出。

(4) 参数 0012。

0012	#7	#6	#5	#4	#3	#2	#1	#0
	RMVx							MIRx

① #0 MIRx：各轴的镜像设定格式。

设定：0，镜像 OFF(标准)；1，镜像 ON(镜像)。

② #7 RMVx：各轴的控制轴拆除的设定。

设定：0，不会拆除控制轴；1，拆除控制轴。

注意：RMVx 在参数 RMBx(No.1005#7) 被设定为 1 时有效。

2. 与阅读机 / 穿孔机接口相关的参数

为使用 I/O 设备接口(RS－232C 串行端口) 与外部 I/O 设备之间进行数据(程序、参数等) 的输入 / 输出，需要设定如下参数 0020。

0020	I/O CHANNEL：I/O 设备的选择或前台用输入设备的接口号

【数据范围】0 ～ 9。

在 I/O CHANNEL(参数(No.0020)) 中设定使用通道(RS－232C 串行端口 1、RS－232C 串行端口 2 等) 中连接在哪个通道上的 I/O 设备以及连接于各通道的 I/O 设备的规格(如 I/O 设备的规格号、波特率、停止位数等) 必须预先设定在与各通道对应的参数中。

作为与外部 I/O 设备和主机进行数据的输入 / 输出操作的接口，具有 I/O 设备接口(RS－232C 串行端口 1,2)、存储卡接口、数据服务器接口、嵌入式以太网接口。

通过参数 IO4(No.0110#0) 的设定，可以分开控制数据的输入 / 输出。具体来说，在没有设定 IO4 的情况下，以参数(No.0020)中所设定的通道进行输入/输出。在设定了 IO4 的情况下，可以分别为前台的输入、输出和后台的输入、输出分配通道。在这些参数中设定连接到哪个接口的 I/O 设备，以及是否进行数据的输入/输出，设定值和 I/O 设备的对应表见表 5.3。

表 5.3 设定值和 I/O 设备的对应表

设定值和 I/O 设备的对应表	
设定值	内容
0,1	RS－232C 串行端口 1
2	RS－232C 串行端口 2
4	存储卡接口
5	数据服务器接口
6	通过 FOCAS2/Ethernet 进行 DNC 运行或 M198 指令
9	嵌入式以太网接口

3. 有关通道 1(I/O CHANNEL＝0)的参数

(1) 参数 0103。

0103	波特率(I/O CHANNEL＝0 时)

【数据范围】1～12。

此参数设定与 I/O CHANNEL＝0 对应的 I/O 设备的波特率。

设定时，请参阅表 5.4。

表 5.4 波特率的设定

设定值	波特率/bps	设定值	波特率/bps
1	50	8	1 200
3	110	9	2 400
4	150	10	4 800
6	300	11	9 600
7	600	12	19 200

(2) 参数 0113。

0113	波特率(I/O CHANNEL＝1 时)

【数据范围】1～12。

此参数设定与 I/O CHANNEL＝1 对应的 I/O 设备的波特率。

4. 与 CNC 画面显示功能相关的参数

(1) 参数 0300。

0300	#7	#6	#5	#4	#3	#2	#1	#0
								PCM

#0 PCM:CNC 画面显示功能中,NC 一侧有存储卡接口时。

设定:0,使用 NC 侧的存储卡接口;1,使用电脑侧的存储卡接口。

(2) 参数 3401。

①#0 DPI:在可以使用小数点的地址中省略小数点时。

设定:0,视为最小设定单位(标准型小数点输入);1,将其视为 mm、in、(°)、s 的单位(计算器型小数点输入)。

3401	#7	#6	#5	#4	#3	#2	#1	#0
	GSC	GSB	ABS	MAB				DPI
			ABS	MAB				DPI

②#4MAB:在 MDI 运转中,绝对/增量指令的切换。

设定:0,取决于 G90/G91;1,取决于参数 ABS(No.3401#5)。

注意:若是 T 系列的 G 代码体系 A,本参数无效。

③#5ABS:将 MDI 运转中的程序指令。

设定:0,视为增量指令;1,视为绝对指令。

注意:参数 ABS 在参数 MAB(No.3401#4) 为 1 时有效。若是 T 系列的 G 代码体系 A,本参数无效。

④#6GSB、#7GSC:设定 G 代码体系见表 5.5。

表 5.5 G 代码体系

GSC	GSB	G 代码体系
0	0	G 代码体系 A
0	1	G 代码体系 B
1	0	G 代码体系 C

5.2.5 实训步骤

根据实训室现有设备情况设定相关参数,完成 FANUC CNC 系统的功能。

1. 记录设备规格

记录设备规格参数到表 5.6。

表 5.6 设备规格参数

名称			内容		
轴名(根据设备实际情况选择)	车床用				
	铣床用				
电动机一转工作台移动量					
快移速度					
设定单位					
检测单位					

2. 记录报警号

参数全清,记录报警号,并在表 5.7 中写下解决方法。

表 5.7 记录报警号

报警号	处理方案	
	原因	
	解决方法	
	原因	
	解决方法	
	原因	
	解决方法	
	原因	
	解决方法	
	原因	
	解决方法	

3. 任务考核

(1) 与机床设定相关的参数设置。
(2) 与阅读机 / 穿孔机接口相关的参数设置。
(3) 有关通道 1(I/O CHANNEL=0) 的参数设置。
(4) 与 CNC 画面显示功能相关的参数设置。

5.2.6 思考题

数控机床与机床设定、阅读机 / 穿孔机接口、通道 1、CNC 画面显示功能相关的参数有哪些?

实训任务 5.3 与轴控制/设定单位相关的参数设定

与轴控制/设定单位相关的参数设定

5.3.1 实训目标

(1) 了解与轴控制/设定单位相关的参数。
(2) 掌握与轴控制/设定单位相关的参数的设置。

5.3.2 实训内容

与轴控制/设定单位相关的参数设定主要包括与机床轴的定义和设定各轴的移动单位等。

5.3.3 实训工具、仪器和器材

工具、仪器和器材:FANUC 0i Mate D 数控系统、MDI 面板。

5.3.4 实训指导

1. **参数** 1001

1001	#7	#6	#5	#4	#3	#2	#1	#0
								INM

注意:在设定完此参数后,需要暂时切断电源。

#0 INM:直线轴的最小移动单位。

设定:0,公制单位(公制机械);1,英制单位(英制机械)。

2. **参数** 1002

1002	#7	#6	#5	#4	#3	#2	#1	#0
	IDG			XIK	AZR			JAX

(1) #0 JAX:JOG 进给、手动快速移动以及手动返回参考点时,同时控制的轴数。

设定:0,1 轴;1,3 轴。

(2) #3 AZR:参考点尚未建立时的 G28 指令。

设定:0,执行与手动返回参考点相同的、借助减速挡块的参考点返回操作;1,显示出报警(PS0304)“未建立零点即指令 G28”。

注意:在使用无挡块参考点设定功能(见参数 DLZx(No.1005#1))时,不管 AZR 的设定如何,在建立参考点之前指定 G28,将会有报警(PS0304) 发出。

(3) #4 XIK:若是非直线插补定位(参数 LRP(No.1401#1)=0)的情形,对进行定位而移动中的轴分别应用互锁时:

设定:0,仅使应用互锁的轴停止,其他轴继续移动;1,使所有轴都停止。

(4)#7 IDG:基于无挡块参考点对参考点进行设定时,是否使禁止参考点的再设定的参数 IDGx(No.1012#0) 进行自动设定。

设定:0,不进行;1,进行。

注意:本参数被设定为 0 时,参数 IDGx(No.1012#0) 无效。

3. **参数** 1004

1004	#7	#6	#5	#4	#3	#2	#1	#0
	IPR							

#7 IPR:是否将不带小数点进行指定的各轴的最小设定单位设定为最小移动单位的 10 倍。

设定:0,不将其设定为 10 倍;1,将其设定为 10 倍。

设定单位为 IS-A 及 DPI(No.3401#0)=1(计算器型小数点输入)时,不可将最小设定单位设定为最小移动单位的 10 倍。

4. **参数** 1005

1005	#7	#6	#5	#4	#3	#2	#1	#0
	RMBx	MCCx	EDMx	EDPx	HJZx		DLZx	ZRNx

(1)#0 ZRNx:在通电后没有执行一次参考点返回的状态下,通过自动运行指定了伴随 G28 以外的移动指令时,系统是否报警。

设定:0,发出报警(PS0224)“回零未结束”;1,不发出报警且执行操作。

注意:

① 尚未建立参考点的状态下为如下所示的情形。

a.表示在不带绝对位置检测器的情况下,通电后一次也没有执行参考点返回操作的状态。

b.表示在带有绝对位置检测器的情况下,机械位置和绝对位置检测器之间的位置对应关系尚未建立的状态。

② 建立 Cs 轴坐标时,将 ZRNx 设定为 0。

(2)#1 DLZx:无挡块参考点设定功能是否有效。

设定:0,无效;1,有效。

(3)#3 HJZx:已经建立参考点再进行手动参考点返回时。

设定:0,执行借助减速挡块的参考点返回操作;1,与减速挡块无关地通过参数 SJZ(No.0002#7) 来选择以快速移动方式定位到参考点或是执行借助于减速挡块的参考点返回操作。在使用无挡块参考点设定功能(见参数 DLZx(No.1005#1)) 的情况下,在参考点建立后的手动返回参考点操作中,始终以参数中所设定的速度定位到参考点,与 HJZx 的设定无关。

(4)#4 EDPx:切削进给时各轴的正方向的外部减速信号。

设定:0,无效;1,有效。

(5)#5 EDMx:切削进给时各轴的负方向的外部减速信号。

设定:0,无效;1,有效。

(6)#6 MCCx:在使用多轴放大器的情况下,相同放大器的其他轴进入控制轴拆除状态时是否切断伺服放大器的 MCC 信号。

设定:0,予以切断;1,不予切断。

注意:若是控制对象的轴,可以设定此参数。

(7)#7 RMBx :将各轴的控制轴拆除信号和设定输入 RMV(No.0012#7) 设定为有效的设定。

设定:0,无效;1,有效。

5.**参数** 1006

1006	#7	#6	#5	#4	#3	#2	#1	#0
			ZMIx		DIAx		ROSx	ROTx

注意:在设定完此参数后,需要暂时切断电源。

(1)#0 ROTx、#1 ROSx:设定直线轴或旋转轴,具体设置见表 5.8。

表 5.8 **记录报警号**

ROSx	ROTx	含义
0	0	直线轴 ① 进行英制 / 公制变换。 ② 所有的坐标值都是直线轴类型(不以 0 ～ 360° 舍入)。 ③ 存储型螺补为直线轴类型(见参数(No.3624))
0	1	旋转轴(A 类型) ① 不进行英制 / 公制变换。 ② 机械坐标值以 0 ～ 360° 舍入,绝对坐标值、相对坐标值可以通过参数 ROAx、PRLx(No.1008#0、#2) 选择是否舍入。 ③ 存储型螺补为旋转轴类型(见参数(No.3624)。 ④ 自动返回参考点(G28、G30) 由参考点返回方向执行,移动量不超过一周旋转
1	1	旋转轴(B 类型) ① 不进行英制 / 公制变换。 ② 机械坐标值、绝对坐标值、相对坐标值为直线轴类型(不以 0 ～ 360° 舍入)。 ③ 存储型螺补为直线轴类型(见参数(No.3624)。 ④ 不可同时使用旋转轴的循环功能、分度台分度功能(M 系列)

续表5.8

ROSx	ROTx	含义
上述之外的情形	设定无效（禁止使用）	

（2）#3 DIAx：设定各轴的移动指令。

设定：0，半径指定；1，直径指定。

注意：FS0i－C 的情况下，为了实现直径指定指令的轴的移动量，不仅需要设定参数 DIAx（No.1006#3），还需要进行如下两个设定中任一个的变更。

① 将指令倍乘比（CMR）设定为 1/2（检测单位不变）。

② 将检测单位设定为 1/2，将柔性进给齿轮（DMR）设定为 2 倍。

相对于此，FS0i－D 的情况下，只要设定参数 DIAx（No.1006#3），CNC 就会将指令脉冲本身设定为 1/2，所以无须进行上述变更（不改变检测单位的情形）。另外，在将检测单位设定为 1/2 的情况下，将 CMR 和 DMR 都设定为 2 倍。

（3）#5 ZMIx：手动参考点返回方向。

设定：0，正方向；1，负方向。

6.**参数** 1007

1007	#7	#6	#5	#4	#3	#2	#1	#0
				GRDx			ALZx	RTLx

（1）#0 RTLx：若是旋转轴（A 类型）的情形，在参考点尚未建立的状态下，当按下减速挡块时执行手动返回参考点操作。

设定：0，以参考点返回速度 FL 速度运动；1，在伺服电动机的栅格建立之前，即使按下减速挡块，也不会成为参考点返回速度 FL 速度，而是以快速移动速度运动。

在快速移动速度下持续运动并在松开减速挡块后，在旋转轴旋转一周位置再次按下减速挡块，然后松开减速挡块，即完成参考点返回操作。

本参数为 0 时，若在尚未建立伺服电动机的栅格之前就松开减速挡块，则会有发出报警（PS0090）"未完成回参考点"。发生此报警时，请在使开始手动返回参考点操作的位置离开参考点足够距离的位置进行操作。

（2）#1 ALZx：自动返回参考点（G28）。

设定：0，通过定位（快速移动）返回到参考点，但是，在通电后尚未执行一次参考点返回操作的情况下，以与手动返回参考点操作相同的顺序执行参考点返回操作；1，以与手动返回参考点操作相同的顺序返回到参考点。

注意：① 本参数对无挡块参考点返回的轴没有影响。

② 在本参数的设定值为 1 的情况下，与减速挡块无关地以快速移动方式定位到参考点，或者进行使用减速挡块的参考点返回，依赖于参数 HJZx（No.1005#3）、SJZ（No.0002#7）的设定。

（3）#4 GRDx：进行绝对位置检测的轴，在机械位置和绝对位置检测器之间的位置对应尚未完成的状态下，进行无挡块参考点设定时，是否进行2次以上的设定。

设定：0，不进行；1，进行。

7.**参数** 1008

1008	#7	#6	#5	#4	#3	#2	#1	#0
			RMCx	SFDx		RRLx	RABx	ROAx

注意：在设定完此参数后，需要暂时切断电源。

(1)#0 ROAx：旋转轴的循环功能。

设定：0，无效；1，有效。

注意：ROAx仅对旋转轴(参数ROTx(No.1006#0)=1)有效。

(2)#1 RABx：绝对指令的旋转方向。

设定：0，假设为快捷方向；1，取决于指令轴的符号。

注意：RABx只有在参数ROAx等于1时才有效。

(3)#2 RRLx：相对坐标值。

设定：0，不以转动一周的移动量舍入；1，以转动一周的移动量舍入。

注意：①RRLx只有在参数ROAx等于1时才有效。

② 将转动一周的移动量设定在参数(No.1260)中。

(4)#4 SFDx：在基于栅格方式的参考点返回操作中，参考点位移功能。

设定：0，无效；1，有效。

(5)#5 RMCx：处在机械坐标系选择(G53)的情况下，用来设定旋转轴循环功能的绝对指令旋转方向的参数RABx(No.1008#1)。

设定：0，无效；1，有效。

8.**参数** 1012

1012	#7	#6	#5	#4	#3	#2	#1	#0
								IDGx

#0 IDGx：是否禁止通过无挡块参考点设定来再次设定参考点。

设定：0，不禁止；1，禁止(发出报警(PS0301))。

注意：参数IDG(No.1002#7)被设定为1时，IDGx有效。

使用无挡块参考点设定功能时，当由于某种原因而丢失了绝对位置检测中的使用的参考点时，再次通电后，会发生报警(DS0300)。此时，操作者若将其误认为是通常的参考点返回而执行参考点返回操作，则有可能设定错误的参考点。

为了防止这种错误的产生，系统内设有禁止再次设定无挡块参考点的参考点参数。

(1)将参数IDG(No.1002#7)设定为1时，在进行通过无挡块参考点设定的参考点设定时，禁止再次设定无挡块参考点的参数IDGx(No.1012#0)将被自动设定为1。

(2)在禁止再次设定无挡块参考点的轴中，当进行通过无挡块参考点设定的参考点设定操作时，会发生报警(PS0301)。

(3) 根据无挡块参考点设定，在再次进行参考点设定时，将 IDGx(No.1012＃0) 设定为 0，继而进行参考点设定的操作。

9.**参数** 1013

注意：在设定完此参数后，需要暂时切断电源。

(1) ＃0 ISAx、＃1 ISCx：各轴的设定单位见表 5.9。

表 5.9　各轴的设定单位

设定单位	＃1 ISCx	＃0 ISAx
IS－A	0	1
IS－B	0	0
IS－C	1	0

(2) ＃7 IESPx：设定单位为 IS－C 时，是否使用可以设定比以往更大的速度和加速度参数的功能。

设定：0，不使用；1，使用。

设定了本参数的轴，其设定单位为 IS－C 时，可以设定比以往更大的速度和加速度参数。

设定了本参数的轴，参数输入画面的小数点以下的位数显示被变更。在 IS－C 的情形下，小数点以下位数会比以往的少 1 位数。

10. **参数** 1014

1014	＃7	＃6	＃5	＃4	＃3	＃2	＃1	＃0
	CDMx							

注意：在设定完此参数后，需要暂时切断电源。

＃7 CDMx：是否将 Cs 轮廓控制轴作为假想 Cs 轴。

设定：0，否；1，是。

11. **参数** 1015

1015	＃7	＃6	＃5	＃4	＃3	＃2	＃1	＃0
	DWT	WIC		ZRL				

(1) ＃4 ZRL：在已经建立参考点时，自动返回参考点(G28) 中的、从中间点到参考点之间的刀具轨迹以及机械坐标定位(G53) 基于：

设定：0，非直线插补型定位；1，直线插补型定位。

注意：本参数在参数 LRP(No.1401＃1) 被设定为 1 时有效。

(2) ＃6 WIC：工件原点偏置量测量值直接输入。

设定：0，(M 系列) 不考虑外部工件原点偏置量，(T 系列) 只有所选的工件坐标系有效；1，(M 系列) 考虑外部工件原点偏置量，(T 系列) 所有的坐标系都有效。

注意：T 系列中，本参数为 0 时，只可以对所选中的工件坐标系或者外部工件坐标系进行工件原点偏置量测量值直接输入。对除此以外的工件坐标系进行工件原点偏置量测量值直接输入时，显示“写保护”告警。

(3) #7 DWT：以 P 来指定每秒暂停的时间时的设定单位。

设定：0，依赖于设定单位；1，不依赖于设定单位（1 ms）。

12. **参数** 1020

1020	各轴的程序名称

【数据范围】65 ～ 67，85 ～ 90。

轴名称（参数 No.1020）可以从 A、B、C、U、V、W、X、Y、Z 中任意（但 T 系列中 G 代码体系 A 的情形下不可使用 U、V、W）选择，见表 5.10。

表 5.10　**轴的程序名称**

名称	X	Y	Z	A	B	C	U	V	W
设定值	88	89	90	65	66	67	85	86	87

在 T 系列的 G 代码体系 A 中，轴名称使用 X、Y、Z、C 的轴，U、V、W、H 的指令，分别成为该轴的增量指令。

注意：

(1) T 系列的情况下使用 G 代码体系 A 时，无法将 U、V、W 作为轴名称来使用。

(2) 无法将相同的轴名称设定在多个轴中。

(3) 带有第 2 辅助功能（参数 BCD(No.8132 #2) = 1）的情况下，将指令第 2 辅助功能的地址（参数(No.3460)）使用于轴名称时，第 2 辅助功能无效。

(4) T 系列的情况下，在倒角 / 拐角 R 或者图纸尺寸直接输入中使用地址 C 或者 A 时（参数 CCR(No.3405 #4) 为 1 时），无法将地址 C 或者 A 作为轴名称使用。

(5) 在使用复合型车削固定循环（T 系列）时，成为对象的轴地址无法使用 XYZ 以外的字符。

13. **参数** 1022

1022	设定各轴为基本坐标系中的哪个轴

【数据范围】0 ～ 7。

设定各控制轴为基本坐标系的基本 3 轴 X、Y、Z 的哪个轴，或哪个所属平行轴，见表 5.11。

表 5.11　**轴的程序名称**

设定值	含义
0	旋转轴（非基本 3 轴也非平行轴）
1	基本 3 轴的 X 轴
2	基本 3 轴的 Y 轴

续表5.11

设定值	含义
3	基本 3 轴的 Z 轴
5	X 轴的平行轴
6	Y 轴的平行轴
7	Z 轴的平行轴

基本 3 轴 X、Y、Z 的设定，仅可针对其中的一个控制轴。

可以将 2 个或更多个控制轴作为相同基本轴的平行轴予以设定。

通常，设定为平行轴的轴的设定单位以及直径 / 半径指定的设定，将其设定为与基本 3 轴相同的设定。

14. **参数** 1023

1023	各轴的伺服轴号

注意：在设定完此参数后，需要暂时切断电源。

【数据范围】0 ～ 控制轴数。

此参数设定各控制轴与第几号伺服轴对应。通常将控制轴号与伺服轴号设定为相同值。控制轴号表示轴型参数和轴型机械信号的排列号。

(1) 进行 Cs 轮廓控制 / 主轴定位的轴，设定 －(主轴号) 作为伺服轴号。

【例】在第 4 控制轴中进行使用第 1 主轴的 Cs 轮廓控制时，设定 －1。

(2) 若是在串联控制轴及电子齿轮箱(以下简称“ EGB”) 控制轴的情形，需要将 2 轴设定为 1 组，因此，请按照下列方式设定。

① 串联轴：为主控轴设定奇数(1,3,5,7,…) 伺服轴号的其中一个。为成对的从控轴设定在主控轴的设定值上加 1 的值。

②EGB 轴：为从控轴设定奇数(1,3,5,7,…) 伺服轴号的其中一个。为成对的虚设轴设定在从控轴的设定值上加 1 的值。

15. **参数** 1031

1031	参考轴

【数据范围】1 ～ 控制轴数。

在空运行速度和 F1 位进给速度等所有轴通用的参数中，单位会有所不同，可以通过参数为每个轴选择设定单位，这样参数的单位与参考轴的设定单位相对应。设定将第几个轴作为参考轴使用。通常，将基本 3 轴中设定单位最细微的轴选为参考轴。

5.3.5　实训步骤

在表 5.12 中记录设定轴基本组参数。

表 5.12　轴基本组参数设定

基本组参数	轴号	设定值	含义
1008#0			
1008#2			
1020			
1022			
1023			
1829			
1006#3			
1006#5			
1825			
1826			

续表5.12

基本组参数	轴号	设定值	含义
1828			

5.3.6 思考题

数控机床与轴控制/设定单位相关的参数有哪些?

实训任务5.4 与坐标系相关的参数设定

与坐标系相关的参数设定

5.4.1 实训目标

(1) 了解与坐标系相关的参数。
(2) 掌握与坐标系相关的参数的设置。

5.4.2 实训内容

数控机床可以采用多个坐标系,进行这些坐标系的设定。

5.4.3 实训工具、仪器和器材

工具、仪器和器材:FANUC 0i Mate D数控系统、MDI面板。

5.4.4 实训指导

1. **参数**1201

	#7	#6	#5	#4	#3	#2	#1	#0
1201	WZR	NWS				ZCL		ZPR
	WZR					ZCL		ZPR

(1)#0 ZPR。在进行手动返回参考点操作时,是否进行自动坐标系设定。

设定:0,不进行;1,进行。

注意:ZPR在不带工件坐标系时(参数NWZ(No.8136#0)为1)有效;在带有工件坐标系时,不管本参数的设定如何,在进行手动返回参考点操作时,始终以工件原点偏置量(参数(No.1220 ~ 1226))为基准建立工件坐标系。

(2)#2 ZCL。在进行手动返回参考点操作时,是否取消局部坐标系。

设定:0,不予取消;1,予以取消。

注意:ZCL 在带有工件坐标系时(参数 NWZ(No.8136#0) 为 0) 有效。要使用局部坐标系(G52),需要将参数 NWZ(No.8136#0) 设定为 0。

(3)#6 NWS。是否显示工件坐标系偏移量画面。

设定:0,予以显示;1,不予显示。

注意:在没有显示工件坐标系偏移量设定画面的情况下,不可通过 G10P0 来改变工件坐标系偏移量。

(4)#7 WZR。当参数 CLR(No.3402#6) =0 时,通过 MDI 面板的 RESET(复位)键、外部复位信号、复位 & 倒带信号或紧急停止信号复位 CNC 时,将组号 14 的 G 代码:

设定:0,置于复位状态;1,不置于复位状态。

注意:参数 CLR(No.3402#6) =1 时,随参数 C14(No.3407#6) 而定。

2. **参数** 1202

	#7	#6	#5	#4	#3	#2	#1	#0
1202					RLC	G92	EWS	EWD
					RLC	G92		EWD

(1)#0 EWD。基于外部工件原点偏置量的坐标系的位移方向。

设定:0,随外部工件原点偏置量的符号而定;1,沿着与外部工件原点偏置量的符号相反的方向位移。

(2)#1 EWS。将外部工件原点偏置量设定为:

设定:0,有效;1,无效。

(3)#2 G92。带有工件坐标系(参数 NWZ(No.8136#0) 为 0) 时,在指令坐标系设定的 G 代码(M 系列为 G92、T 系列为 G50(G 代码体系 B、C 时为 G92)) 的情况下:

设定:0,不发出报警就执行;1,发出报警(PS0010) 而不予执行。

(4)#3 RLC。是否通过复位来取消局部坐标系。

设定:0,不予取消;1,予以取消。

注意:

① 参数 CLR(No.3402#6)=0 且参数 WZR(No.1201#7)=1 时,不管本参数的设定如何都将被取消。

② 参数 CLR(No.3402#6) =1 且参数 C14(No.3407#6) =0 时,不管本参数的设定如何都将被取消。

3. **参数** 1203

	#7	#6	#5	#4	#3	#2	#1	#0
1203								EMS

#0 EMS。扩展的外部机械原点位移功能。

设定:0,无效;1,有效。

注意:在将扩展的机械原点位移功能设定为有效的情况下,以往的外部机械原点位移功能将无效。

4. **参数** 1205

1205	#7	#6	#5	#4	#3	#2	#1	#0
			R2O	R1O				
	WTC		R2O	R1O				

(1)#4 R1O。参考点位置的信号输出。

设定:0,无效;1,有效。

(2)#5 R2O。第 2 参考点位置的信号输出。

设定:0,无效;1,有效。

(3)#7 WTC。预置工件坐标系时,是否清除刀具长度补偿量。

设定:0,予以清除;1,不予清除。

设定本参数时,可以不用取消刀具长度补偿方式进行 G 代码指令、MDI 的操作,或者基于各轴工件坐标系预置信号的工件坐标系预置。如图 5.17 所示进行手动干预时,创建偏移了相当于手动干预量的 WZn 的坐标系,之后,即使预置坐标系,刀具长度补偿量仍保持不变,预置为原先的 WZo 的坐标系。

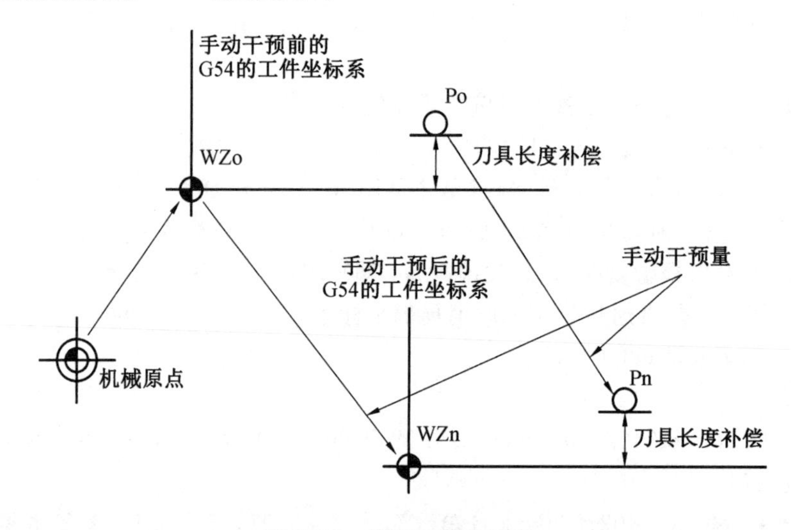

图 5.17　预置工件坐标系

5. **参数** 1206

1206	#7	#6	#5	#4	#3	#2	#1	#0
							HZP	

#1 HZP。高速手动返回参考点时,是否进行坐标系的预置。

设定:0,予以进行;1,不予进行(FS0i－C 兼容规格)。

注意:本参数在不使用工件坐标系的情形(参数 NWZ(No.8136#0)＝1)且参数

ZPR(No.1201＃0)＝0 时有效。

6. **参数** 1207

1207	＃7	＃6	＃5	＃4	＃3	＃2	＃1	＃0
								WOL

＃0 WOL。工件原点偏置量测量值直接输入的计算方式。

设定:0,在刀具长度补偿量中设定与基准刀具之差分的机械中,在安装有基准刀具的状态下测量／设定刀具原点偏置量(基准刀具的刀具长度假设为0);1,在刀具长度补偿量中设定刀具长度本身的机械中,在对应于所安装刀具的刀具长度补偿处在有效的状态下,考虑了刀具长度后测量／设定工件原点偏置量。

注意:只有在 M 系列中参数 DAL(No.3104＃6)＝1 的情况下,本参数设定有效。在除此以外的条件下,将本参数设定为 1 时,操作与将本参数设定为 0 时相同的动作。

7. **参数** 1220

1220	各轴的外部工件原点偏置量

【数据单位】mm、in、(°)(输入单位)。

【数据最小单位】取决于该轴的设定单位。

【数据范围】最小设定单位的 9 位数(若是 IS－B, 其范围为－999 999.999～＋999 999.999)。

这是赋予工件坐标系(G54～G59)的原点位置的一个参数,相对于工件原点偏置量在各工件坐标系都不相同,该参数赋予所有坐标系以共同的偏置量。可以利用外部数据输入功能从 PMC 设定数值。

8. **参数** 1240

1240	第 1 参考点在机械坐标系中的坐标值

注意:在设定完此参数后,需要暂时切断电源。

【数据单位】mm、in、(°)(机械单位)。

【数据最小单位】取决于该轴的设定单位。

【数据范围】最小设定单位的 9 位数(若是 IS－B, 其范围为－999 999.999～＋999 999.999)。

此参数设定第 1 参考点在机械坐标系中的坐标值。

9. **参数** 1250

1250	进行自动坐标系设定时的参考点的坐标系

【数据单位】mm、in、(°)(输入单位)。

【数据最小单位】取决于该轴的设定单位。

【数据范围】最小设定单位的 9 位数（若是 IS－B，其范围为 －99 9999.999～＋999 999.999）。

此参数设定在进行自动坐标系设定时各轴的参考点的坐标系。

10. **参数** 1260

1260	旋转轴转运一周的移动量

注意：在设定完此参数后，需要暂时切断电源。

【数据单位】(°)。

【数据最小单位】取决于该轴的设定单位。

【数据范围】0 或正的最小设定单位的 9 位数。

对旋转轴，设定转动一周的移动量；对进行圆柱插补的旋转轴，设定标准设定值。

5.4.5 实训步骤

进行坐标系相关参数设定，将相关数据记录于表 5.13 中。

表 5.13 坐标系相关参数设定

基本组参数	轴号	设定值	含义
1201			
1202			
1203			
1205			
1206			
1207			

续表5.13

基本组参数	轴号	设定值	含义
1220			
1240			
1250			
1260			

5.4.6 思考题

数控机床与坐标系相关的参数有哪些？

实训任务 5.5 与存储行程检测相关的参数设定

与存储行程检测相关的参数设定

5.5.1 实训目标

(1) 了解与存储行程检测相关的参数。
(2) 掌握与存储行程检测相关的参数的设定。

5.5.2 实训内容

数控机床的进给轴运动由于限制往往存在一定的限定范围，以确保机床工作在有效范围之内，设置这一行程。

5.5.3 实训工具、仪器和器材

工具、仪器和器材：FANUC 0i Mate D 数控系统、MDI 面板。

5.5.4 实训指导

1. **参数** 1300

1300	#7	#6	#5	#4	#3	#2	#1	#0
	BFA	LZR	RL3			LMS	NAL	OUT

(1)#0 OUT。在存储行程检测 2 中：

设定:0,将内侧设定为禁止区;1,将外侧设定为禁止区。

(2)#1 NAL。手动运行中,刀具进入到存储行程限位 1 的禁止区域时：

设定:0,发出报警,使刀具减速后停止;1,不发出报警,相对 PMC 输出行程限位到达信号,使刀具减速后停止。

注意:刀具通过自动运行中的移动指令进入到存储行程限位 1 的禁止区域时,即使在将本参数设定为 1 的情况下,也会发出报警,并使刀具减速后停止。

(3)#2 LMS。将存储行程检测 1 切换信号 EXLM 设定为：

设定:0,无效;1,有效。

参数 DLM(No.1301#0) 被设定为 1 时,存储行程检测 1 切换信号 EXLM < G007.6 > 将无效。

(4)#5 RL3。将存储行程检测 3 释放信号 RLSOT3 设定为：

设定:0,无效;1,有效。

(5)#6 LZR。“刚刚通电后的存储行程限位检测”有效(参数 DOT(No.1311#0) = 1) 时,在执行手动参考点返回操作之前,是否进行存储行程检测。

设定:0,予以进行;1,不予进行。

(6)#7 BFA。发生存储行程检测 1,2,3 的报警时,以及在路径间干涉检测功能(T 系列) 中发生干涉报警时,以及在卡盘尾架限位(T 系列) 中发生报警时。

设定:0,刀具在进入禁止区后停止;1,刀具停在禁止区前。

2. **参数** 1301

1301	#7	#6	#5	#4	#3	#2	#1	#0
	PLC	OTS		OF1		NPC		DLM

(1)#0 DLM。将不同轴向存储行程检测切换信号 +EXLx 和 −EXLx 设定为：

设定:0,无效;1,有效。

本参数被设定为 1 时,存储行程检测 1 切换信号 EXLM < G007#6 > 将无效。

(2)#2 NPC。在移动前行程限位检测中,是否检查 G31(跳过)、G37(刀具长度自动测量(M 系列)/ 自动刀具补偿(T 系列)) 的程序段的移动。

设定:0,进行检查;1,不进行检查。

(3)#4 OF1。在存储行程检测 1 中,发生报警后轴移动到可移动范围时：

设定:0,在进行复位之前,不解除报警;1,立即解除 OT 报警。

注意:在下列情况下,自动解除功能无效。要解除报警,需要执行复位操作。

① 在超过存储行程限位前发生报警的设定(参数 BFA(No.1300#7)=1)时。

② 发生其他的超程报警(存储行程检测 2,3、干涉检测等)时。

(4)#6 OTS。发生超程报警时:

设定:0,不向 PMC 输出信号;1,向 PMC 输出超程报警中信号。

(5)#7 PLC。是否进行移动前行程检测。

设定:0,不进行;1,进行。

3. **参数** 1320、1321

1320	各轴的存储行程限位 1 的正向坐标值 1
1321	各轴的存储行程限位 1 的负向坐标值 1

【数据单位】mm、in、(°)(机械单位)。

【数据最小单位】取决于该轴的设定单位。

【数据范围】最小设定单位的 9 位数。

此参数为每个轴设定在存储行程检测 1 的正方向以及负方向的机械坐标系中的坐标值。

注意:

① 直径指定的轴,以直径值来设定。

② 用参数(No.1320、No.1321)设定的区域外侧为禁止区。

5.5.5 实训步骤

进行存储行程检测相关参数设定,填写到表 5.14 中。

表 5.14 存储行程检测相关的参数设定

基本组参数	轴号	设定值	含义
1300			
1304			
1320			
1321			

5.5.6 思考题

数控机床与存储行程检测相关的参数有哪些?

实训任务 5.6 与加减速控制相关的参数

5.6.1 实训目标

与加减速控制相关的参数

(1) 了解与加减速控制相关的参数。
(2) 掌握与加减速控制相关的参数的设定。

5.6.2 实训内容

数控机床在加工不同曲面时,往往进给和切削速度不一样,机床在进给和切削中需要进行加减速控制,因此需了解与加减速控制相关的参数设定。

5.6.3 实训工具、仪器和器材

工具、仪器和器材:FANUC 0i Mate D 数控系统、MDI 面板。

5.6.4 实训指导

1. **参数** 1601

1601	#7	#6	#5	#4	#3	#2	#1	#0
			NC1	RTO				

(1) #4 RTO。是否在快速移动程序段间进行程序段重叠。
设定:0,不进行;1,进行。
(2) #5 NCI。到位检查。
设定:0,确认减速时指令速度为 0(加 / 减速的迟延为 0) 的情况,还可以确认机械位置已经到达指令位置(伺服的位置偏差量落在参数(No.1826) 中所设定的到位宽度范围内) 的情况;1,仅确认减速时指令速度为 0 时(加 / 减速的迟延为 0) 的情况。

2. **参数** 1602

1602	#7	#6	#5	#4	#3	#2	#1	#0
		LS2			BS2			

(1) #3 BS2。先行控制 /AI 先行控制 /AI 轮廓控制方式等插补前加 / 减速方式中的插补后加 / 减速为:
设定:0,指数函数型或直线加 / 减速(取决于参数 LS2(No.1602#6) 的设定);1,铃型

加 / 减速。

(2) #6 LS2。先行控制 /AI 先行控制 /AI 轮廓控制方式等插补前加 / 减速方式中的插补后加 / 减速为：

设定:0,指数函数型加 / 减速;1,直线加 / 减速。

1602 参数加 / 减速设定见表 5.15。

表 5.15　加 / 减速设定

BS2	LS2	加 / 减速
0	0	插补后指数函数型加 / 减速
0	1	插补后直线型加 / 减速
1	0	插补后铃型加 / 减速(需要有"切削进给插补后铃型加 / 减速"的选项)

3. **参数** 1603

1603	#7	#6	#5	#4	#3	#2	#1	#0
				PRT				

#4 PRT。直线插补型定位的快速移动加 / 减速采用。

设定:0,加速度恒定型;1,时间恒定型。

4. **参数** 1606

1606	#7	#6	#5	#4	#3	#2	#1	#0
								MNJx

#0 MNJx。通过手动手轮中断。

设定:0,仅使切削进给加 / 减速有效,使 JOG 进给加 / 减速无效;1,对切削进给加 / 减速和 JOG 进给加 / 减速都应用加 / 减速。

5. **参数** 1610

1610	#7	#6	#5	#4	#3	#2	#1	#0
			THLx	JGLx			CTBx	CTLx
				JGLx			CTBx	CTLx

(1) #0 CTLx。切削进给或空运行的加 / 减速采用。

设定:0,指数函数型加 / 减速;1,直线加 / 减速。

注意:使用插补后铃型加 / 减速的情况下,将本参数设定为 0,通过参数 CTBx(No. 1610#1) 来选择插补后铃型加 / 减速。

(2) #1 CTBx。切削进给或空运行的加 / 减速采用。

设定:0,指数函数型,或直线加 / 减速(取决于参数 CTLx(No.1610#0) 的设定);1,铃型加 / 减速。

1610 参数加 / 减速类型设定见表 5.16。

注意:本参数只有在带有“切削进给插补后铃型加 / 减速功能”时有效,不带该功能时,不管本参数设定如何,都成为取决于参数 CTLx(No.1610#0) 设定的加 / 减速。

表 5.16　加 / 减速类型

参数		加 / 减速
CTBx	CTLx	
0	0	指数函数型加 / 减速
0	1	插补后直线型加 / 减速
1	0	插补后铃型加 / 减速

(3)#4 JGLx。JOG 进给的加 / 减速采用。

设定:0,指数函数型加 / 减速;1,与切削进给相同的加 / 减速(取决于参数 CTBx、CTLx(No.1610#1,#0))。

(4)#5 THLx。螺纹切削循环中的加 / 减速采用。

设定:0,指数函数型加 / 减速;1,与切削进给相容的加 / 减速(取决于参数 CTBx、CTLx(No.1610#1,#0))。

时间常数和 FL 速度使用螺纹切削循环的参数(No.1626,No.1627)。

6. **参数** 1611

1611	#7	#6	#5	#4	#3	#2	#1	#0
						AOFF		CFR
						AOFF		

(1)#0 CFR。在螺纹切削循环 G92、G76 中,完成螺纹切削后的回退动作。

设定:0,属于螺纹切削时的插补后加 / 减速类型,使用螺纹切削的时间常数(参数(No.1626))、FL 速度(参数(No.1627));1,属于快速移动的插补后加 / 减速类型,使用快速移动的时间常数。

(2)#2 AOFF。先行控制 /AI 先行控制 /AI 轮廓控制方式断开时,利用参数使先行前馈功能:

设定:0,有效;1,无效。

7. **参数** 1620

1620	每个轴的快速移动直线加 / 减速的时间常数(T) 每个轴的快速移动铃型加 / 减速的时间常数(T_1)

【数据单位】ms。

【数据范围】0 ～ 4 000。

此参数为每个轴设定快速移动的加 / 减速时间常数。

直线加 / 减速方式如图 5.18 所示。

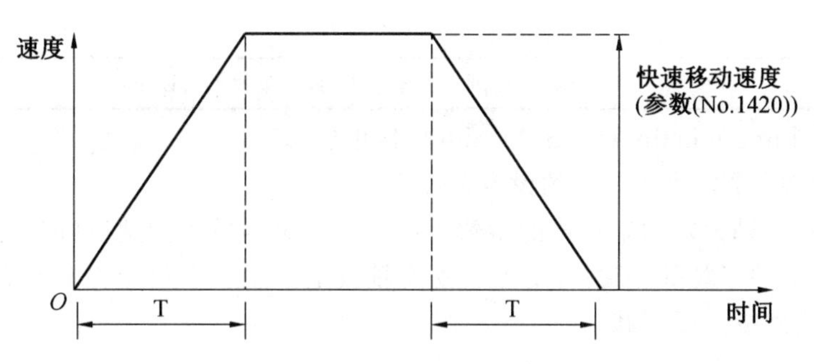

图 5.18　直线加 / 减速方式

T— 参数（No.1620）的设定值

铃型加 / 减速方式如图 5.19 所示。

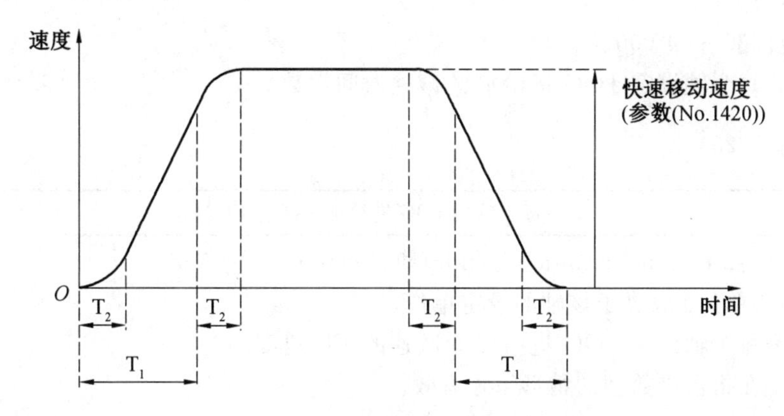

图 5.19　铃型加 / 减速方式

T1— 参数（No.1620）的设定值；T2— 参数（No.1621）的设定值（但设定为 T1 ⩾ T2）；总加速（减速）时间 —T1＋T2；直线部分的时间，T1－T2；曲线部分的时间 —T2 × 2

8. **参数** 1622

1622	每个轴的切削进给加 / 减速时间常数

【数据单位】ms

【数据范围】0 ～ 4 000。

此参数为每个轴设定切削进给的指数函数型加 / 减速、插补后铃型加 / 减速或插补后直线加 / 减速时间常数。用参数 CTLx、CTBx（No.1610＃0，＃1）来选择使用哪个类型。此参数除了特殊用途外，务必为所有轴设定相同的时间常数。若设定不同的时间常数，就不可能得到正确的直线或圆弧形状。

9. **参数** 1623

1623	每个轴的切削进给插补后加 / 减速的 FL 速度

【数据单位】mm/min、in/min、(°)/min(机械单位)。

【数据最小单位】取决于该轴的设定单位。

此参数为每个轴设定切削进给的指数函数型加 / 减速的下限速度(FL 速度)。

注意:此参数除了特殊用途外,务必为所有轴设定 0 值。若设定 0 以外的值,就不可能得到正确的直线或圆弧形状。

10. **参数** 1624

1624	每个轴的 JOG 进给加 / 减速时间常数

【数据单位】ms。

【数据范围】0 ～ 4 000。

此参数为每个轴设定 JOG 进给加 / 减速时间常数。

11. **参数** 1625

1625	每个轴的 JOG 进给加 / 减速 FL 速度

【数据单位】mm/min、in/min、(°)/min(机械单位)。

【数据最小单位】取决于该轴的设定单位。

此参数为每个轴设定 JOG 进给加 / 减速的 FL 速度。

本参数是在指数函数型的情形下才有效。

12. **参数** 1626

1626	每个轴的螺纹切削循环中的加 / 减速时间常数

【数据单位】ms。

【数据范围】0 ～ 4 000。

此参数为每个轴设定螺纹切削循环 G92、G76 中的插补后加 / 减速时间常数。

13. **参数** 1627

1627	每个轴的螺纹切削循环加 / 减速的 FL 速度

【数据单位】mm/min、in/min、(°)/min(机械单位)。

【数据最小单位】取决于该轴的设定单位。

此参数为每个轴设定螺纹切削循环 G92、G76 中的插补后加 / 减速的 FL 速度。除了特殊情况外,都将其设定为 0。

5.6.5 实训步骤

在表 5.17 中写出与加 / 减速相关的参数及其设定值。

表 5.17 与加减速相关参数及其设定值

基本组参数	轴号	设定值	基本组参数	轴号	设定值

5.6.6 思考题

数控机床与加减速控制相关的参数有哪些？

实训任务 5.7 与程序和螺补相关的参数

与程序和螺补相关的参数

5.7.1 实训目标

(1) 了解与程序和螺补相关的参数。

(2) 掌握与程序和螺补相关的参数的设定。

5.7.2 实训内容

加工程序相关参数直接关系着机床在加工时的精度，而通过螺补，可以提高机床 的加工精度，那么数控机床中与程序和螺补相关的参数有哪些呢？

5.7.3 实训工具、仪器和器材

工具、仪器和器材：FANUC 0i Mate D 数控系统、MDI 面板。

5.7.4 实训指导

1. **参数** 3403

3403	#7	#6	#5	#4	#3	#2	#1	#0
			CIR					

#5 CIR。在圆弧插补(G02,G03)指令、螺旋插补(G02,G03)指令中,在没有指定从起点到中心的距离(I,J,K)和圆弧半径(R)时:

设定:0,以直线插补方式移动到终点;1,发出报警(PS0022)。

2. **参数** 3601

3601	#7	#6	#5	#4	#3	#2	#1	#0
							EPC	

注意:在设定完此参数后,需要暂时切断电源。

#1 EPC。至主轴简易同步中(M 系列)从控主轴一侧 Cs 轮廓控制轴的螺补量:

设定:0,设定为与主控主轴相同;1,设定为从控主轴专用。

3. **参数** 3620

3620	每个轴的参考点的螺补点号

注意:在设定完此参数后,需要暂时切断电源。

【数据范围】0 ～ 1 023。

此参数为每个轴设定对应于参考点的螺补点号。

4. **参数** 3621

3621	每个轴的最靠近负侧的螺补点号

注意:在设定完此参数后,需要暂时切断电源。

【数据范围】0 ～ 1 023。

此参数为每个轴设定最靠近负侧的螺补点号。

5. **参数** 3622

3622	每个轴的最靠近正侧的螺补点号

【数据范围】0 ～ 1 023。

此参数为每个轴设定最靠近正侧的螺补点号。需要设定比参数(No.3620)的设定值更大的值。

6. **参数** 3623

3623	每个轴的螺补倍率

注意:在设定完此参数后,需要暂时切断电源。

【数据范围】0 ～ 100。

此参数为每个轴设定螺补倍率。

设定 1 作为螺补倍率时,补偿数据的单位与检测单位相同;设定 0 作为螺补倍率时,不予补偿。

7. **参数** 3624

3624	每个轴的螺补点间隔

注意:在设定完此参数后,需要暂时切断电源。

【数据单位】mm、in、(°)(机械单位)。

【数据最小单位】取决于该轴的设定单位。

【数据范围】参阅下列内容:

螺补的补偿点为等间隔。

螺补点的间隔有最小值限制,通过下式确定:

螺补点间隔的最小值 = 最大进给速度 /7 500

单位:螺补点间隔的最小值:mm,in,(°)

最大进给速度:mm/min,in/min,(°)/min

【例】最大进给速度为 15 000 mm/min 时,螺补点的间隔的最小值为15 000/7 500 = 2 mm。

8. **参数** 3625

3625	旋转轴型螺补的每转动一周的移动量

注意:在设定完此参数后,需要暂时切断电源。

【数据单位】mm、in、(°)(机械单位)。

【数据最小单位】取决于该轴的设定单位。

【数据范围】参阅下列内容:

若是进行旋转轴型螺补的轴(参数 ROSx(No.1006#1) = 0、参数 ROTx(No.1006#0) = 1),为每个轴设定每转动一周的移动量。每转动一周的移动量不必为 360°,可以设定旋转轴型螺补的周期。

但是,每转动一周的移动量、补偿间隔和补偿点数,必须满足下面的关系:

每转动一周的移动量 = 补偿间隔 × 补偿点数

为使每转动一周的补偿量的和必定等于 0,还需要设定每个补偿点中的补偿量。

注意:设定值为 0 时,设定一个 360° 的角度。

5.7.5 实训步骤

将与程序和螺补相关参数填写在表 5.18 中。

表 5.18 与程序和螺补相关参数

基本组参数	轴号	设定值	含义
3401			
3403			
3601			
3620			
3621			
3622			
3623			
3624			
3625			

5.7.6 思考题

数控机床与程序和螺补相关的参数有哪些？

项目 6 数控机床 PMC 的编写与调试

项目引入

PLC 用于通用设备的自动控制，称为可编程控制器。PLC 用于数控机床的外围辅助电气的控制，称为可编程序机床控制器，在 FANUC 数控系统中通常将其称为 PMC，FANUC PMC 是典型的与 CNC 集成在一起的内装式 PLC，其 CPU 和存储器就在 CNC 控制单元的主板上，是 FANUC 数控系统机床上用于控制系统与机床外围动作的程序。

数控机床故障多发于外围行程、限位开关等外围信号检测电路上，维修人员若能够掌握 PMC 控制技术，它将会是数控机床维修道路上一个有力的解决问题的工具，利用 PMC 技术可以解决诊断机床故障是硬件部分故障还是软件部分故障，解决机床外围动作不能够执行的故障，解决因为外围检测信号元器件故障导致的报警，解决常见的换刀故障。

项目目标

(1) 学生应了解和掌握 FANUC PMC 的含义、工作原理、功能指令、程序的结构和执行等，在实际生产中，能够正确查阅 BEI JING FANUC PMC MODEL PA1/SA1/SA3 梯形图语言编程说明书等，理解数控机床工作方式控制、速度倍率控制、自动运行控制、手动运行控制、主轴控制、锁住功能控制、程序校验控制、硬件超程和急停控制、辅助电动机控制、外部报警和操作信息控制和自动换刀 PMC 控制等功能。

(2)PMC 控制过程和编写与调试方法能够通过 PMC 来诊断和排除数控机床常见的故障，保证数控机床的正常使用，提高企业数控机床的利用率。

(3) 使得学生们具有从事数控机床电气装调、机床装调维修工等职业的素质和技能，以及从事相关岗位的职业能力和可持续发展能力。

(4) 在 FANUC 数控机床 PMC 编写与调试学习中，重点培育学生严谨、求真务实、实践创新、精益求精的精神，培养学生踏实严谨，吃苦耐劳、追求卓越等优秀品质，使学生成长为具有专业知识技能、新时代工匠精神、科学精神、爱国奉献的自动化高素质技能人才。

项目任务

分配数控机床 I/O Link 的连接与 I/O 单元地址，对数控机床安全保护、数控机床工作方式、主轴控制、进给轴与返参控制等功能 PMC 编写与调试。

实训任务 6.1　FANUC 数控机床 PMC 认识

6.1.1　实训目标

(1) 掌握 PLC 含义。
(2) 了解 PLC 在数控机床中的应用形式。
(3) 掌握 PLC 与数控系统及数控机床间的信息交换。
(4) 掌握 PLC 在数控机床中的工作流程。
(5) 掌握 PLC 与数控机床外围电路的关系。
(6) 掌握 FANUC 数控系统 PMC 地址类型及作用。
(7) 掌握 FANUC 数控系统 PMC 各信号的意义。
(8) 掌握 FANUC 数控系统 PMC 信号中带“*”的含义。
(9) 掌握 FANUC 数控系统 PMC 循环执行过程。

FANUC 数控机床 PMC 认识

6.1.2　实训内容

可编程逻辑控制器是一种专门为在工业环境下应用而设计的数字运算操作电子系统。它采用可编程的存储器，在其内部存储、执行逻辑运算、顺序控制、定时、计数和算术运算等操作的指令，通过数字式或模拟式的输入输出来控制各种类型的机械设备或生产过程。

PMC 工作原理如图 6.1 所示。

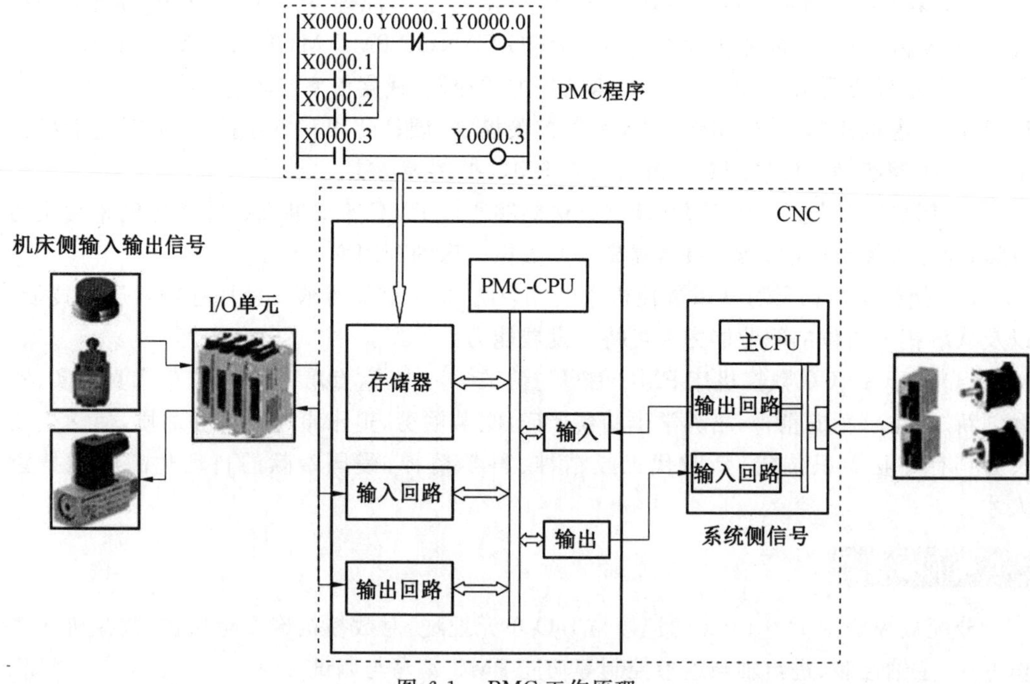

图 6.1　PMC 工作原理

6.1.3 实训工具、仪器和器材

工具、仪器和器材:FANUC 数控机床。

6.1.4 实训指导

1. PLC 在数控机床中的应用

(1)PLC 在数控机床中的应用形式。

PLC 在数控机床中应用通常有两种形式,一种是内装式,另一种是独立式。

内装式 PLC 也称为集成式 PLC,采用这种方式的数控系统,在设计之初就将 NC 和 PLC 结合起来考虑,NC 和 PLC 之间的信号传递是在内部总线的基础上进行的,因而有较高的交换速度和较宽的信息通道。它们可以共用一个 CPU 也可以使用单独的 CPU,这种结构从软硬件整体上考虑,PLC 和 NC 之间没有多余的导线连接,增加了系统的可靠性,而且 NC 和 PLC 之间易实现许多高级功能。PLC 中的信息也能通过 CNC 的显示器进行显示,这种方式对于系统的使用具有较大的优势。内装式 PLC 的 CNC 机床系统框图如图 6.2 所示。

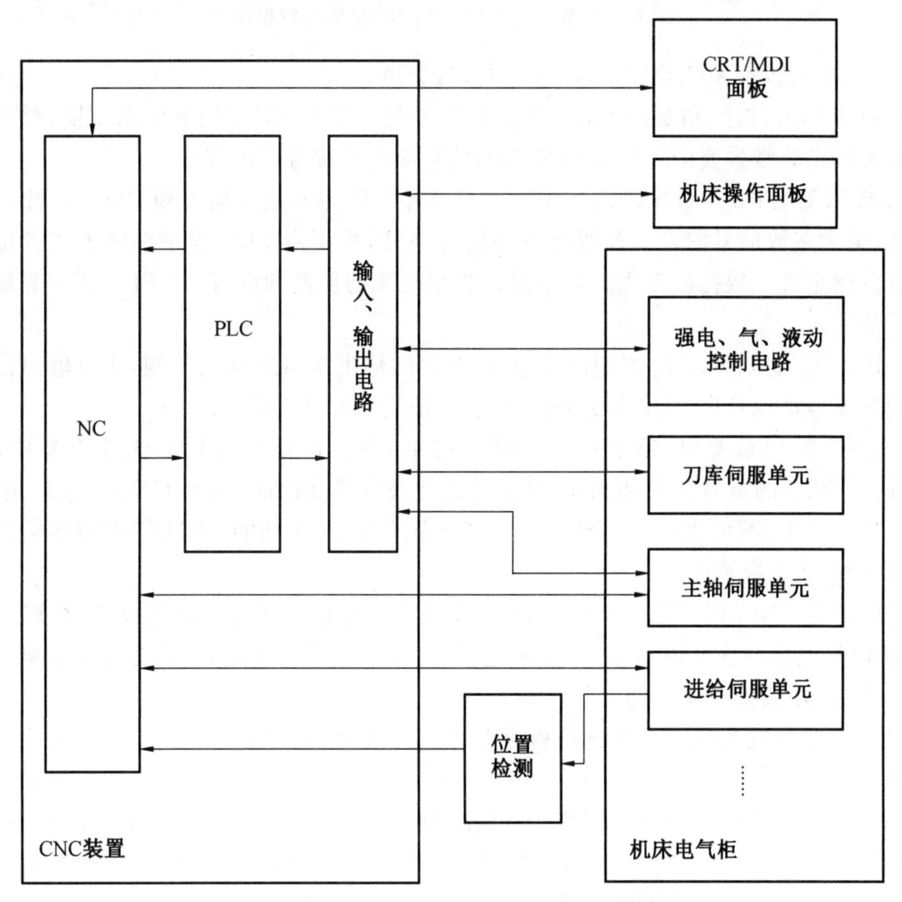

图 6.2 内装式 PLC 的 CNC 机床系统框图

独立式 PLC 也称为外装式 PLC，它独立于 NC 装置，是具有独立完成控制功能的 PLC。在采用这种应用方式时，可根据用户自己的特点，选用不同专业 PLC 厂商的产品，并且可以更为方便地对控制规模进行调整。独立式 PLC 的 CNC 机床系统框图如图 6.3 所示。

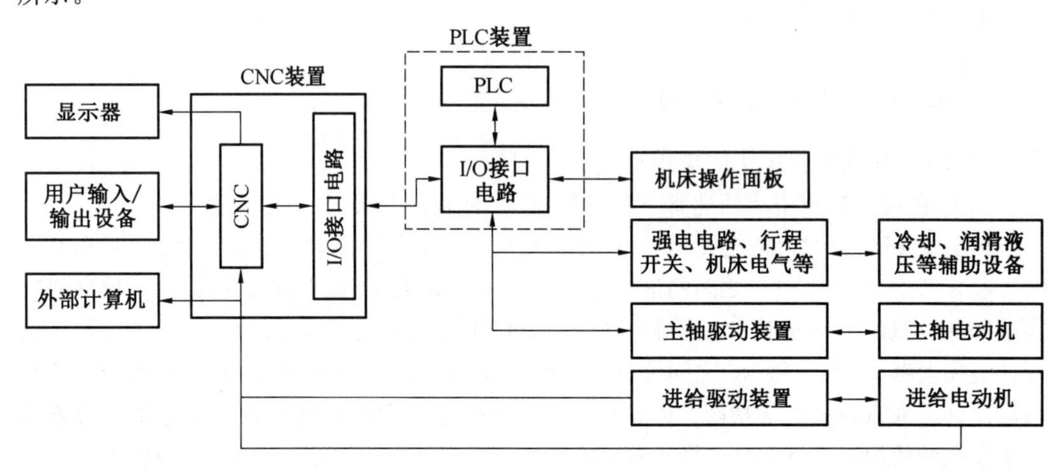

图 6.3　独立式 PLC 的 CNC 机床系统框图

(1)PLC 与数控系统及数控机床间的信息交换。

相对于 PLC，机床和 NC 就是外部。PLC 与机床以及 NC 之间的信息交换，对于 PLC 的功能发挥是非常重要的。PLC 与外部的信息交换通常有四个部分：

① 机床侧至 PLC：机床侧的开关量信号通过 I/O 单元接口输入到 PLC 中，除极少数信号外，绝大多数信号的含义及所配置的输入地址，均可由 PLC 程序编制者或者是程序使用者自行定义。数控机床生产厂家可以根据机床的功能和配置，对 PLC 程序和地址分配进行修改。

②PLC 至机床：PLC 的控制信号通过 PLC 的输出接口送到机床侧，所有输出信号的含义和输出地址也是由 PLC 程序编制者或者是使用者自行定义。

③CNC 至 PLC：CNC 送至 PLC 的信息可由 CNC 直接送入 PLC 的寄存器中，所有 CNC 送至 PLC 的信号含义和地址(开关量地址或寄存器地址)均由 CNC 厂家确定，PLC 编程者只可使用，不可改变和增删。如数控指令的 M、S、T 功能，通过 CNC 译码后直接送入 PLC 相应的寄存器中。

④PLC 至 CNC：PLC 送至 CNC 的信息也由开关量信号或寄存器完成，所有 PLC 送至 CNC 的信号地址与含义由 CNC 厂家确定，PLC 编程者只可使用，不可改变和增删。

(3)PLC 在数控机床中的工作流程。

PLC 在数控机床中的工作流程和通常的 PLC 工作流程基本上是一致的，分为以下几个步骤：

① 输入采样：输入采样就是 PLC 以顺序扫描的方式读入所有输入端口的信号状态，并将此状态读入到输入映象寄存器中。当然，在程序运行周期中这些信号状态是不会变化的，除非一个新的扫描周期的到来，并且原来端口信号状态已经改变，读到输入映象寄存器的信号状态才会发生变化。

② 程序执行:在程序执行阶段,系统会对程序进行特定顺序的扫描,并且同时读入输入映像寄存区、输出映像寄存区的相关数据,在进行相关运算后,将运算结果存入输出映像寄存区供输出和下次运行使用。

③ 输出刷新:在所指令执行完成后,输出映像寄存区的所有输出继电器的状态(接通/断开)在输出刷新阶段转存到输出锁存器中,通过特定方式输出,驱动外部负载。

(4)PLC 在数控机床中的控制功能。

① 操作面板的控制。操作面板分为系统操作面板和机床操作面板。系统操作面板的控制信号先是进入 NC,然后由 NC 送到 PLC,控制数控机床的运行。机床操作面板的控制信号,直接进入 PLC,控制数控机床的运行。

② 机床外部开关输入信号。将机床侧的开关信号输入到 PLC,进行逻辑运算。这些开关信号包括很多检测元件信号(如行程开关、接近开关、模式选择开关等)。

③ 输出信号控制。PLC 输出信号经外围控制电路中的继电器、接触器、电磁阀等输出给控制对象。

④ 功能实现。系统送出 T 指令给 PLC,经过译码在数据表内检索,找到 T 代码指定的刀号,并与主轴刀号进行比较。如果不符,发出换刀指令,刀具换刀,换刀完成后,系统发出完成信号。

⑤M 功能实现。系统送出 M 指令给 PLC,经过译码输出控制信号,控制主轴正反转和启动停止等。M 指令完成,系统发出完成信号。

2. PLC 与数控机床外围电路的关系

(1)PLC 对外围电路的控制。

数控机床通过 PLC 对机床的辅助设备进行控制,PLC 通过对外围电路的控制来实现对辅助设备的控制。PLC 接受 NC 的控制信号以及外部反馈信号,经过逻辑运算、处理将结果以信号的形式输出。输出信号从 PLC 的输出模块输出,有些信号经过中间继电器控制接触器,然后控制具体的执行机构动作,从而实现对外围辅助机构的控制。有些信号不需要通过中间环节的处理直接用于控制外部设施,比如有些直接用低压电源驱动的设备(如面板上的指示灯)。也就是说每一个外部设备(使用 PLC 控制的)都是由 PLC 的控制信号来控制的,每一个外部设备(使用 PLC 控制的)都在 PLC 中和一个 PLC 输出地址相对应。

PLC 对外围设备的控制,不仅仅是要输出信号控制设备、设施的动作,还要接收外部反馈信号,以监控这些设备、设施的状态。在数控机床中,用于检测机床状态的设备或元件主要有温度传感器、振动传感器、行程开关、接近开关等。这些检测信号有些是可以直接输入到 PLC 的输入端口,有些必须要经过一些中间环节才能够输入到 PLC 的输入端口。

无论是输入还是输出,PLC 都必须要通过外围电路才能够控制机床的辅助设施的动作。在 PLC 和外围电路的关系中,最重要的一点就是外部信号和 PLC 内部信号处理的对应。这种对应关系就是前面所说的地址分配,即将每一个 PLC 中地址和外围电路每一路信号相对应。这个工作是在机床生产过程中,编制和该机床相对应的 PLC 程序时,由

PLC程序编制工程师定义。当然做这样的定义必须遵循必要的规则,以使PLC程序符合系统的要求。

(2)PLC输出信号控制相关的执行元件。

我们知道在数控机床中,不仅仅是输入信号和外部电路涉及对应关系,输出信号和外围控制电路以及要驱动的设备之间也存在对应关系。在设计PLC的程序时,必须要考虑数控机床会用到哪些设备,哪些设备是可以由PLC直接驱动的,哪些设备必须经过继电器、接触器等中间环节才能够驱动,以及这些设备的控制信号通过哪个地址号输出。在使用数控机床过程中,我们可以通过阅读电气手册,熟悉机床设施的控制运行方式,方便后继维护机床。

3. FANUC数控系统PMC

(1)PMC的程序结构。

图6.4为FANUC 0i－D数控系统PMC程序结构图,PMC程序通常由第1级程序、第2级程序、第3级程序和子程序组成。

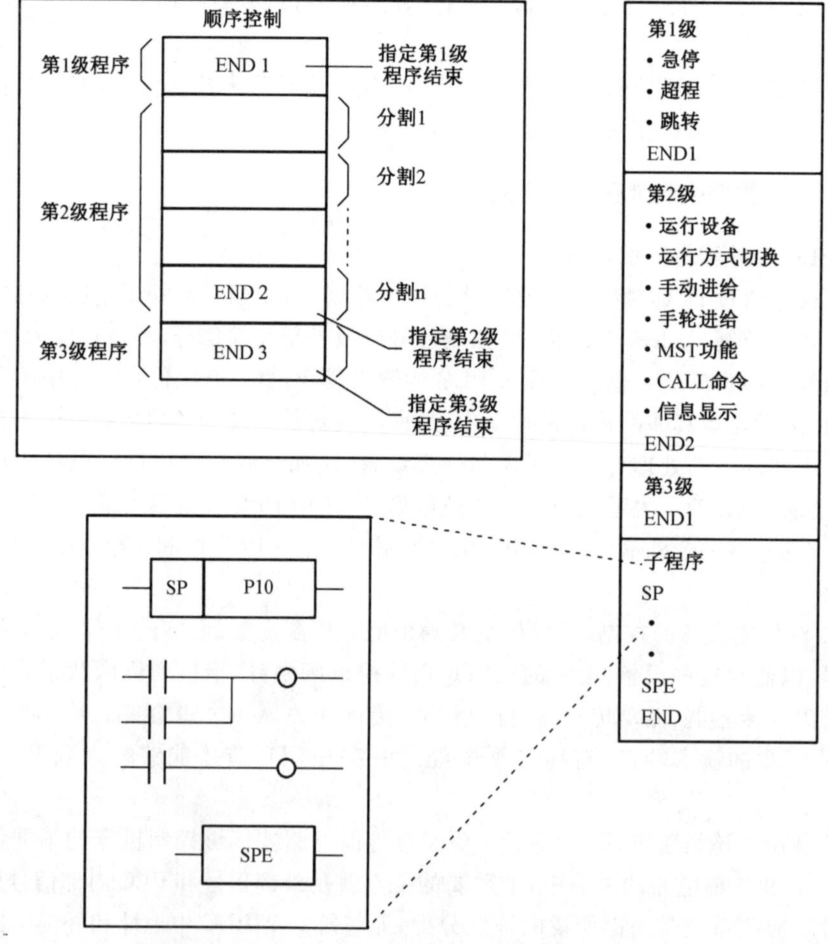

图6.4 FANUC 0i－D数控系统PMC程序结构图

第 1 级程序是从程序开始到 END1 命令之间的程序，系统在每个梯形图执行周期中执行一次，其主要特点是信号采样实时输出信号响应快。该程序主要处理短脉冲信号，如急停、跳转、超程等信号。在第 1 级程序中，程序尽量短，这样可以缩短 PMC 程序执行时间。如果没有输入信号，只需要编写 END1 功能指令。

第 2 级程序是 END1 命令之后到 END2 命令之前的程序。第 2 级程序通常包括机床操作面板、ATC(自动换刀装置)、APC(工作台自动交换装置) 程序。

第 3 级程序是 END2 命令之后到 END3 命令之前的程序。第 3 级程序主要处理低速响应信号，通常用于 PMC 程序报警信号处理。

子程序是 END3 命令之后到 END 命令之前的程序。通常将具有特定功能并且多次使用的程序段作为子程序。主程序中用指令决定具体子程序的执行状况。当主程序调用子程序并执行时，子程序执行全部指令直至结束，然后系统将返回调用子程序的主程序。子程序只有在需要时才会被调用。

(2)PMC 程序循环执行。

在 PMC 执行扫描过程中，第 1 级程序每 8 ms 执行一次，而第 2 级程序在向 CNC 的调试 RAM 中传送时，根据程序的长短被自动分割成 n 等分，每 8 ms 扫描完第 1 级程序后，再依次扫描第 2 级程序，所以整个 PMC 的执行周期是 $n*8$ ms。因此如果第 1 级程序过长导致每 8 ms 扫描的第 2 级程序过少，则相对于第 2 级 PMC 所分隔的数量 n 就变多，整个扫描周期会相应延长。而子程序是在第 2 级程序之后，其是否执行扫描受 1、2 级程序的控制，所以对一些控制较复杂的 PMC 程序，建议用子程序来编写，以减少 PMC 的扫描周期。

CNC 开机后，CNC 与 PMC 同时运行。图 6.5 为两者执行的时序图。一个工作周期为 8 ms，其中前 1.25 ms 为执行 PMC 梯形图程序。首先执行全部的第 1 级程序，1.25 ms 内剩余的时间内执行第 2 级程序的一部分(这称为 PMC 程序的分割)。第 1 级程序要求 PMC 紧急处理的事件，比如急停、撞到限位开关等。执行完 PMC 程序后的 8 ms 的剩余时间为 CNC 的处理时间。在随后的各周期内，每个周期的开始均执行一次 PMC 的第 1 级程序，因此在宏观上，紧急事件似乎是立即反应的。执行完第 1 级程序后，再执行 PMC 第 2 级程序中剩余的分割，直至全部 PMC 程序执行完毕。然后又重新执行 PMC 程序，周而复始。由此可见，第 1 级程序应该越短越好，整个程序的总步数应该越少越好。

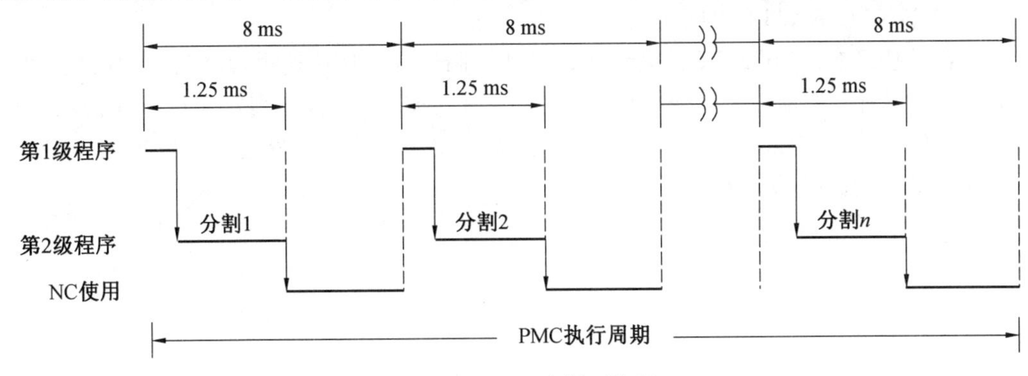

图 6.5　PMC 程序循环执行

(3)PMC 地址。

地址是用来区分信号的,不同的地址分别对应机床侧的输入/输出信号、CNC 侧的输入/输出信号、内部继电器、计数器、定时器、保持型继电器和数据表。PMC 程序中主要使用四种类型的地址,如图 6.6 所示。

每个地址由地址号和位号(0 ~ 7)组成。在地址号的开头必须指定一个字母来表示信号的类型。如 X18.5,其中 X18 为地址号,5 为位号。

绝对地址:I/O 信号的存储器区域,地址唯一。

符号地址:用英文字母代替的地址,只是一种符号,可为 PMC 程序编辑、阅读与检查提供方便,但不能取代绝对地址。

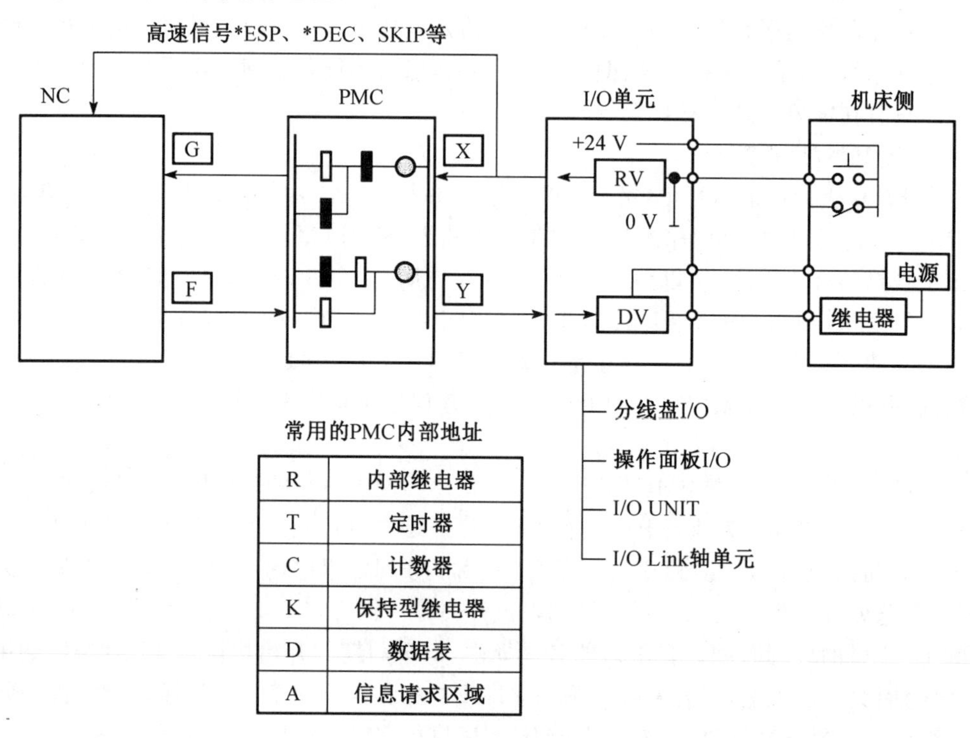

R	内部继电器
T	定时器
C	计数器
K	保持型继电器
D	数据表
A	信息请求区域

图 6.6　PMC 地址

(4)PMC、CNC、MT 之间关系。

接口是 CNC、PMC、MT 之间传递信号和控制信息的连接通道,其信息状态表示:“1”为通,“0”为断。地址用来区分信号,即给信号命名加以区别,分别对应机床侧的输入输出信号、CNC 侧的输入输出信号、内部继电器、计数器、保持型继电器和数据表。PMC、CNC、MT 之间的关系如图 6.7 所示。

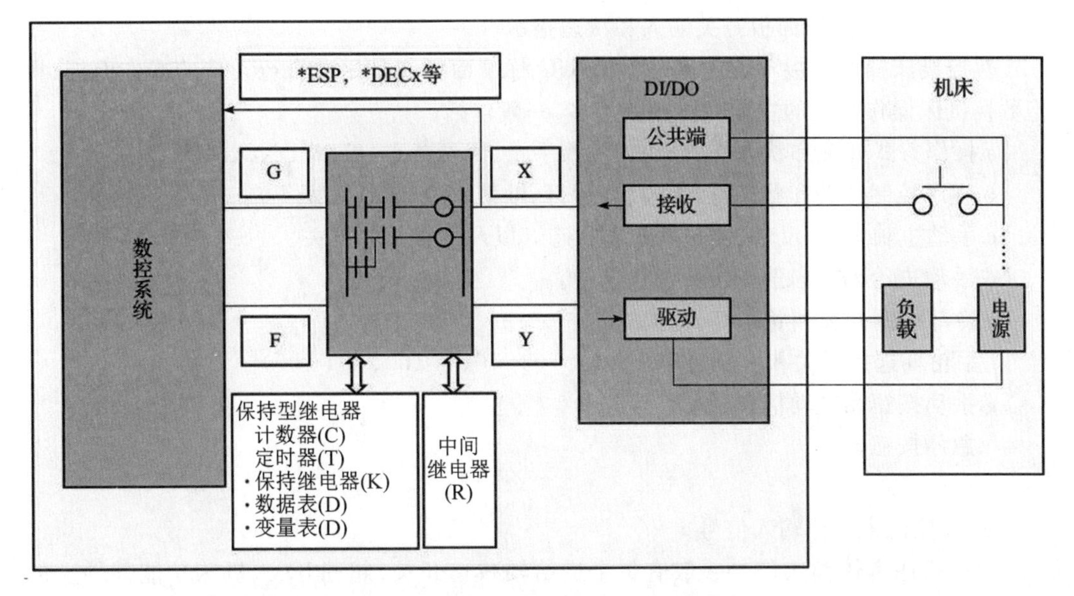

图 6.7 PMC、CNC、MT 之间关系

①CNC是数控系统的核心，机床上I/O要与CNC交换信息，要通过PMC处理才能完成，PMC在机床与CNC之间发挥桥梁作用。

② 机床本体信号进入PMC，输入信号为X信号，输出到机床本体的信号为Y信号，因为内置PMC和外置PMC不同，所以地址的编排和范围有所不同。机床本体输入／输出的地址分配和含义原则上由机床厂定义分配。

③ 根据机床动作要求编制PMC程序，由PMC处理后送给CNC装置的信号为G信号，CNC处理结果产生的标志位为F信号，直接用于PMC逻辑编程，各具体信号含义可以参考FANUC有关技术资料或后述部分。

④PMC本身还有内部地址（内部继电器、可变定时器、计数器、数据表、信息显示、保持型继电器等），在需要时也可以把PMC作为普通PLC使用。

⑤ 机床本体上的一些开关量通过接口电路进入系统，大部分信号进入PMC控制器参与逻辑处理，处理结果送给CN装置（G信号）。其中有一部分高速理信号如 ＊DEC（减速）、＊ESP（急停）、SKIP（跳跃）等直接进入CNC装置，由CNC装置直接处理相关功能。CNC输出控制信号为F信号，该信号根据需要参与PMC编程。带 ＊ 的信号是负逻辑信号，例如急停信号（＊ESP）通常为1（没有急停动作），当处于急停状态时，＊ESP信号为0。

（5）输入／输出信号（X，Y）。

FANUC系统的PMC与机床本体的输入信号地址符为X，输出信号地址符为Y，I/O模块由于系统和配置的PMC软件版本不同，地址范围也不同，前面已有介绍。以FANUC 0i－D系统来讲，都是外置I/O模块，对典型数控机床来讲，输入／输出信号主要有以下三方面内容。

① 数控机床操作面板开关输入和状态指示。

数控机床操作面板不管是选用 FANUC 标准面板还是用户自行设计的操作面板，典型数控机床操作面板的主要功能相差不多，一般包括：

a.操作方式开关和状态灯（自动、手动、手轮、回参考点、编辑、DNC、MDI 等）。

b.程序控制开关和状态灯（单段、空运行、轴禁止、选择性跳跃等）。

c.手动主轴正转、反转、停止按钮和状态灯以及主轴倍率开关。

d.手动进给轴方向选择按钮及快进键。

e.冷却控制开关和状态灯。

f.手轮轴选择开关和手轮倍率开关（×1、×10、×100、×1 000）。

g.手动按钮和自动倍率开关。

h.急停按钮。

i.其他开关。

② 数控机床本体输入信号。

数控机床本体输入信号一般有每个进给轴减速开关、超程开关、机床功能部件上的开关。

③ 数控机床本体输出信号。

数控机床本体输出信号一般有冷却泵、润滑泵、主轴正转 / 反转（模拟主轴）、机床功能部件的执行动作等。

（6）G 信号和 F 信号。

G 信号和 F 信号的地址是由 FANUC 公司规定的，CNC 要实现某一个逻辑功能必须编制相应的 PMC 程序，结果输出相应 G 信号，由 CNC 实现对进给电动机和主轴电动机的控制；CNC 当前运行状态需要参与 PMC 程序控制，就必须读取 F 信号地址。

在 FANUC 数控系统中，CNC 与 PMC 的接口信号随着系统型号和功能不同而不同，各个系统的 G 信号和 F 信号有一定的共性和规律。在技术资料中，G、F 信号一般表示方法是 G×××表示 G 信号地址为×××，G×××.1 表示 G 信号地址 ××× 中 0～7 的第 1 位信号，有时也用 G××× # × 表示位信号地址，各信号也经常用符号表示，例如 *ESP 就表示地址信号为 G8.4 的位符号，加 * 表示 0 有效，平时要使该信号为 1。F 信号的地址表示基本与 G 信号一致。在设计与调试 PMC 中，一般需要学会查阅 G 信号和 F 信号。

（7）FANUC 0i－D 系列 PMC 信号地址。

PMC 信号地址用一个制定的字母表示信号的类型，用字母后的数字表示信号地址。FANUC 0i－D 系列数控系统从机床侧输入的高速信号地址是固定的，这些信号包括各轴的测量位置到达信号、各轴返回参考点减速信号、跳转信号以及急停信号等，见表 6.1。

表 6.1 固定地址输入信号

<table>
<tr><th rowspan="2" colspan="2">信号</th><th rowspan="2">符号</th><th colspan="2">地址</th></tr>
<tr><th>使用 I/O Link</th><th>使用内装 I/O 卡</th></tr>
<tr><td rowspan="6">T 系列</td><td>X 轴测量位置到达信号</td><td>XAE</td><td>X4.0</td><td>X1004.0</td></tr>
<tr><td>Z 轴测量位置到达信号</td><td>ZAE</td><td>X4.1</td><td>X1004.1</td></tr>
<tr><td>刀具补偿测量值直接输入功能 B(+X 方向信号)</td><td>+MIT1</td><td>X4.2</td><td>X1004.2</td></tr>
<tr><td>刀具补偿测量值直接输入功能 B(−X 方向信号)</td><td>−MIT1</td><td>X4.3</td><td>X1004.3</td></tr>
<tr><td>刀具补偿测量值直接输入功能 B(+Z 方向信号)</td><td>+MIT2</td><td>X4.4</td><td>X1004.4</td></tr>
<tr><td>刀具补偿测量值直接输入功能 B(−Z 方向信号)</td><td>−MIT2</td><td>X4.5</td><td>X1004.5</td></tr>
<tr><td rowspan="3">M 系列</td><td>X 轴测量位置到达信号</td><td>XAE</td><td>X4.0</td><td>X1004.0</td></tr>
<tr><td>Y 轴测量位置到达信号</td><td>YAE</td><td>X4.1</td><td>X1004.1</td></tr>
<tr><td>Z 轴测量位置到达信号</td><td>ZAE</td><td>X4.2</td><td>X1004.2</td></tr>
<tr><td rowspan="10">M、T 系列共用</td><td>跳转(SKIP) 信号</td><td>SKIP</td><td>X4.7</td><td>X1004.7</td></tr>
<tr><td>急停信号</td><td>*ESP</td><td>X8.4</td><td>X1008.4</td></tr>
<tr><td>第 1 轴参考点返回减速信号</td><td>*DEC1</td><td>X9.0</td><td>X1009.0</td></tr>
<tr><td>第 2 轴参考点返回减速信号</td><td>*DEC2</td><td>X9.1</td><td>X1009.1</td></tr>
<tr><td>第 3 轴参考点返回减速信号</td><td>*DEC3</td><td>X9.2</td><td>X1009.2</td></tr>
<tr><td>第 4 轴参考点返回减速信号</td><td>*DEC4</td><td>X9.3</td><td>X1009.3</td></tr>
<tr><td>第 5 轴参考点返回减速信号</td><td>*DEC5</td><td>X9.4</td><td>X1009.4</td></tr>
<tr><td>第 6 轴参考点返回减速信号</td><td>*DEC6</td><td>X9.5</td><td>X1009.5</td></tr>
<tr><td>第 7 轴参考点返回减速信号</td><td>*DEC7</td><td>X9.6</td><td>X1009.6</td></tr>
<tr><td>第 8 轴参考点返回减速信号</td><td>*DEC8</td><td>X9.7</td><td>X1009.7</td></tr>
</table>

6.1.5 实训步骤

1. 查找设备输入 / 输出信号

查找 FANUC 0i Mate D 数控机床设备输入 / 输出信号，填写在表 6.2 中。

表 6.2 FANUC 0i Mate D 数控机床设备输入 / 输出信号

按键名称	按键输入地址	指示灯信号	按键输出信号	备注

续表6.2

按键名称	按键输入地址	指示灯信号	按键输出信号	备注

2. 任务考核

(1)PLC 含义。
(2)PLC 在数控机床中的应用形式。
(3)PLC 与数控系统及数控机床间的信息交换。
(4)PLC 在数控机床中的工作流程。
(5)PLC 与数控机床外围电路的关系。
(6)FANUC 数控系统 PMC 地址类型及作用。
(7)FANUC 数控系统 PMC 各信号的意义。
(8)FANUC 数控系统 PMC 信号中带“*”的含义。
(9)FANUC 数控系统 PMC 循环执行过程。

6.1.6 思考题

1. 思考 PLC 在数控机床中应用中的两种常见形式。
2. 思考 PLC 与外部的信息交换的四个部分。
3. 思考 PLC 在数控机床中的工作流程。

数控机床 I/O Link 的连接与 I/O 单元地址分配

实训任务 6.2 数控机床 I/O Link 的连接与 I/O 单元地址分配

6.2.1 实训目标

(1) 了解 I/O 单元的种类。
(2) 掌握 FANUC 数控机床 I/O Link 的连接。
(3) 掌握 FANUC 0i Mate D 数控系统 I/O 单元的地址分配与设定。

6.2.2 实训内容

机床侧的输入输出信号连接到相应的 I/O 单元,经过串行通信电缆与系统相连,其中 I/O 单元与系统之间的通信连接称为 I/O Link 连接。

数控机床常见 I/O 单元如图 6.8 所示。

图 6.8 FANUC 0i－D 系列常用的 I/O 单元

6.2.3 实训工具、仪器和器材

工具、仪器和器材：数控机床的 I/O 模块、I/O UNITA、I/O Link 轴、机床操作面板及信号线等。

6.2.4 实训指导

1. 数控机床 I/O Link 的连接

FANUC 数控机床 I/O Link 的连接如图 6.9 所示。

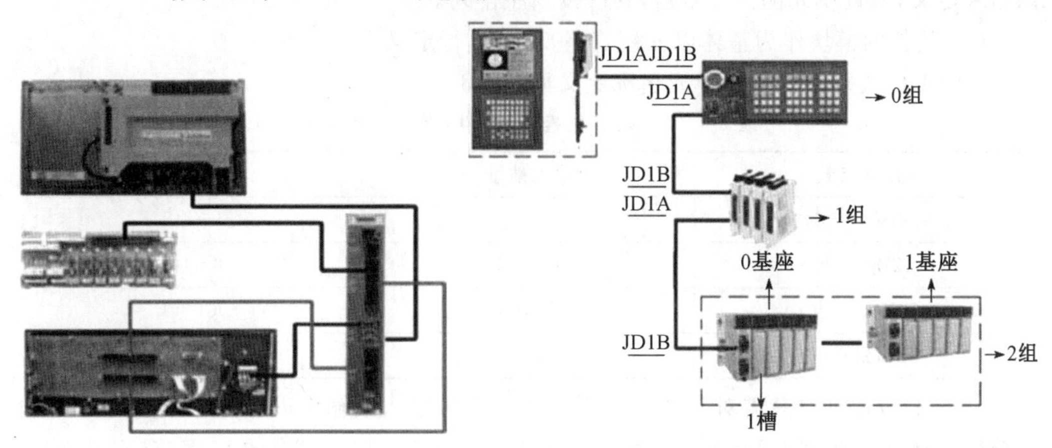

图 6.9 FANUC 数控机床 I/O Link 的连接

FANUC 数控机床 I/O Link 是一个串行接口，将 CNC、单元控制器、分布式 I/O、机床操作面 板或 Power Mate 连接起来，并在各设备间高速传送 I/O 信号(位数据)。

当连接多个设备时，FANUC 数控机床 I/O Link 将一个设备认作主单元，其他设备作为子单元。子单元的输入信号每隔一定周期送到主单元，主单元的输出信号也每隔一定周期送至子单元。0i－D系列和0i Mate－D系列中，JD51A插座位于主板上。

I/O Link分为主单元和子单元。作为主单元的0i－D/0i Mate－D系列控制单元与作为子单元的分布式I/O相连接。子单元分为若干个组，一个I/O Link最多可连接16组子单元。根据单元的类型以及I/O点数的不同，I/O Link有多种连接方式。PMC程序可以对I/O信号的分配和地址进行设定，用来连接I/O Link。I/O点数最多可达1024/1024点。I/O Link的两个插座分别称为JD1A和JD1B，对所有单元(具有I/O Link功能)来说是通用的。电缆总是从一个单元的JD1A连接到下一单元的JD1B，尽管最后一个单元是空着的，也无须连接一个终端插头。对于I/O Link中的所有单元来说，JD1A和JD1B的引脚分配都是一致的，不管单元的类型如何，均可按照图6.9来连接I/O Link。

2. 数控机床I/O单元地址分配

FANUC 0i－D数控系统I/O单元采用的是I/O Link总线连接方式，各个I/O单元都有确定的I/O点，将主控单元与I/O模块相连后，这些I/O点的相对地址与外部连接引脚的对应关系都是确定的。

依据其在回路中的先后顺序，以组、座、槽来描述。

(1) 系统与I/O单元、I/O单元与I/O单元通过JD1A→JD1B相连，通过JD1A/JD1B连接的I/O单元被称为组，系统最先连接的I/O单元被称为0组，依次类推。

(2) 当使用I/O UNITA模块时，可以在基本模块之外再连接扩展模块，那么对基本模块和扩展模块以座来定义，基本模块为0座，扩展模块为1座。

(3) 同样是I/O UNITA的模块，在每个基座上可以安装若干个板卡模块，板卡模块以槽来定义，靠近单元侧为1号槽，其次按顺序排列。

(4) 其他的模块作为整体以n组、0座、1槽进行定义。

FANUC数控系统I/O单元名称定义见表6.3。

表6.3　FANUC数控系统I/O单元名称定义

I/O点数	输入地址	输出地址
1～8B(8～64点)	/1－/8	/1－/8
12B(96点)	OC01I	OC01O
16B(128点)	OC02I	OC02O
32B(256点)	OC03I	OC03O

设定I/O地址时只需对I/O Link单元的首字节输入或输出进行设定，其余字节可自动分配。例如当在输入X0上设定了16字节且输入OC02I后，其余的15字节(Xl～X15)将自动变为OC02I，字节X16后的名称可以另外设定。

PMC地址设定原则：

(1) 模块的分配很自由，但有一个规则，即连接手轮的模块必须为16字节且手轮连在离系统最近的一个大小为16字节的模块的JA3接口上。

对于此16字节模块，Xm＋0～Xm＋l用于输入，即使实际上没有输入点，但为了连

接手轮也需如此分配。Xm＋12～Xm＋14用于三个手轮的信号输入。只连接一个手轮时，旋转手轮可看到Xm＋12中的信号在变化。Xm＋15用于输出信号的报警。

如表6.4所示，FANUC 0i－D用I/O单元A的硬件点地址分布，按照前面的连接，它从X0开始分配，此时m＝0，此点的地址为X0.0。

表6.4 I/O Link单元地址分配

CB104			CB105			CB106			CB107		
	A	B		A	B		A	B		A	B
01	0V	＋24V	01	0V	＋24V	01	0V	＋24V	01	0V	＋24V
02	Xm＋0.0	Xm＋0.1	02	Xm＋3.0	Xm＋3.1	02	Xm＋4.0	Xm＋4.1	02	Xm＋7.0	Xm＋7.1
03	Xm＋0.2	Xm＋0.3	03	Xm＋3.2	Xm＋3.3	03	Xm＋4.2	Xm＋4.3	03	Xm＋7.2	Xm＋7.3
04	Xm＋0.4	Xm＋0.5	04	Xm＋3.4	Xm＋3.5	04	Xm＋4.4	Xm＋4.5	04	Xm＋7.4	Xm＋7.5
05	Xm＋0.6	Xm＋0.7	05	Xm＋3.6	Xm＋3.7	05	Xm＋4.6	Xm＋4.7	05	Xm＋7.6	Xm＋7.7

(2) 分配地址时，某些特殊的输入信号必须使用规定的输入地址，当这些信号在不同的I/O Link单元连接时，必须通过地址的设定，使其符合规定。如X8.4、X9.0～X9.4等高速输入点的分配要包含在相应的I/O模块中。

(3) 不能有重复组号的设定出现，否则会造成不正确的地址输出。

(4) 软件设定组数量要和实际的硬件连接数量相对应（K906#2可忽略所产生的报警）。

(5) 设定完成后需要保存到FLASH ROM中，同时需要再次上电后才有效。

3. FANUC 0i－D/0i Mate－D系统PMC地址的分配

FANUC 0i－D/0i Mate－D系统由于I/O点、手轮脉冲信号都连在I/O Link上，在PMC梯形图编辑之前都要进行I/O模块的设置（地址分配），同时也要考虑到手轮的连接位置。当使用0i用I/O模块且不连接其他模块时，可以设置如下：X从X0开始设置为0.0.1.OC02I；Y从Y0开始为0.0.1/8，如图6.10和图6.11所示。

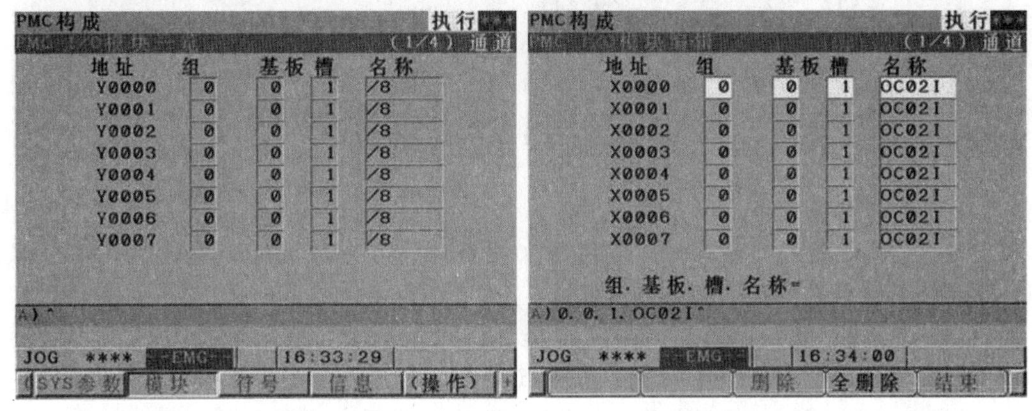

图6.10 I/O模块地址分配　　图6.11 系统侧地址设定画面

0i－D系统的I/O模块的分配很自由，但有一个规则，即连接手轮的手轮模块必须为

16 字节，且手轮连在离系统最近的一个 16 字节大小的模块的 JA3 接口上。

各 I/O Link 模块都有一个独立的名字，在进行地址设定时，不仅需要指定地址，还需要指定硬件模块的名字，OC02I 为模块的名字，它表示该模块的大小为 16 字节，OC01I 表示该模块的大小为 12 字节，/8 表示该模块有 8 个字节。

在模块名称前的【0.0.1】表示硬件连接的组、基板、槽的位置。从一个 JD1A 引出来的模块算是一组，在连接的过程中，要改变的仅仅是组号，数字从靠近系统的模块 0 开始逐渐递增。原则上 I/O 模块的地址可以在规定范围内任意处进行定义，但是为了机床的梯形图统一管理，最好按照以上推荐的标准定义，注意一旦定义了起始地址(m)，该模块的内部地址就分配完毕了。在模块分配完毕后，要注意保存，然后机床断电后再上电，分配的地址才能生效。同时注意模块要优先于系统上电，否则系统上电时无法检测到该模块。

地址设定的操作可以在系统画面上完成，也可以在 FANUC LADDER Ⅲ 软件中完成，0i－D的梯形图编辑必须在 FANUC LADDER Ⅲ5.7 版本或以上版本上才可以编辑。

6.2.5 实训步骤

1. FANUC 0i Mate－D 系统 PMC 地址的分配与设定

步骤 1：选择 MDI 方式。

步骤 2：按下控制面板上的功能键，系统进入刀偏页面，如图 6.12 所示。

步骤 3：按软键【设定】，如图 6.13 所示。

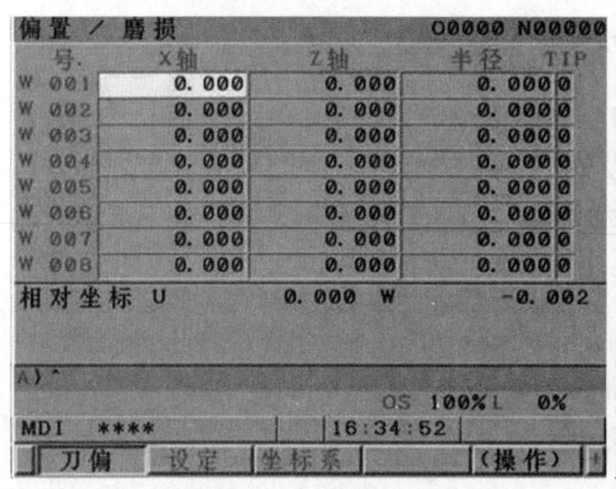

图 6.12　刀偏页面

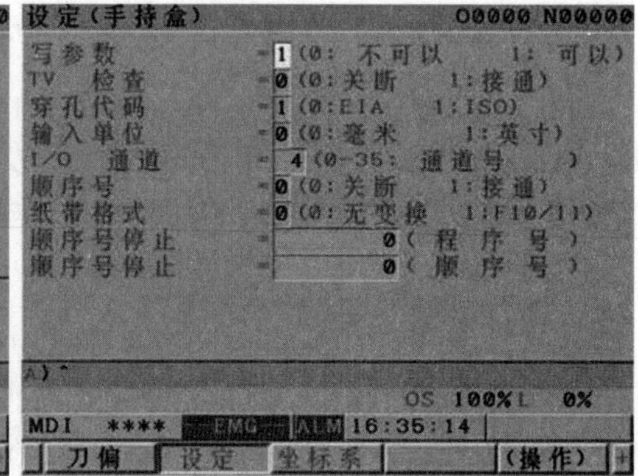

图 6.13　设定画面

当提示“写参数”时，输入 1，出现 P/S100 报警时，表明参数写打开，在设定页面中，修改 PWE＝1(参数可写入状态)。

步骤 4：按控制面板上的功能键再按功能键【SYSTEM】，再按软键【参数】进入参数页面，多次按软键【＋】进入 PMC 页面，如图 6.14 所示。

步骤 5：按软键【PMCCNF】进入 PMC 配置页面，如图 6.15 所示。

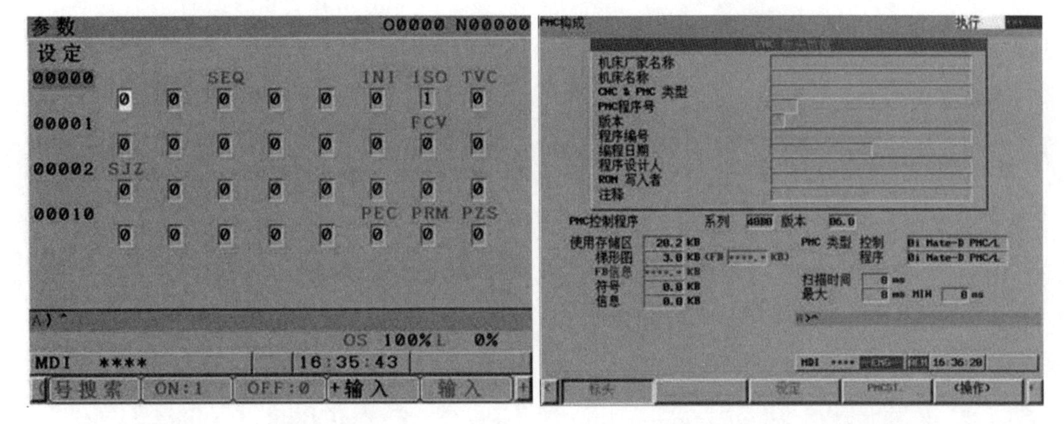

图 6.14　参数设定画面　　　　图 6.15　PMC 配置页面

步骤 6:按软键【设定】进入PMC配置设定页面,按软键【+】,再按软键【模块】,进入图 6.16 所示页面。

步骤 7:按软键【操作】,再按软键【编辑】进入 I/O Link 地址设定页面,将光标移到"X0020"处,输入 0.0.1.OC02I。

步骤 8:按方向键,将光标移到"Y0024"处,输入 0.0.1.OC01O,进入图 6.17 所示页面,这样第 1 个 I/O 模块设置完毕。同样方法设置第 2 个 I/O 模块。

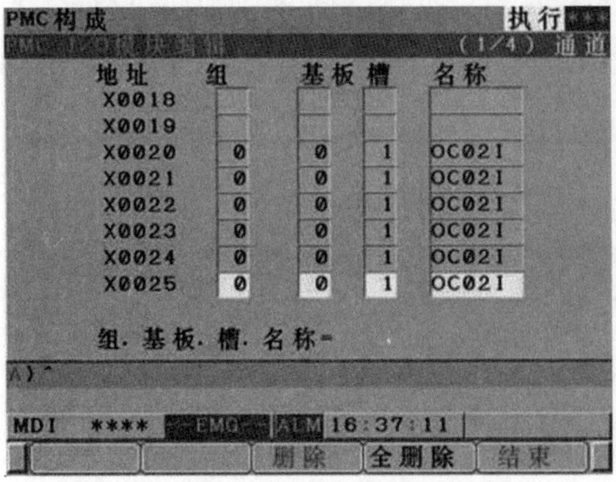

图 6.16　I/O Link 输入信号设定画面 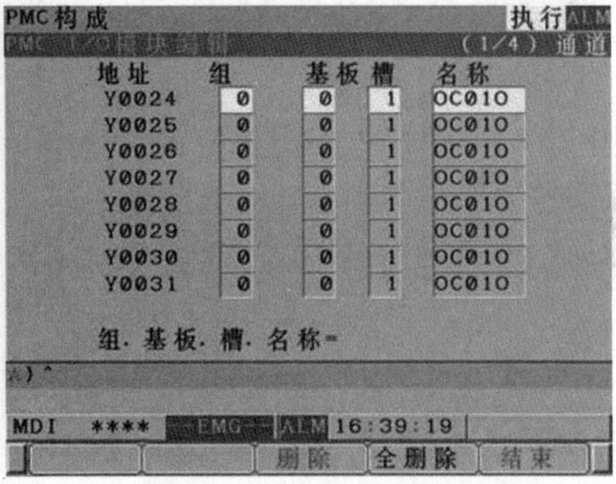　　　　图 6.17　I/O Link 输出信号设定画面

步骤 9:设置完后按软键【结束】,提示是否要写入 FLASHROM,选择【是】。

步骤 10:多次按软键【+】,直到出现软键【设定】,进入 PMC 配置设定页面,再按翻页键,进入内置编码器功能有效设定页面,如图 6.18 所示。

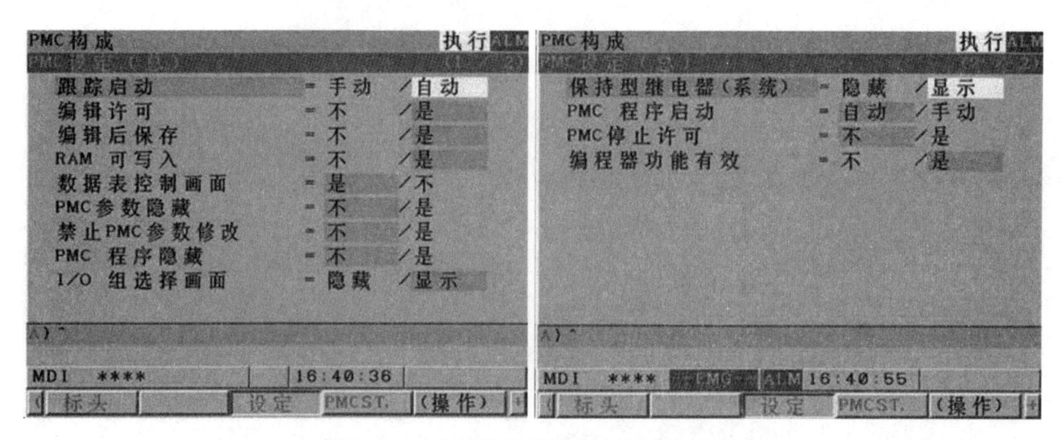

图 6.18　内置编码器功能有效设定页面

步骤 11：按控制面板上的功能键，再按软键【参数】进入参数页面，多次按软键【+】进入PMC页面，再按软键【PMCMNT】进入PMC维护页面，将光标移到需要强制的信号的地址上，如图6.19所示。

步骤 12：按软键【操作】，再按软键【强制】，然后按软键【+】，进入信号强制页面，如图6.20所示。按软键【开】，进行信号强制，按软键【关】则取消强制。

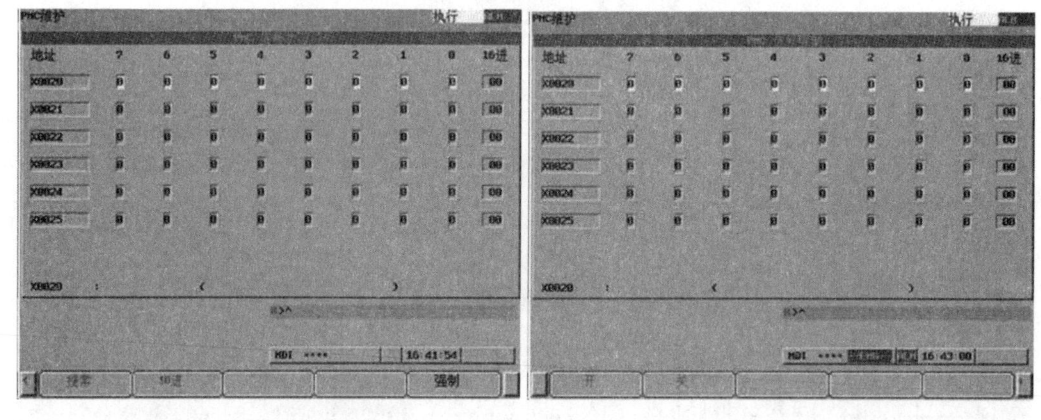

图 6.19　PMC维护页面　　　　图 6.20　信号强制页面

步骤 13：查看手轮连接是否正常，输入X32，按软键【搜索】，摇动手轮，信号变化正常。

2. 显示I/O Link连接状态画面(图6.21)

I/O Link显示画面上，按照组的顺序显示I/O Link上所在连接的I/O单元种类和ID代码。按前通道软键显示上一个通道的连接状态；按次通道软键显示下一个通道的连接状态。

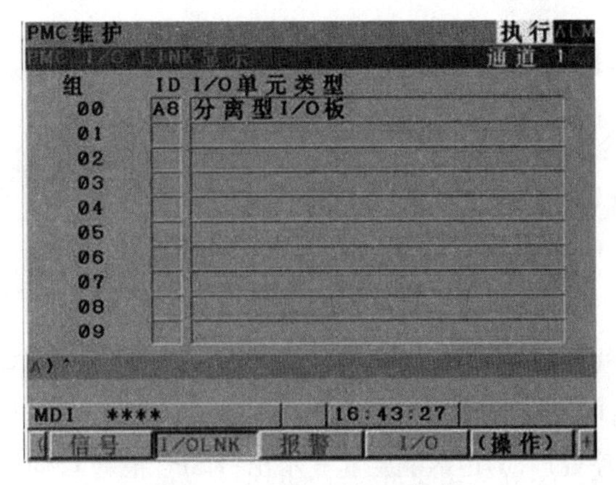

图 6.21 I/O Link 显示画面

3. **任务考核**

(1) 常用 I/O 单元类型。
(2) 画出 FANUC I/O Link 的连接图。
(3) 在系统上进行 I/O Link 模块地址的设定。
(4) 根据现场 I/O 单元连接情况设定 I/O Link 总线地址。

6.2.6 思考题

1. FANUC 数控机床 I/O Link 如何连接?
2. PMC 地址设定原则是什么?

实训任务 6.3 数控机床安全保护功能 PMC 编写与调试

数控机床安全保护功能 PMC 编写与调试

6.3.1 实训目标

(1) 掌握急停功能 PMC 编写与调试。
(2) 掌握行程限位安全保护功能 PMC 编写与调试。
(3) 掌握复位功能 PMC 编写与调试。

6.3.2 实训内容

数控机床是一种装有自动控制系统的自动化机床,在实际生产中,数控机床能否取得良好的经济效益,保证设备的安全运行是十分关键的。数控机床的安全保护功能由硬件和软件两部分实现,硬件部分主要有急停安全保护电路、防护门安全保护电路、行程限位安全保护电路等各种安全电路,软件部分主要为PMC程序和系统参数。本任务将学习数控机床安全保护功能 PMC 编写与调试。

6.3.3 实训工具、仪器和器材

工具、仪器和器材：FANUC 数控机床。

6.3.4 实训指导

1. 急停功能

急停控制回路是数控机床必备的安全保护措施之一，当机床处于紧急情况时，操作人员按下图 6.22 所示的机床急停控制按钮，机床瞬间停止移动。

数控装置启动急停处理时序(NC 装置显示出“ESP” 报警)，伺服切断动力电源，数控系统停止运动指令，机床处于安全状态，最大限度地保护人身和设备安全。

当机床出现急停状态时，通常在系统页面上显示“EMG”“ALM” 报警，如图 6.23 所示。

图 6.22　机床急停控制按钮

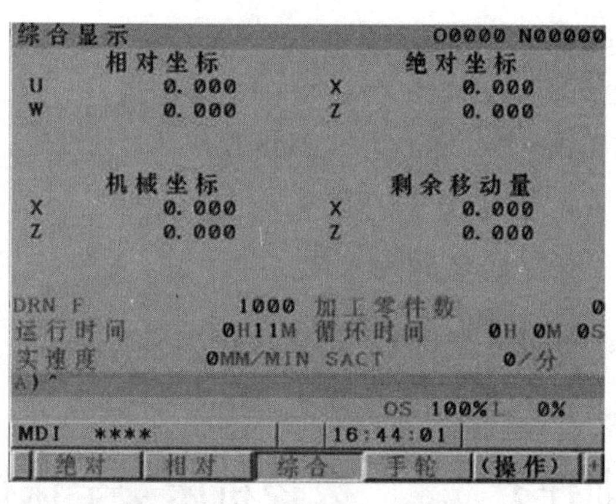

图 6.23　急停状态显示页面

数控机床急停安全保护电路由两部分组成，一路是 PMC 急停控制信号 X8.4，另一路是伺服放大器的 ESP 端子，这两部分中任意一个断开机床就出现报警，伺服放大器 ESP 端子断开出现 SV401 报警，控制信号 X8.4 断开出现 ESP 报警。

急停控制信号有 X 硬件信号(* X8.4) 和 G 软件信号(* G8.4) 两种，数控装置直接读取由机床侧发出的信号(* X8.4) 和由 PMC 向数控装置发出的输出信号(* G8.4)，两个信号之一为 0 时，系统立即进入急停控制状态。

通常，在急停状态下，机床准备好信号 G70.7 断开；第一串行主轴不能正常工作，G71.1 信号也断开。急停功能主要信号见表 6.5。

表 6.5　急停功能主要信号

地址	#7	#6	#5	#4	#3	#2	#1	#0
X8				* ESP				
G8				* ESP				
G70	MRDYA							

续表6.5

地址	#7	#6	#5	#4	#3	#2	#1	#0
G71							ESPA	

急停功能程序实时性要求高，通常将急停功能 PMC 程序放在 PMC 第 1 级程序处理，如图 6.24 所示。

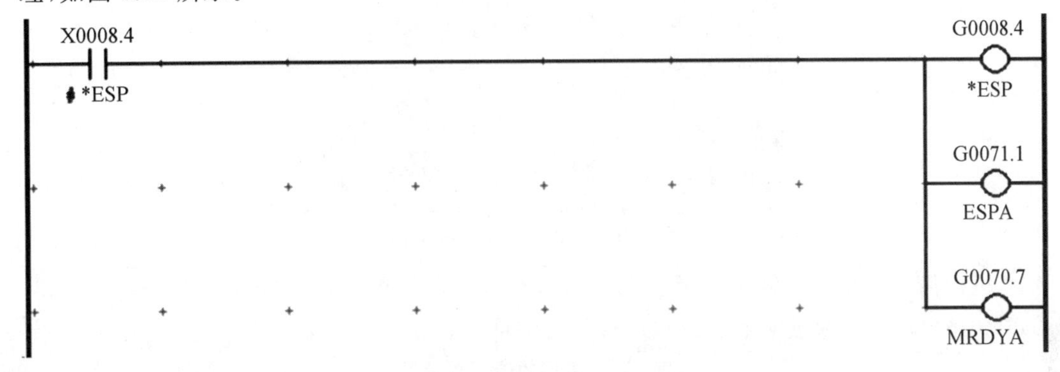

图 6.24　急停功能 PMC 程序

2. 行程限位安全保护功能

行程限位控制是数控机床必备的安全保护措施之一，数控机床的行程限位保护分为硬限位和软限位两种形式。

如图 6.25 所示，数控机床的限位分为硬限位、软限位和加工区域极限。

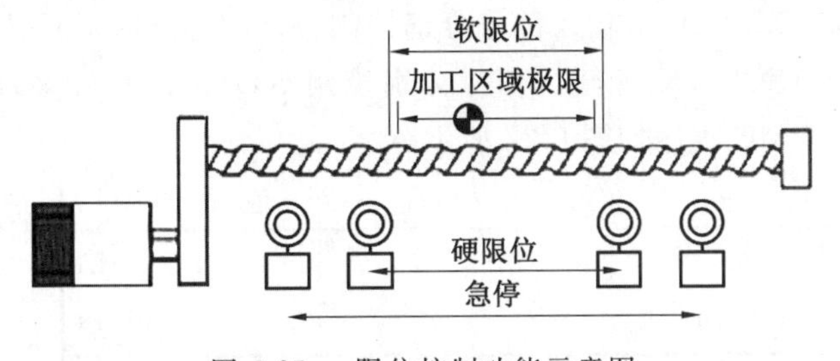

图 6.25　限位控制功能示意图

硬限位控制是数控机床的外部安全措施，当机床在移动过程中压下硬件行程开关时，数控系统断开伺服驱动器的使能控制信号，所有的轴减速停止，并出现 OT0506(正向硬限位超程)、OT0507(负向硬限位超程) 报警，如图 6.26 所示。软限位控制是指机床的移动坐标超出系统参数设置的行程范围，此时机床出现 OT0500(正向软限位超程)、OT0501(负向软限位超程) 报警。软限位设定值一般比硬限位极限值短 10 mm 左右，且在机床回零后才能生效。硬限位是数控机床的外部安全措施，目的是在机床出现失控的情况下断开驱动器的势能控制信号。自动运转中任一轴超程时，所有的轴都将减速停止。手动运行时，就不能向发生报警的方向移动，只能向与其相反的方向移动。

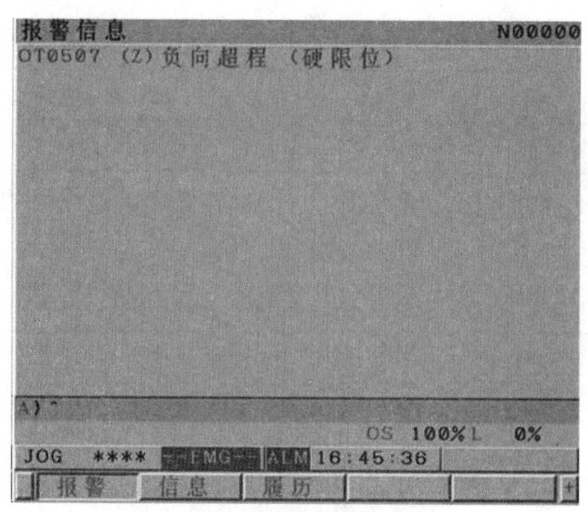

图 6.26 硬件超程显示页面

超程信号限位开关常用动断触点。表 6.6 为硬件超程主要信号,G114.0 ~ G114.3、G116.0 ~ G116.3 为进给轴已经到达行程终端信号。

表 6.6 急停功能主要信号

地址	#7	#6	#5	#4	#3	#2	#1	#0
X8	* − ZL	* − YL	* − XL			* + ZL	* + YL	* + XL
X26					OVRL			
G114					* + L4	* + L3	* + L2	* + L1
G116					* − L4	* − L3	* − L2	L − L1

行程开关 X8.0、X8.1、X8.2 输入信号分别控制 G114.0、G114.1、G114.2 正向行程限位信号,行程开关 X8.5、X8.6、X8.7 输入信号分别控制 G116.0、G116.1、G116.2 负向行程限位信号。硬件超程 PMC 程序如图 6.27 所示。

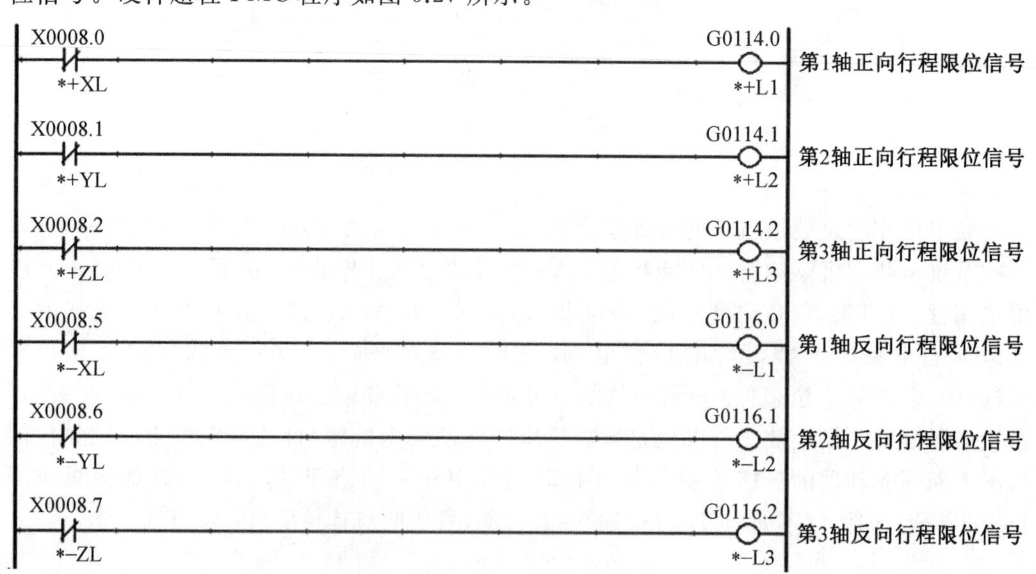

图 6.27 硬件超程 PMC 程序 1

为减少I/O点数，一般机床的硬限位和急停按钮串联在一个继电器回路中，将硬限位转换为急停处理。超过硬件极限后，机床同时出现急停报警。只有机床超程结束按键X26.3(OVRLS)后，机床才解除急停报警。硬件超程PMC程序如图6.28所示。

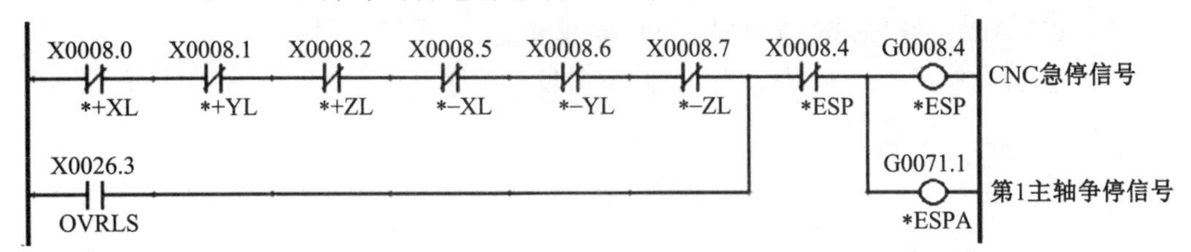

图 6.28　硬件超程PMC程序2

不适用硬件超程信号时，所有轴的超程信号都将变为无效。将参数3004#5设定为1，则不进行超程信号的检查。

3. 复位功能

复位功能在自动运行、手动运行(JOG进给、手控手轮进给、增量进给等)时，使移动中的控制轴减速停止；M、S、T、B等辅助功能动作信号在100 ms以内成为0。执行复位时，向PMC输出复位中信号RST。

如图6.29所示，机床出现复位状态时，通常在系统页面上显示“RESET”信息。

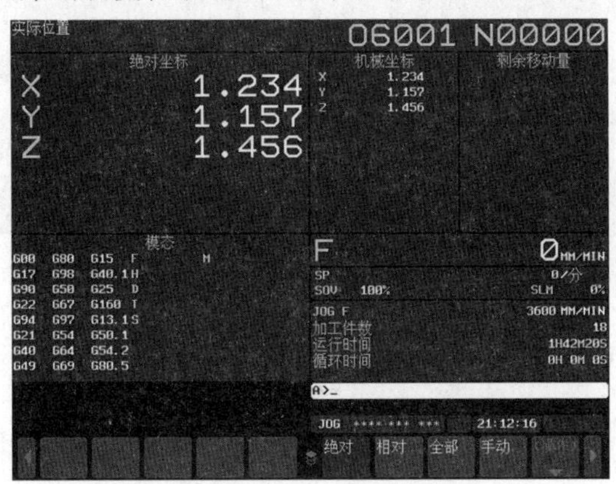

图 6.29　复位状态机床界面

功能信号：

(1)CNC在下列情况下执行复位处理，成为复位状态。CNC复位功能信号为：

	#7	#6	#5	#4	#3	#2	#1	#0
G8	ERS	RPW						
F1						RST		
F6						MDIRST		

(2) 紧急停止信号 *ESP成为0时，CNC即被复位。

(3) 外部复位信号G8.7成为1时，CNC即被复位，成为复位状态。CNC处在复位处理中时，复位中信号 F1.1 成为 1。

(4) 复位 & 倒带信号 G8.6 成为 1 时，复位 CNC 的同时，进行所选的自动运行程序的倒带操作。

(5) 按下 MDI 的【RESET】键时，CNC 即被复位。

CNC 复位功能通常是 CNC 内部处理，不需设计程序。

6.3.5 实训步骤

1. PMC 程序编辑

步骤 1：PMC 编辑功能的开通。

(1) 按 MDI 面板上的功能键【SYSTEM】，再按软键【+】、【PMCCNF】、【设定】，进入 PMC 设定页面，如图 6.30 所示。按翻页键【PAGE】进行前页后页切换，如图 6.31 所示。

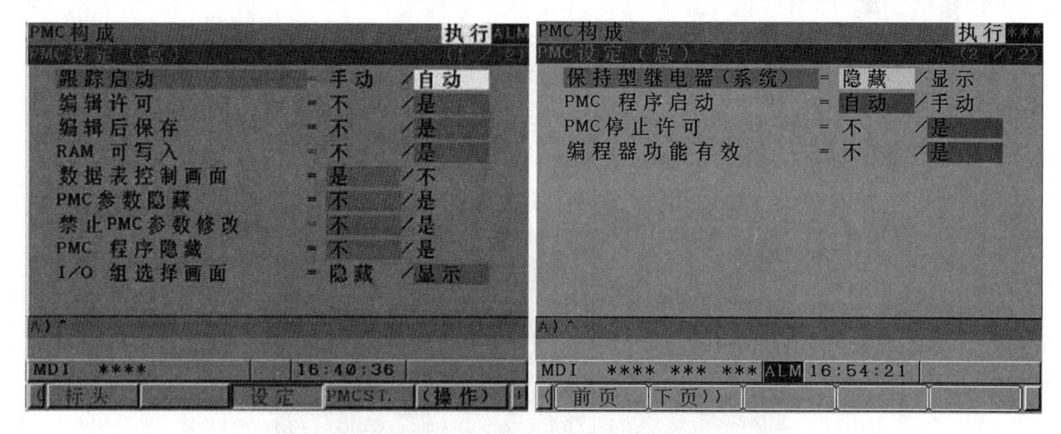

图 6.30 PMC 设定页面 1　　图 6.31 PMC 设定页面 2

① 跟踪启动(k906.5)。

手动：追踪功能从追踪页面上通过软键操作执行。

自动：接通电源后，自动执行追踪功能。

② 编辑许可(k901.6)。

不：禁止编辑顺序程序。

是：允许编辑顺序程序。

③ 编辑后保存(k902.0)。

不：编辑梯形图后，不自动写入 FLASH ROM。

是：编辑梯形图后，自动写入 FLASH ROM。

④RAM 可写入(k900.4)。

不：禁止强制功能、倍率功能(自锁强制)。

是：允许强制功能、倍率功能(自锁强制)。

⑤ 数据表控制页面(k900.7)。

是:显示 PMC 参数数据表控制页面。

不:不显示 PMC 参数数据表控制页面。

⑥PMC 参数隐藏。

不:显示 PMC 参数。

是:不显示 PMC 参数。

⑦ 禁止 PMC 参数修改(k902.7)。

不:允许参数的编辑。

是:不允许 PMC 参数的编辑。

⑧PMC 程序隐藏(k900.0)。

不:允许顺序程序浏览。

是:不允许顺序程序浏览。

⑨I/O 组选择页面(k906.1)。

隐藏:隐藏 PMC 设定(可选 I/O) 页面。

显示:显示 PMC 设定(可选 I/O) 页面。

⑩ 保持型继电器(k906.6)。

隐藏:隐藏 PMC 参数 k900 后设定页面。

显示:显示 PMC 参数 k900 后设定页面。

⑪PMC 停止许可(k902.2)。

不:禁止执行 / 停止操作顺序程序。

是:允许执行 / 停止操作顺序程序。

⑫ 编程器功能有效(k900.1)。

不:禁止内置编制器工作。

是:允许内置编制器工作。

(2) 设定以下项目。

编辑后保存:是。编程器功能有效:是。

步骤 2:删除急停功能 PMC 程序。

(1) 按 MDI 面板上的功能键【SYSTEM】,再按软键【+】、【PMCLAD】,显示 PMC 梯形图,如图 6.32 所示。

(2) 按软键【列表】,显示梯形图一览页面。

(3) 按软键【操作】、【缩放】或【梯形图】,显示梯形图。

(4) 按软键【编辑】,进入梯形图编辑页面,如图 6.33 所示。

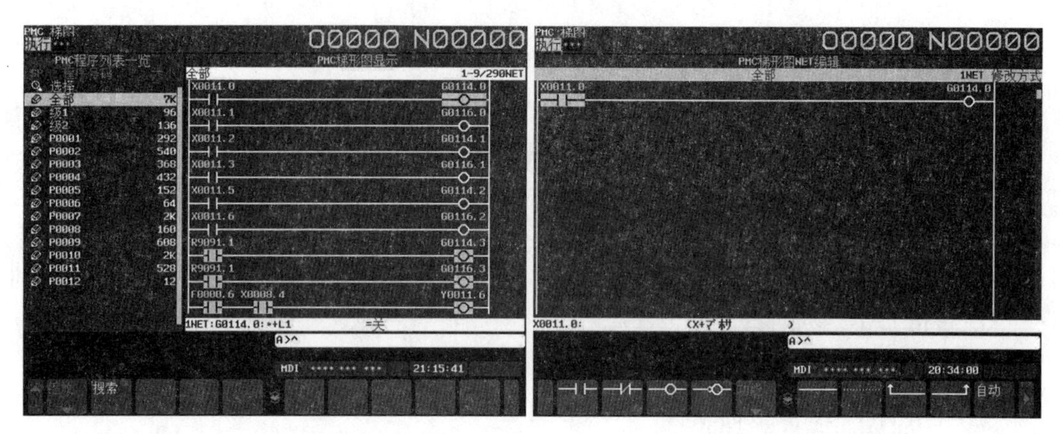

图 6.32　进入梯形图页面　　　图 6.33　梯形图编辑页面

页面中各软键功能见表 6.7。

表 6.7　各软键功能

序号	软键	功能	序号	软键	功能
1	【列表】	显示程序结构的组成	9	【粘贴】	粘贴所选程序到光标所在位置
2	【搜索】	进入检索方式	10	【交换】	批量更换地址号
3	【缩放】	修改光标所在位置的网格	11	【地址图】	显示程序所使用的地址分布
4	【产生】	在光标之前编辑新的网格	12	【更新】	编辑完成后更新程序的 RAM 区
5	【自动】	地址号自动分配（避免出现重复地址号的现象）	13	【恢复】	恢复更改前的原程序（更新之前有效）
6	【选择】	选择需复制、删除、剪切的程序	14	【停止】	停止 PMC 运行
7	【删除】	删除所选程序	15	【结束】	编辑完成后退出
8	【剪切】	剪切所选程序			

① 通过软键【列表】与选择相应的程序段，按软件【缩放】进入单一程序段的编辑，如图 6.34 所示。

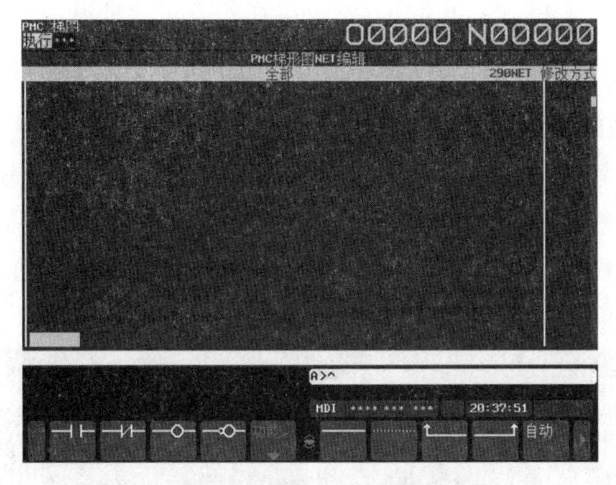

图 6.34 PMC 程序段编辑页面

顺序程序编辑中所使用的软键种类如图 6.35 所示。

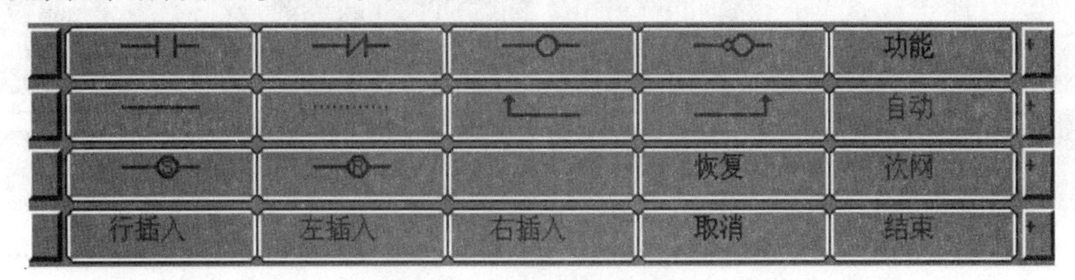

图 6.35 程序编辑软键种类

② 按照分析要求，利用软键【……】删除元件和横线。利用软键【↑___】删除竖线。

③ 按下软键【+】结束单一程序段编辑。

④ 按软键【结束】，结束编辑功能。系统提示“PMC 正在运行，真要修改程序吗？”，按软键【是】，修改程序，如图 6.36 所示。

⑤ 系统提示“程序要写到 FLASH ROM 中？”，按软键【是】，将修改后的程序写入 FLASH ROM，如图 6.37 所示。

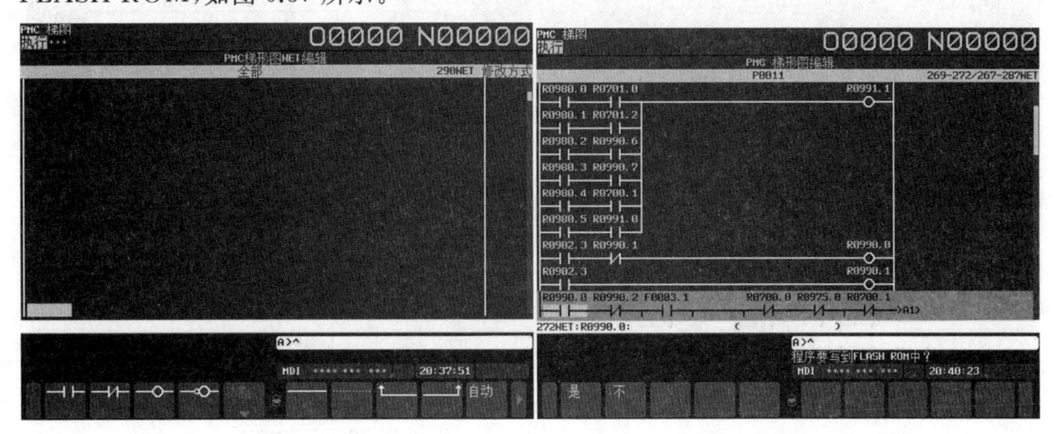

图 6.36 PMC 程序修改页面　　图 6.37 PMC 程序写入 FLASH ROM

运行 PMC 程序,修改后的 PMC 程序生效。此时,无论急停开关处于何种状态,系统一直处于急停状态。

步骤 3:急停程序的重新输入。

(1) 重新进入 PMC 编辑页面,将光标移到 END1 程序段中,按软键【缩放】进入单一程序编辑页面。利用急停【行插入】插入一片空白行,输入急停程序,如图 6.38 所示。

(2) 利用元器件菜单放置 PMC 元件,利用操作面板输入相应的地址,输入急停程序,如图 6.39 所示。

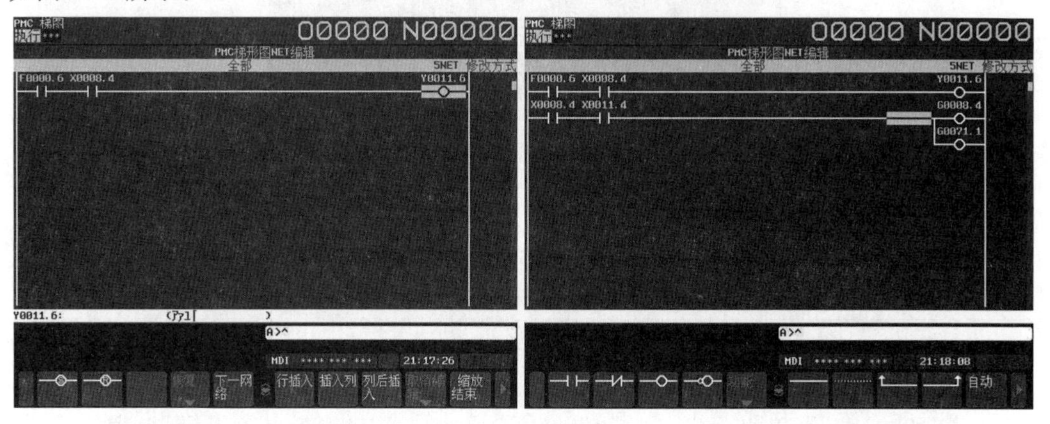

图 6.38　PMC 程序修改页面　　　　图 6.39　PMC 程序写入 FLASH ROM

步骤 4:通过设定地址的符号和注释,可以在观察顺序程序和信号诊断时了解地址的含义,便于分析程序。

(1) 按 MDI 面板上的功能键【SYSTEM】,再按软键【+】、【PMCCNF】、【符号】,显示 PMC 地址符号和注释,如图 6.40 所示。

(2) 按软键【操作】、【编辑】,进入 PMC 地址符号和注释编辑页面,如图 6.41 所示。

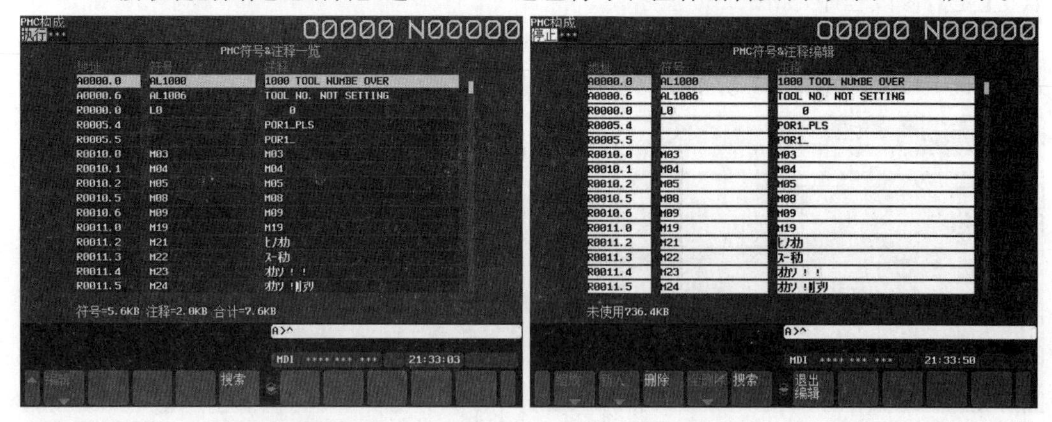

图 6.40　地址符号和注释显示页面　　　　图 6.41　地址符号和注释编辑页面 1

(3) 按软键【缩放】,对光标所在位置的地址符号和注释进行编辑,如图 6.42 所示。

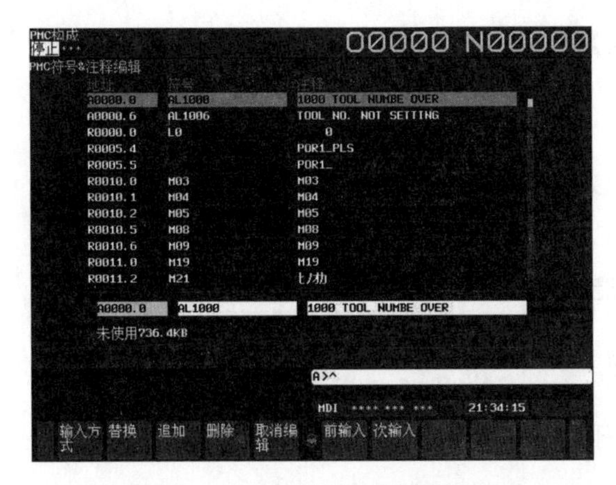

图 6.42　地址符号和注释编辑页面 2

(4) 按软键【新入】,可以对表 6.8 所示新的地址符号进行编辑。

表 6.8　新地址符号

地址	符号	地址	符号	地址	符号
X8.4	* ESP	X8.0	* + XL	X8.1	* + YL
X8.2	* + ZL	X8.5	* − XL	X8.6	* − YL
X8.7	* − ZL	Y0.1	ZBRAKE		

(5) 编辑完成后,按软键【追加】输入新加内容。

(6) 按软键【结束】,提示是否写入 FLASH ROM,按软键【是】。

按软键【+】进入下一页菜单,按软键【退出】退出编辑页面。再按软键【+】进入下一页菜单,按软键【更新】,出现图 6.43 提示"要允许程序吗? ",若确认需要修改,则按软键【是】,否则按软键【不】,反映编辑结果。

步骤 5:程序启动。

(1) 按 MDI 面板上的功能键【SYSTEM】。

(2) 按软键【+】、【PMCCNF】、【PMCCST】、【操作】,显示 PMC 梯形图启动设定页面,如图 6.44 所示。

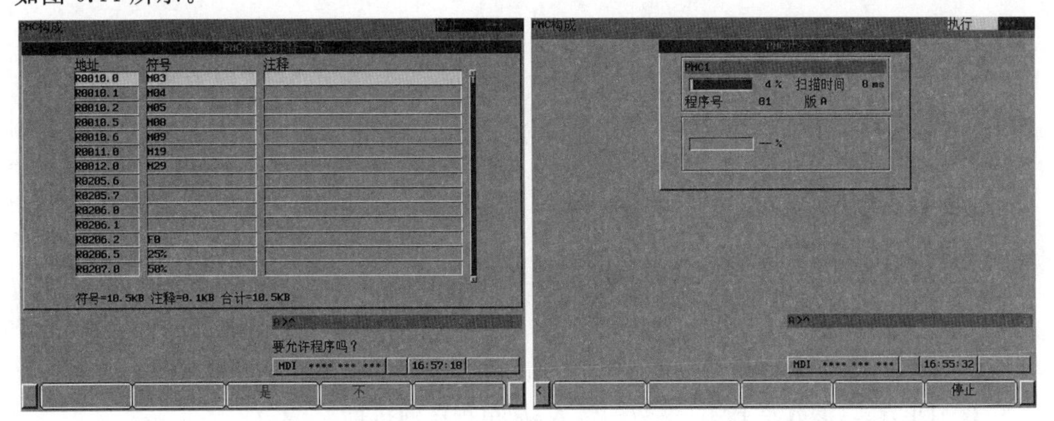

图 6.43　程序更新提示页面　　　　图 6.44　PMC 状态显示

(3) 按软键【启动】,顺序程序启动。

2. **任务考核**

(1) 查找 FANUC 0i－D 数控系统机床保护功能重要信号。
(2) 应用 FANUC 0i－D 内置编程器进行程序编辑。
(3) 编写急停功能、复位功能、行程限位功能 PMC 程序。

6.3.6 思考题

数控机床的行程限位保护的两种形式是什么?

实训任务 6.4 数控机床工作方式功能 PMC 编写与调试

数控机床工作方式功能 PMC 编写与调试

6.4.1 实训目标

(1) 了解数控机床各工作方式功能。
(2) 了解 PMC 与 CNC 之间相关工作方式的 I/O 信号。
(3) 掌握 FANUC 数控机床工作方式功能 PMC 的编写。

6.4.2 实训内容

数控机床工作方式的选择在对刀、编程、加工和调试过程中是必不可少的,工作方式无法选择或者错误,数控机床将无法正常工作,如数控机床参数无法修调、加工程序无法编辑、程序段无法运行等。因此掌握数控机床工作方式功能 PMC 编写与调试非常重要。

6.4.3 实训工具、仪器和器材

工具、仪器和器材:FANUC 数控机床。

6.4.4 实训指导

1. **数控机床工作方式**

数控机床工作方式包括自动方式和手动方式。
(1) 自动方式。
① 编辑方式:加工程序的编辑;数据的输入/输出。
②MDI 方式:参数及 PMC 参数的输入;简单程序的执行。
③ 自动方式:加工程序的自动运行。

④DNC 方式:外部加工程序的自动运行。

(2) 手动方式。

① 回零方式:各轴返回参考点的操作。

②JOG 方式:各轴按进给倍率的点动运行。

③ 手轮方式:各轴按手摇倍率的进给。

2. 工作方式相关信号

(1) 工作方式选择信号:MD1(G043#0)、MD2(G043#1)、MD4(G043#2)、DNC1(G043#5)、ZRN(G043#7)。

	#7	#6	#5	#4	#3	#2	#1	#0
G043	ZRN		DNC1			MD4	MD2	MD1
F003	MTCHN	MEDT	MMEM	MRMT	MMDI	MJ	MH	MINC
F004			MREF					

(2)PMC 与 CNC 之间相关工作方式的 I/O 信号见表 6.9。

表 6.9 PMC 与 CNC 之间相关工作方式的 I/O 信号

<table>
<tr><th colspan="2" rowspan="2">方式</th><th colspan="5">输入信号</th><th rowspan="2">输入信号</th></tr>
<tr><th>DNC1</th><th>ZRN</th><th>MD4</th><th>MD2</th><th>MD1</th></tr>
<tr><td rowspan="3">自动运行</td><td>手动数据输入(MDI/MEZ)</td><td>0</td><td>0</td><td>0</td><td>0</td><td>0</td><td>MMDI
< F003#3 ></td></tr>
<tr><td>储存器运行(MEM)</td><td>0</td><td>0</td><td>0</td><td>0</td><td>1</td><td>MMEM
< F003#5 ></td></tr>
<tr><td>DNC 运行(RMT)</td><td>1</td><td>0</td><td>0</td><td>0</td><td>1</td><td>MRMT
< F003#4 ></td></tr>
<tr><td colspan="2">编辑(EDIT)</td><td>0</td><td>0</td><td>0</td><td>1</td><td>1</td><td>MEDT
< F003#6 ></td></tr>
</table>

续表6.9

方式		输入信号					输入信号
		DNC1	ZRN	MD4	MD2	MD1	
手动操作	手轮进给 / 增量进给(HANDLE/INC)	0	0	1	0	0	MH < F003#1 >
	手动连续进给(JOG)	0	0	1	0	1	MJ < F003#2 >
	手动返回参考位置(RET)	1	0	1	0	1	MREF < F004#5 >
	TEACH IN JOG(TJOG)	0	0	1	1	0	MTCHN < F003#7 >
	TEACH IN HANDLE(THND)	0	0	1	1	1	MTCHN < F003#7 >

(3)PMC与机床之间相关工作方式的I/O信号见表6.10。

表6.10 PMC与机床之间相关工作方式的I/O信号

输入信号	输入X地址符号	输出信号	输出地址及符号
自动方式运行按钮	X1.2	自动方式运行指示灯	Y1.2
程序编辑按钮	X2.5	程序编辑指示灯	Y1.6
手动数据输入MDI方式按钮	X1.6	手动数据输入方式指示灯	Y1.4
返参方式运行按钮	X0.1	返参方式运行指示灯	Y0.5
手动连续进给按钮	X1.1	手动连续进给指示灯	Y0.6
手轮X进给方式按钮	X0.5	手轮X进给方式指示灯	
手轮Z进给方式按钮	X0.0	手轮Z进给方式指示灯	

3. 相关PMC编程指令

(1) 顺序程序结束END1、END2、END(图6.45)。

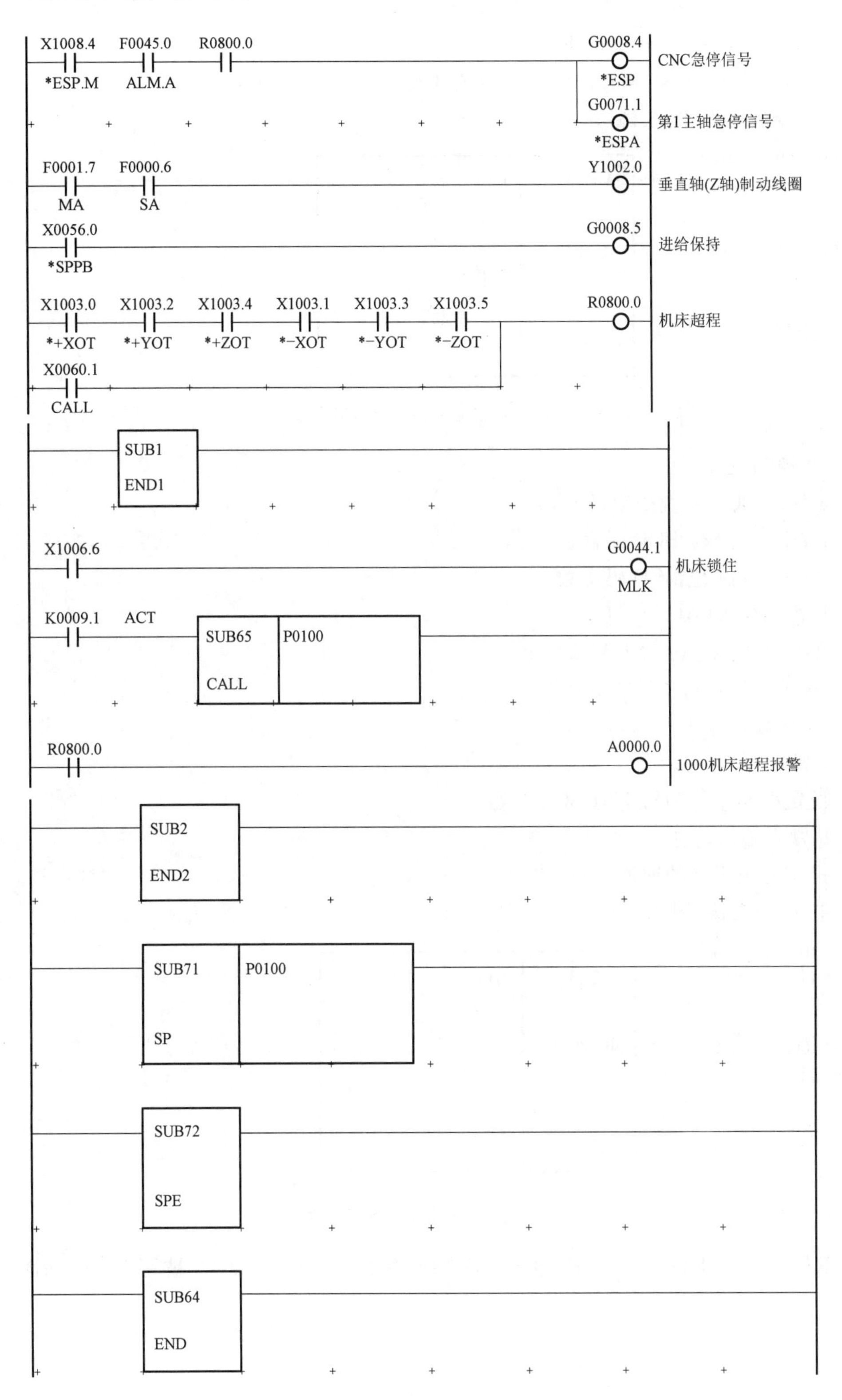

图 6.45 顺序程序结束(END1、END2、END)

(2) 常数定义指令 NUME。

常数定义指令 NUME 能实现 2 位或 4 位 BCD 码常数的定义。

① 指令格式(图 6.46)。

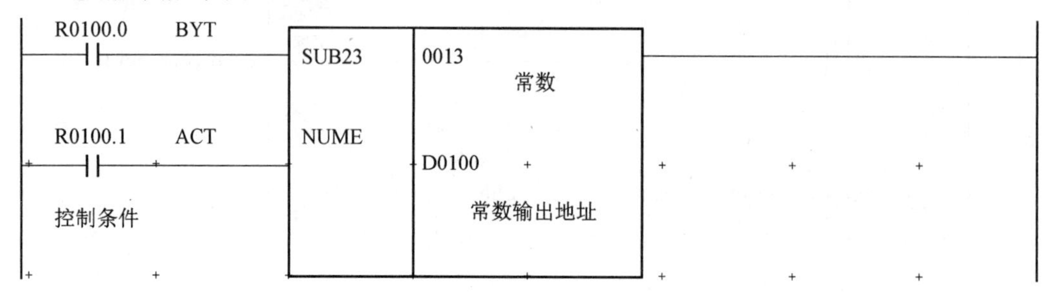

图 6.46　常数定义指令 NUME 指令格式

② 控制条件。

a.指定 BCD 常数位数(BYT)。

BYT＝0:2 位 BCD 码常数。

BYT＝1:4 位 BCD 码常数。

b.指令输入(ACT)。

ACT＝0:不执行 NUME 指令。

ACT＝1:执行 NUME 指令。

③ 参数。

a.常数。

设定控制条件为指定的 BCD 常数。

b.常数输出地址。

设定常数定义的地址。

⑤ 指令实例(图 6.47)

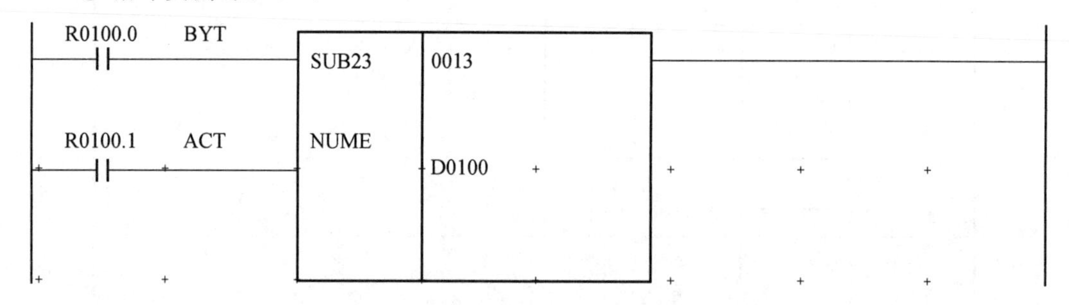

图 6.47　常数定义指令 NUME 指令实例 1

R100.0＝0、R100.1＝1 时,执行 NUME 指令。执行后,D100 被写入 13,如图 6.48 所示。

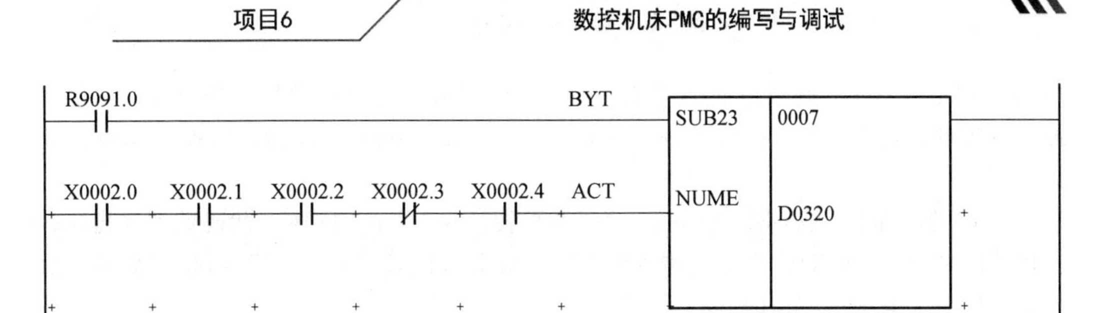

图 6.48 常数定义指令 NUME 指令实例 2

(4) 常数定义指令 NUMEB。

NUMEB 指令是 1 个字节、2 个字节或 4 个字节长二进制数的常数定义指令。

① 指令格式(图 6.49)。

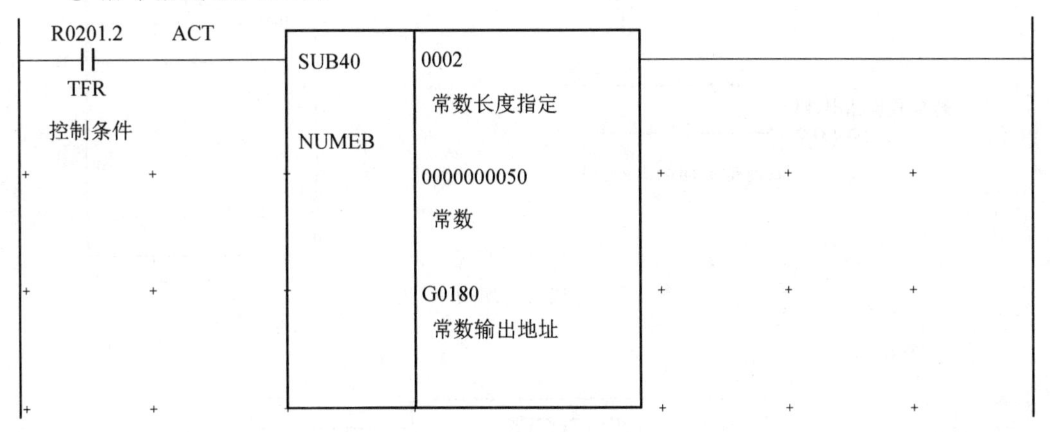

图 6.49 常数定义指令 NUMEB 指令格式

② 指令实例(图 6.50)。

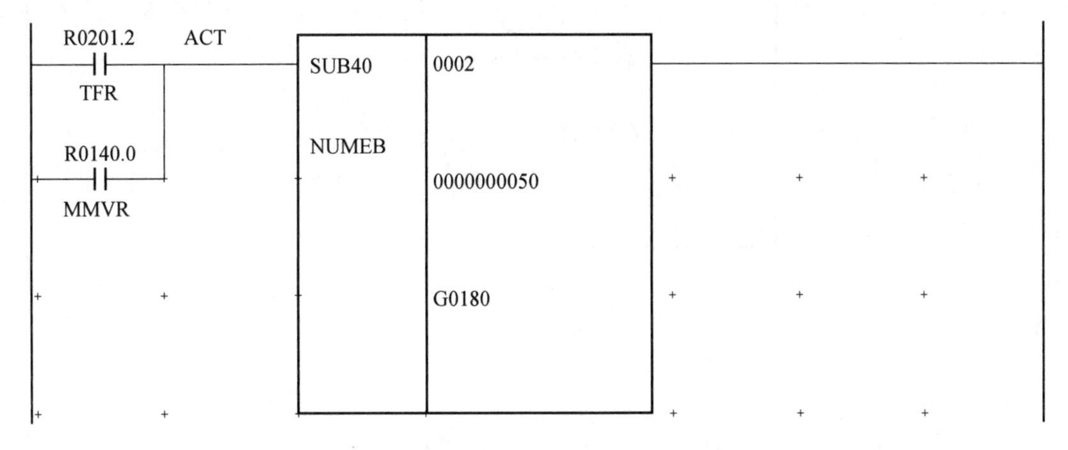

图 6.50 常数定义指令 NUMEB 指令实例

(5) 代码转换指令 COD。

代码转换指令的作用为转换BCD代码为任意的2位或4位BCD数值。进行代码转换必须输入数据输入地址、转换表和转换数据输出地址。在“转换数据输入地址”中以两位

BCD 代码形式指定一表内地址，根据该地址从转换表中取出转换数据。转换表以 2 位数或 4 位数形式依次输入。按转换输入数据地址“取出的数据”输出到“转换数据输出地址”中。

COD 指令是把 2 位 BCD 代码(0～99)数据转换成 2 位或 4 位 BCD 代码数据的指令。具体功能是把 2 位 BCD 代码指定的数据表内号数据(2 位或 4 位 BCD 代码)输出到转换数据的输出地址中，如图 6.51 所示。

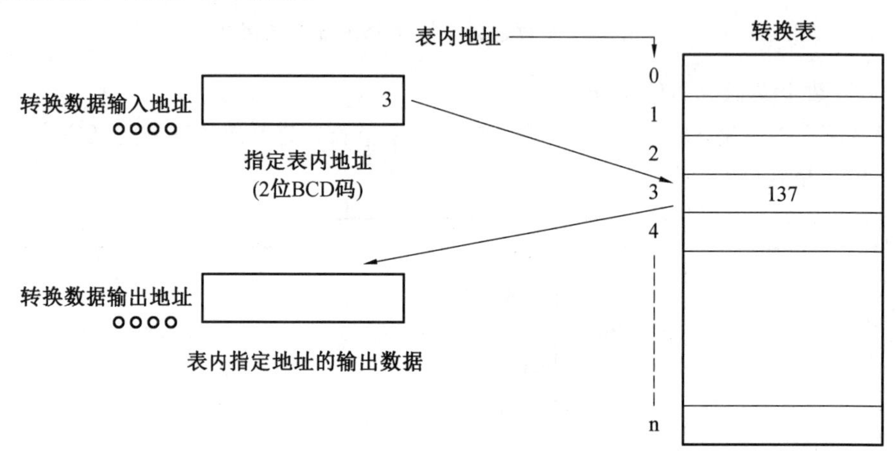

图 6.51　代码转换指令 COD

① 指令格式(图 6.52)。

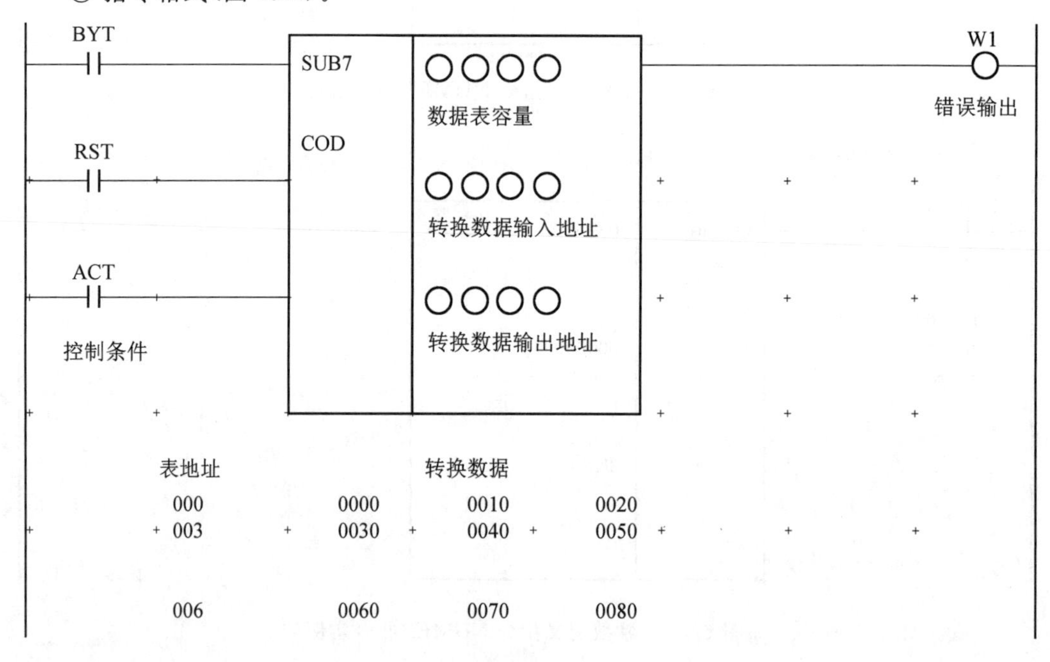

图 6.52　代码转换指令 COD 指令格式

② 控制条件。

a.确定数据形式(BYT)。

BYT＝0:指定转换表中数据为2位BCD码。

BYT＝1:指定转换表中数据为4位BCD码。

b.错误输出复位(RST)。

RST＝0:取消复位。

RST＝1:将错误输出W1设置为0(复位)。

c.执行命令(ACT)。

ACT＝0:COD指令未执行,W1未改变。

ACT＝1:执行。

③ 参数。

a.数据表容量。

数据转换表地址指定范围为0～99。当表内地址最后一位为n时,则数据表容量为$n+1$。

b.转换数据输入地址。

转换数据输入地址内含有转换数据的表地址。转换表中的数据可通过该地址查到,然后输出。

转换数据输入地址中需要指定1字节(2位BCD码)数据。

c.转换数据输出地址。

转换数据输出地址是存储由数据表输出数据的地址。

2位BCD码的转换数据在转换数据输出地址中需要1字节的存储空间。4位BCD码的转换数据需要2个字节的存储空间。

④ 输出(W1)。

在执行COD指令时,如果转换数据输入地址出现错误,W1＝1。

例如:若在顺序程序中转换输入数据地址指定了超过数据表容量的数据,则W1＝1。当W1＝1时,顺序程序应执行适当互锁:如使机床操作面板上的出错灯闪亮或停止伺服轴进给。

注意:此指令后的WRT、NOT、SET和RST指令不能使用多线圈输出,在此指令的输出线圈中仅可指定一个。

⑤ 指令实例(图6.53)。

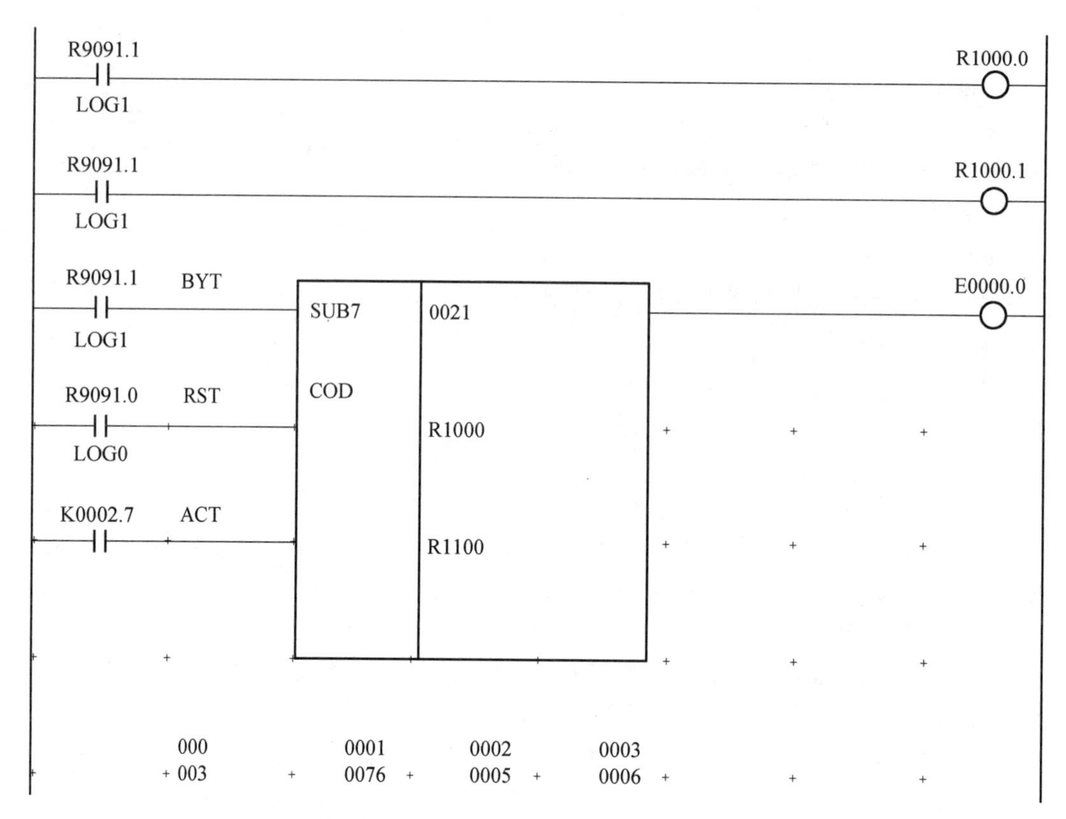

图 6.53　代码转换指令 COD 指令实例

将 BCD 格式的 R1000 指定为 3，则表示要读取下面表格中第三个数值，第三个数值为 76，因此 R1100 被赋值 76。

注：以上左侧的 000 是代表表号，右面的数字代表对应的数据。

（6）代码转换指令 CODB。

代码转换指令 CODB 的作用是将二进制格式的数据转换为 1 字节、2 字节或 4 字节格式的二进制数据。如图 6.54 所示：转换数据输入地址、转换表、转换数据输出地址对于数据转换指令是必需的。与 COD 指令相比，CODB 指令可处理 1 字节、2 字节或 4 字节长度的二进制格式数据，而且转换表的容量最大可控制至 256。

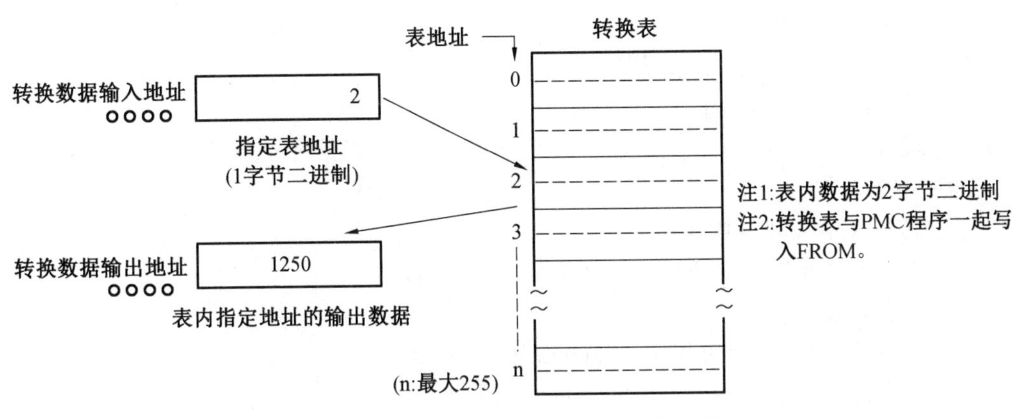

图 6.54 代码转换指令 COD 指令实例

CODB 指令是把 2 个字节的二进制代码(0～256)数据转换成 1 字节、2 字节或 4 字节的二进制数据指令。具体功能是把 2 字节二进制数指定的数据表内号数据(1 字节、2 字节或 4 字节的二进制数据)输出到转换数据的输出地址中。

① 指令格式(图 6.55)。

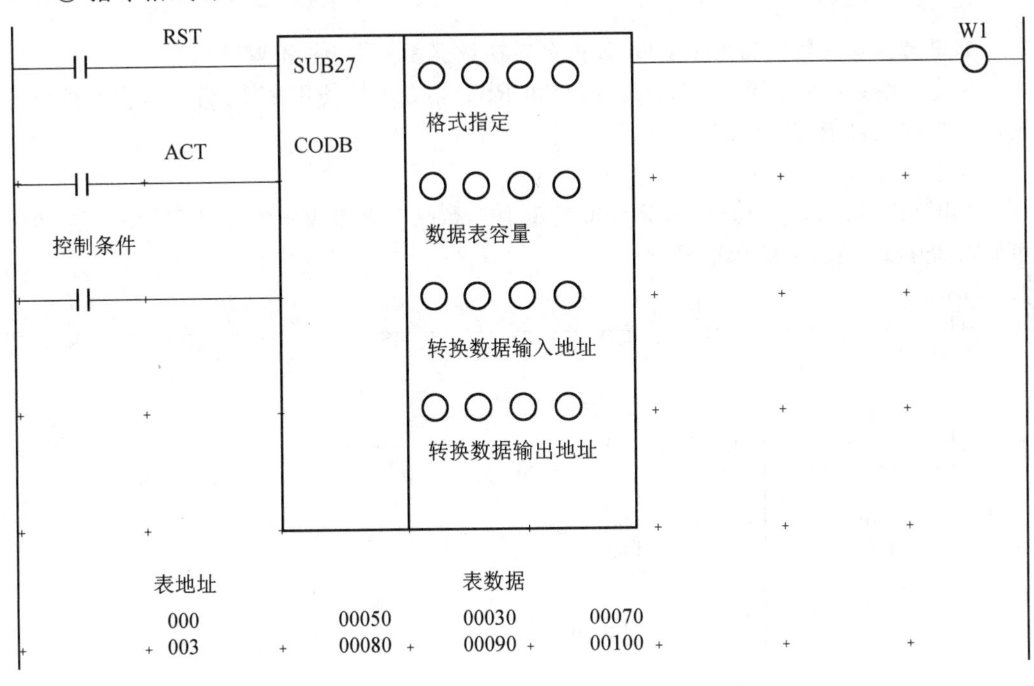

图 6.55 代码转换指令 CODB 指令格式

② 控制条件。

a.复位(RST)。

RST＝0:不复位。

RST＝1:将错误输出 W1 复位。

b.工作指令(ACT)。

ACT＝0:不执行 CODB 指令。

ACT＝1:执行 CODB 指令。

③ 参数。

a.格式指定。

指定转换表中二进制数据长度。

1,1 字节的二进制;2,2 字节的二进制;4,4 字节的二进制。

b.数量表容量。

指定转换表容量,最大可指定 256(0 到 255) 个字节。

c.转换数据输入地址。

转换表中的数据可通过指定表号取出,指定表号的地址称为转换数据输入地址,该地址需要 1 字节的存储空间。

d.转换数据输出地址。

存储表中输出的数据的地址称为转换数据输出地址。

以指定地址开始在格式规格中指定的存储器的字节数。

④ 错误输出(W1)。

如果转换输入数值超出了 CODB 指令转换数据表范围,输出 W1＝1。

注意:此指令后的 WRT、NOT、SET 和 RST 指令不能使用多线圈输出,在此指令的输出线圈中仅可指定一个。

⑤ 指令实例。

如图 6.56 所示,BCD码格式 R0200 设定为 3,数据表容量设定为 8,当 R100.2 置 1 时,可以将表中第三位的 25 读取到 R220 中。

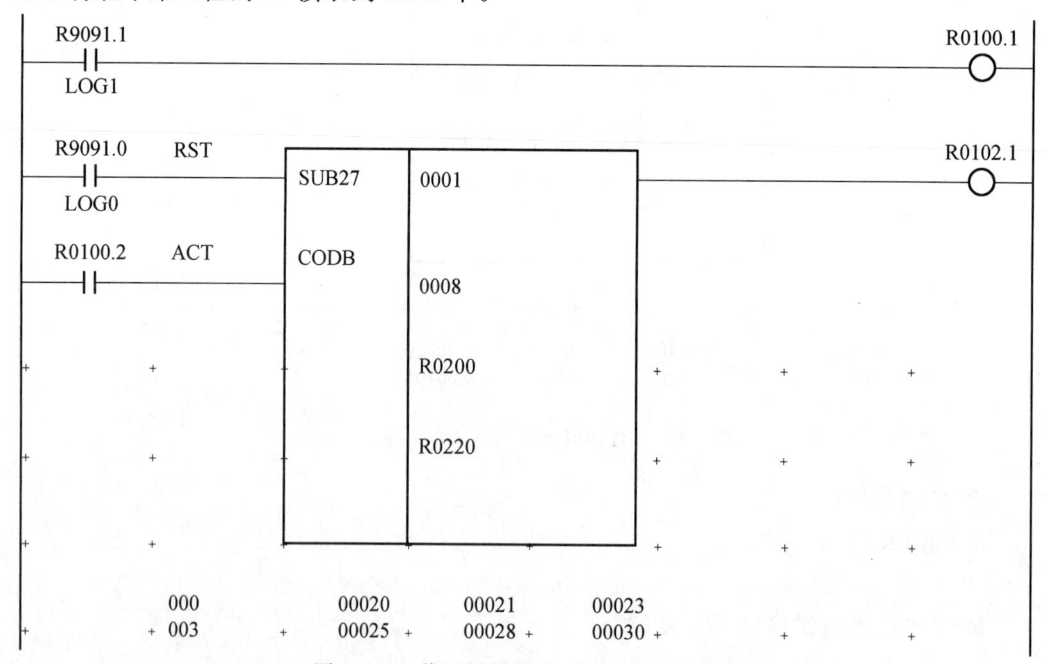

图 6.56　代码转换指令 CODB 指令实例

数控机床主轴倍率 PMC 程序如图 6.57 所示。

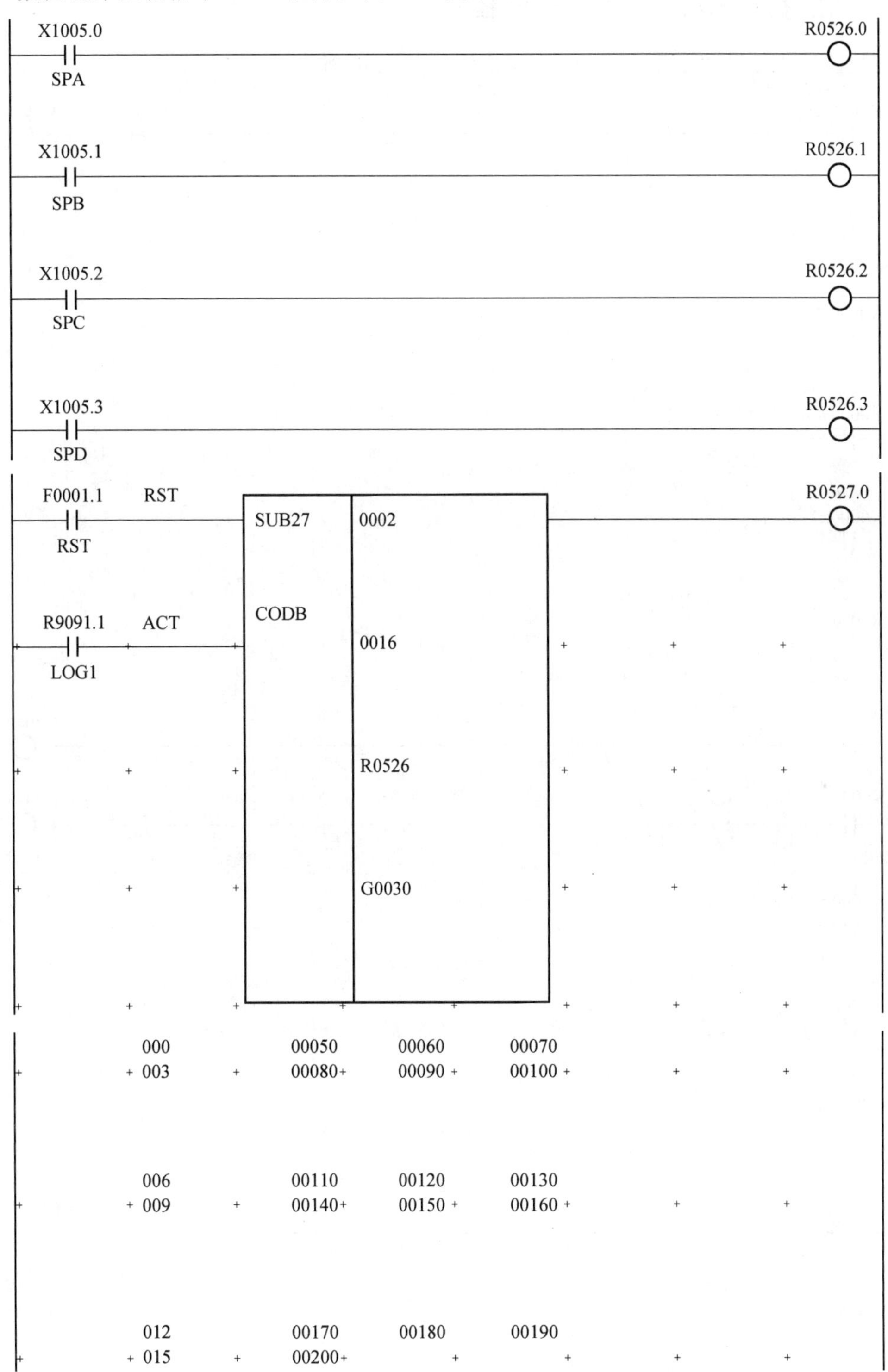

图 6.57 数控机床主轴倍率 PMC 程序

4. 数控机床按键式工作方式 PMC 程序

数控机床按键式工作方式 PMC 梯形图如图 6.58 所示。

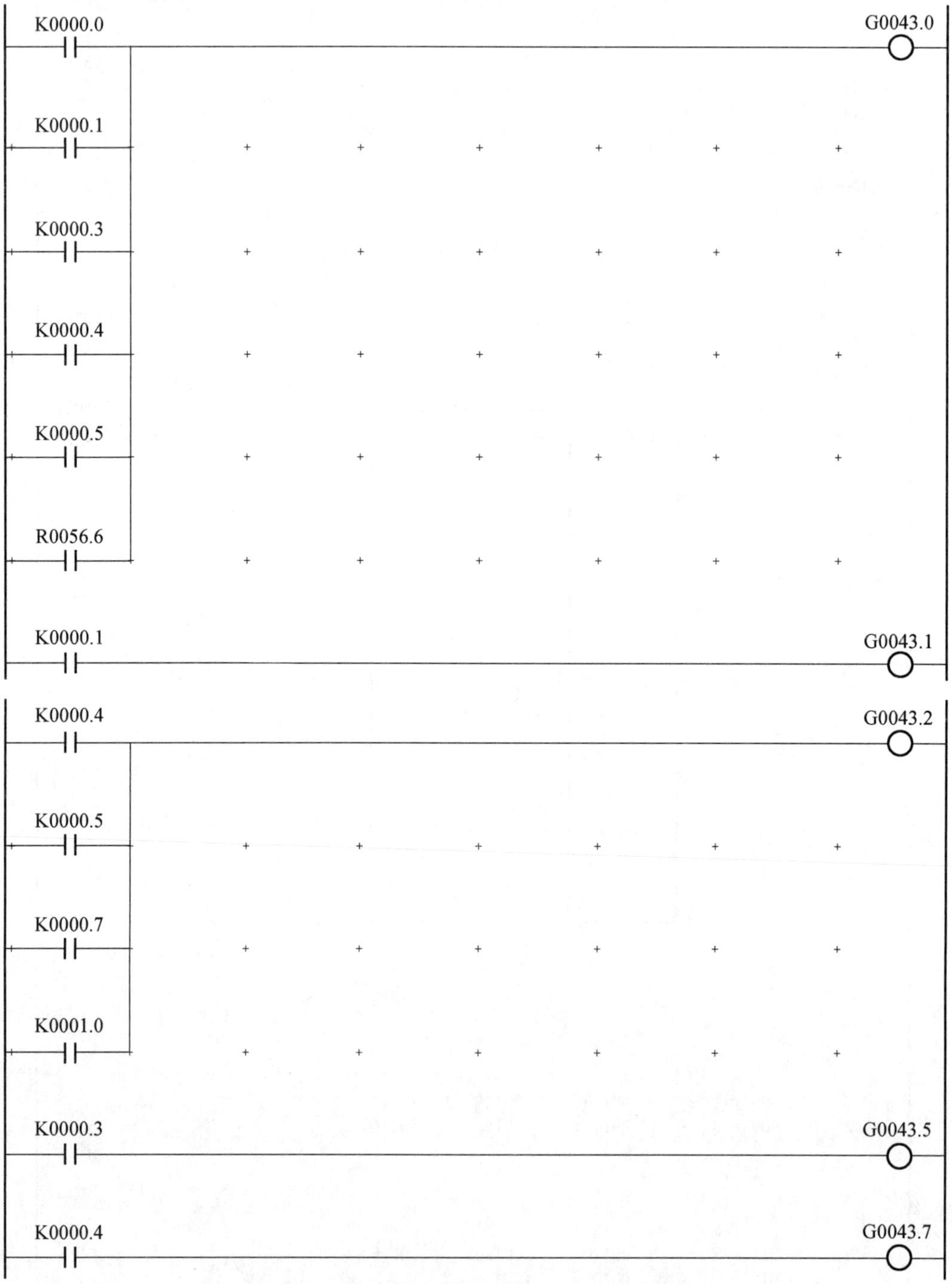

K0000.0
K0000.1
K0000.3
K0000.4
K0000.5
R0056.6
G0043.0
K0000.1
G0043.1
K0000.4
K0000.5
K0000.7
K0001.0
G0043.2
K0000.3
G0043.5
K0000.4
G0043.7

图 6.58　数控机床按键式工作方式 PMC 梯形图

5.**编辑模式运行信号处理**

存储器保护信号 KEY1 ~ KEY4 < G046#3 至 #6 >。

类型:输入信号。

功能:使来自 MDI 面板的存储器内容的修改有效。共有 4 个信号,各信号执行的存储器内容操作取决于参数 NO3290 第 7 位(KEY) 的设定。

(1) 当 KEY=0 时。

①KEY1:使刀具补偿值、工件零点偏移值和工作坐标系偏移量的输入有效。

②KEY2:使 SEITING 数据、宏变量和刀具寿命管理数据的输入有效。

③KEY3:使程序输入和编辑有效。

④KEY4:使 FMC 数据有效(计数器数据表)。

(2) 当 KEY=1 时。

①KEY1:使程序输入和编辑,以及 PMC 参数的输入有效。

②KEY2 ~ KEY4:不用。

操作:当信号设置为 0 时,有关的操作无效;当信号设置为 1 时,有关的操作无效。

信号地址:

	#7	#6	#5	#4	#3	#2	#1	#0
G046		KEY4	KEY3	KEY2	KEY1			

相关参数为 3290#7。

	#7	#6	#5	#4	#3	#2	#1	#0
3290	KEY							

KEY 对于存储器保护锁。

设定:0,使用 KEY1、KEY2、KEY3 和 KEY4 信号;1,只使用 KEY1 信号。

编辑模式梯形图如图 6.59 所示。

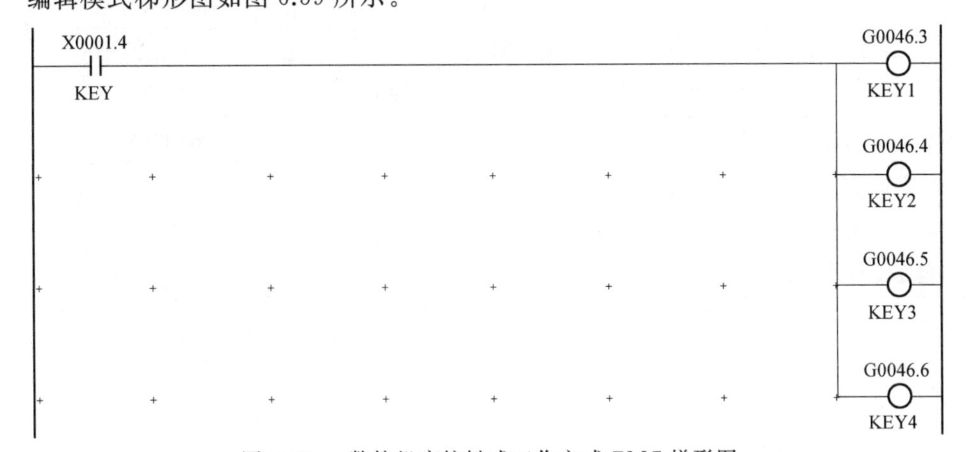

图 6.59 数控机床按键式工作方式 PMC 梯形图

6.4.5 实训步骤

1. 任务训练

(1) 查找数控机床各工作方式 G 地址信号及 F 信号。

① 按 MDI 面板上的功能键【SYSTEM】。

② 多次按功能键【SYSTEM】,再按软键【+】、【PMCMNT】、【信号】、【操作】,输入信号地址 G43 后按软件【搜索】,出现信号状态页面,如图 6.60 所示。

③ 查找数控机床各工作方式 G 地址信号及 F 信号,并填入表 6.11 中。

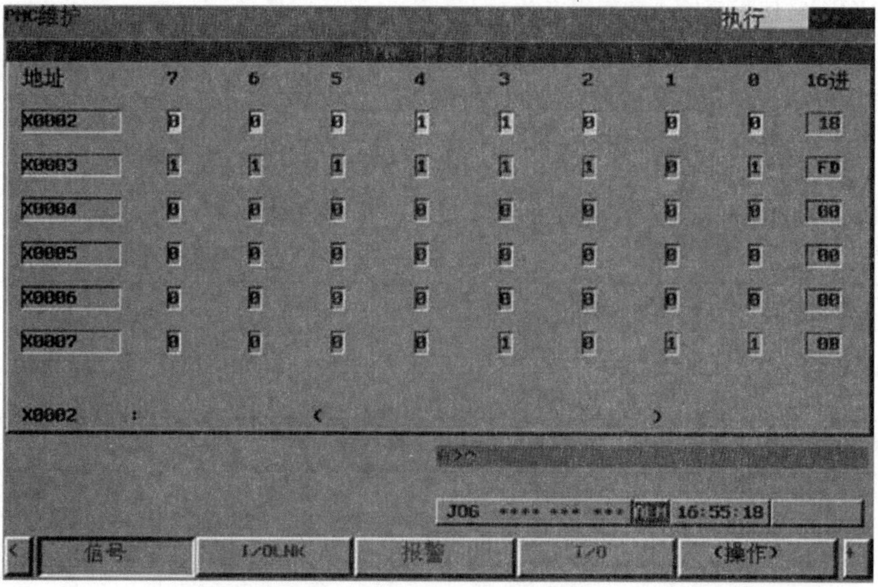

图 6.60 信号状态页面

表 6.11 机床工作方式 G43 信号

操作方式	G 信号					输出信号	状态
	ZRN G43.7	DNC1 G43.5	MD4 G43.2	MD2 G43.1	MDI G43.0	MIDI (F3.3)	(0/1)
手动数据输入运行(MDI)						MMDI(F3.3)	
自动方式运行(MEM)						MAUT(F3.5)	
DNC 方式运行(RMT)						MRMT(F3.4)	
程序编辑(EDIT)						MEDT(F3.6)	
手轮进给/增量进给(HND/INC)						MH(F3.1)	
手动连续进给(JOB)						MJ(F3.2)	
手动回参考点(REF)						MREF(F4.5)	

(2) 编写数控机床工作方式功能 PMC 程序并手动输入数控系统。

(3) 查找回转式工作方式按键各工作方式的输入地址 X 信号，并填入表 6.12 中。

表 6.12 不同工作方式下输入信号一览表

工作方式	输入信号地址						
手动数据输入运行(MDI)							
自动方式运行(MEM)							
DNC 方式运行(RMT)							
程序编辑(EDIT)							
输入信号地址							
手轮进给 / 增量进给(HND/INC)							
手动连续进给(JOB)							
手动回参考点(REF)							

2. 任务考核

(1) 了解数控机床各工作方式功能。

(2) 掌握 PM 与 CNC 之间相关工作方式的 I/O 信号。

(3) 能编写 FANUC 数控机床工作方式功能 PMC 程序。

① 机床工作方式有按键式和波段开关两种，PMC 程序设计时有什么不同？

②FANUC 0i Mate D 数控铣床工作方式状态转换开关采用 8421 码波段开关，如图 6.61 所示，具体输入信号见表 6.13。请设计该机床工作方式 PMC 程序。

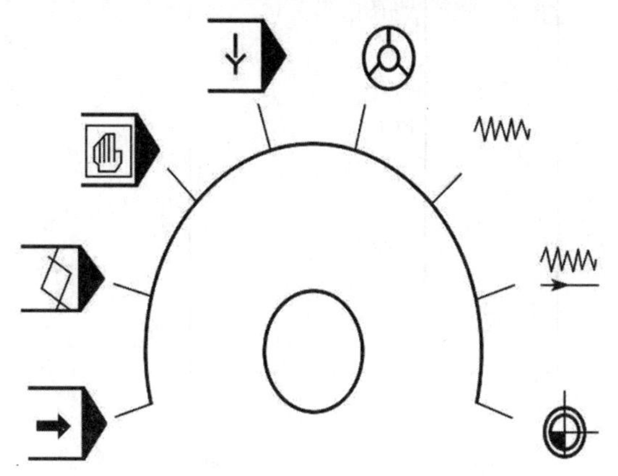

图 6.61 波段开关工作方式

表 6.13　机床方式输入信号

机床工作方式	输入信号		
	G43.2	G43.1	G43.0
自动运行方式	0	0	0
程序编辑	0	0	1
手动数据输入方式	0	1	0
DNC 方式运行	0	1	1
手轮进给方式	1	0	0
手动连续进给方式	1	0	1
增量进给方式	1	1	0
手动回参考点方式	1	1	1

数控机床波段开关工作方式参考 PMC 程序，如图 6.62 所示。

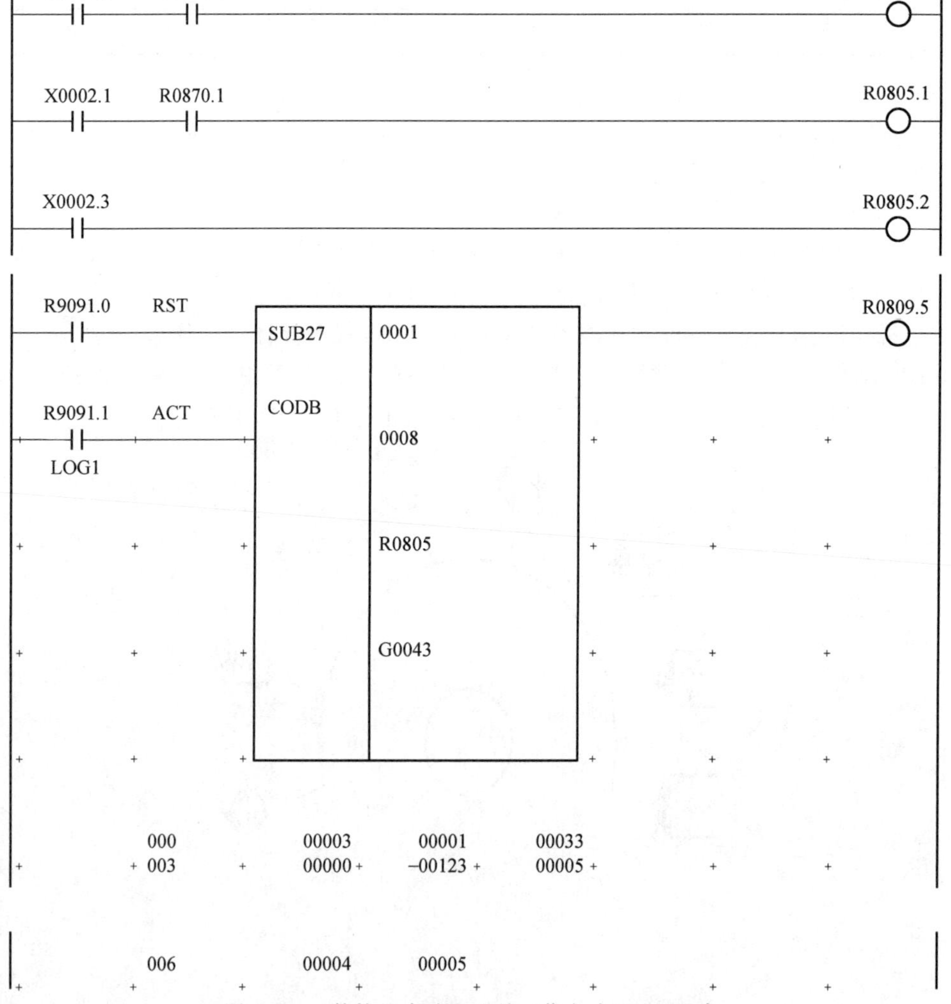

图 6.62　数控机床波段开关工作方式 PMC 程序

6.4.6 思考题

1. 机床操作面板的两大组成部分是什么?
2. 数控机床的两种工作方式是什么?

实训任务 6.5 数控机床主轴控制 PMC 编写与调试

6.5.1 实训目标

(1) 了解数控机床主轴工作方式。
(2) 掌握 PMC 主轴控制相关指令。
(3) 掌握 FANUC 数控机床主轴控制 PMC 程序的编写与调试。

数控机床主轴控制PMC编写与调试

6.5.2 实训内容

在手动数据输入和自动工作方式下,按下主轴点动、主轴正转按键和程序的 M03 指令,主轴能够正转,按下主轴反转按键、程序的 M04 指令,主轴能够反转,按下主轴停止和程序的 M05 指令,主轴停止。本任务将学习数控机床主轴控制 PMC 编写与调试。

6.5.3 实训工具、仪器和器材

工具、仪器和器材:FANUC 数控机床。

6.5.4 实训指导

1. 相关 PMC 编程指令

(1) 译码指令 DEC。

DEC 指令的功能是当两位 BCD 代码与给定值一致时,输出为 1,不一致时,输出为 0,主要用于数控机床的 M 码、T 码的译码。一条 DEC 译码指令只能译一个 M 代码。

① 指令格式(图 6.63)。

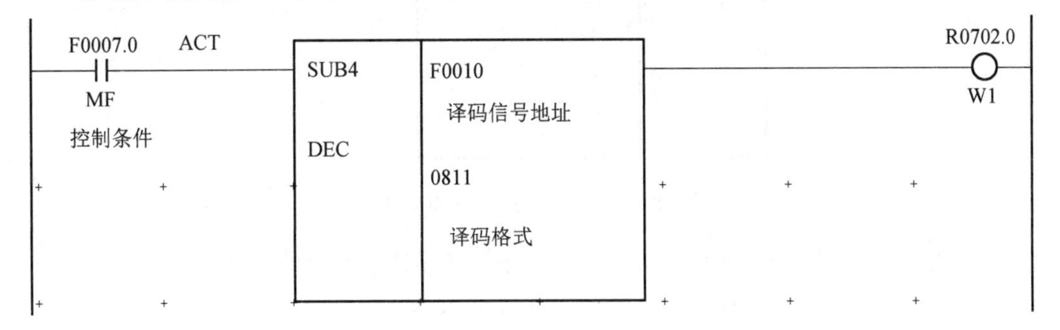

图 6.63 译码指令 DEC 指令格式

② 控制条件。

ACT＝0:关闭译码结果输出(W1)。

ACT＝1:执行译码。

当指定的数据等于译码信号时,W1＝1;不相等时,W1＝0。

③ 代码信号地址。

指定两位BCD码信号地址。

④ 译码格式。

包括译码数值和译码位数两个部分。在指令格式的译码格式中,08表示译码数值,11为译码位数。

a.译码数值。

指定译码数值,必须以两位进行指定。

b.译码位数。

01:只译低位数,高位数为0。

10:只译高位数,低位数为0。

11:高低位均译码。

⑤ 参数。

当指定地址的译码信号等于指定数值时,W1为1,否则为0。W1的地址可自行设定。

⑥ 指令实例(图6.64)。

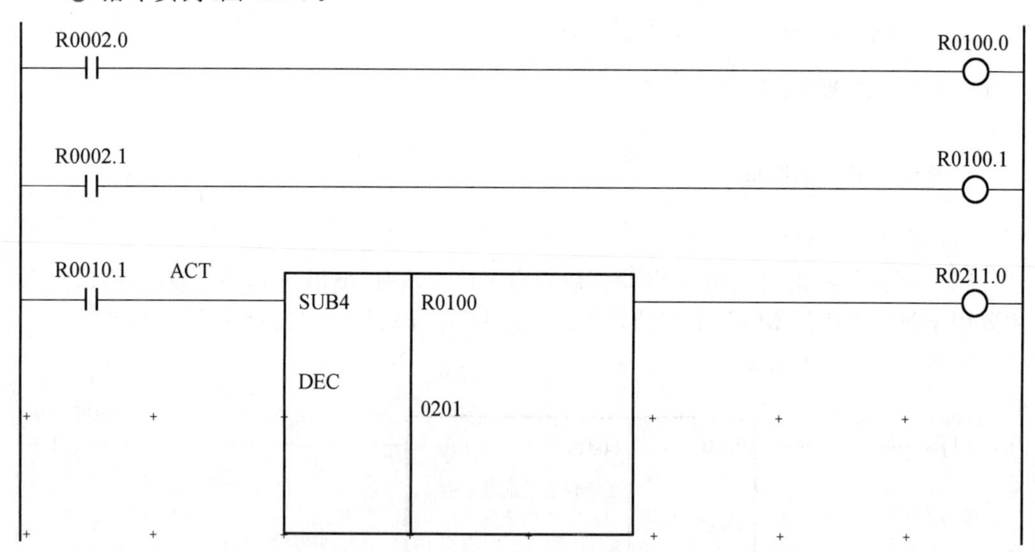

图6.64　译码指令DEC指令实例

当R100被赋值2时,输出R0211.0为1,表示满足两者相等的条件。

数控机床M03、M04、M05编译实例如图6.65所示。

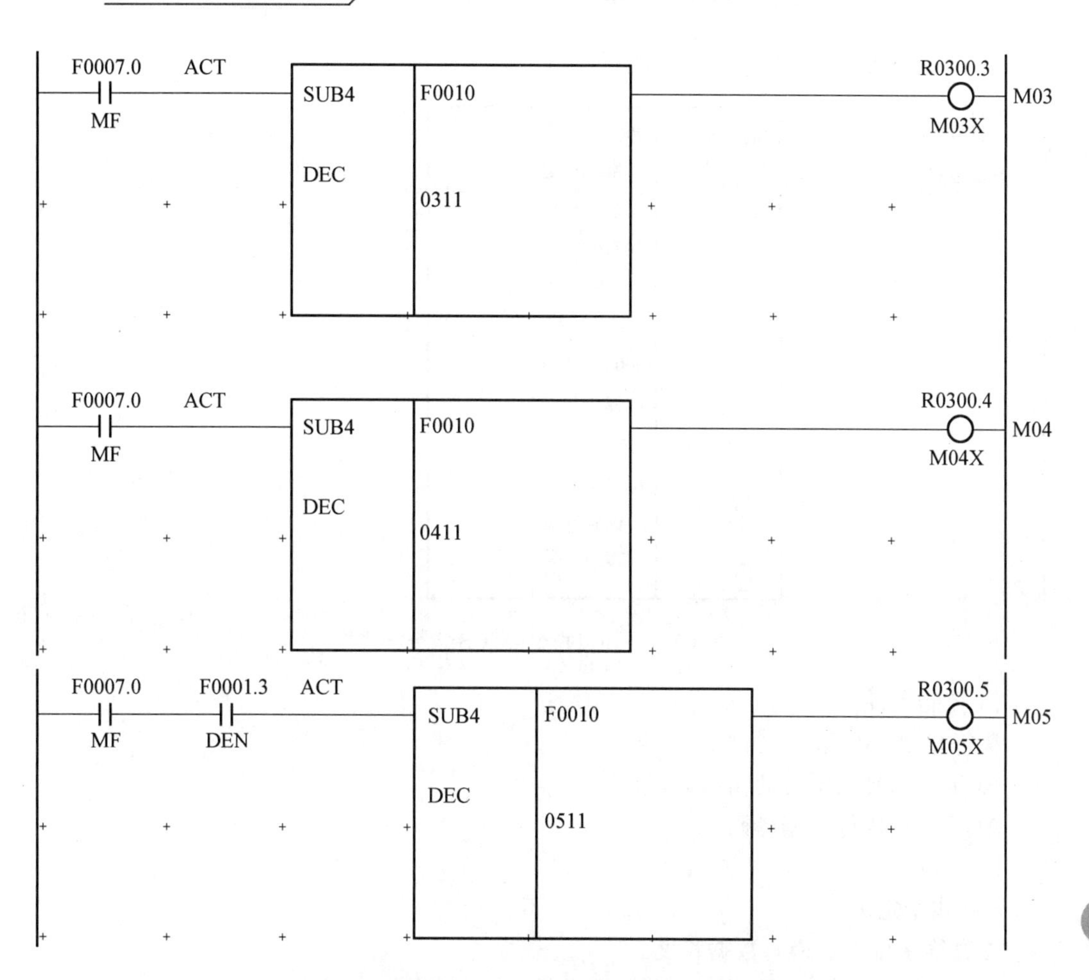

图 6.65　数控机床 M03、M04、M05 编译实例

(2) 译码指令 DECB。

DECB 的指令功能:可对 1 字节、2 字节或 4 字节的二进制代码数据译码,所指定的 8 位连续数据之一与代码数据相同时,对应的输出数据位为 1,没有相同的数据时,输出数据为 0。此指令用于 M 或 T 代码的数据译码。DECB 指令有基本格式和扩展格式两种,扩展格式可以一次译码 8 的倍数个连续的数值。DECB 指令主要用于 M 或 T 代码的译码,一条 DECB 代码可译 8 个连续 M 代码或 8 个连续 T 代码。

① 指令格式(图 6.66)。

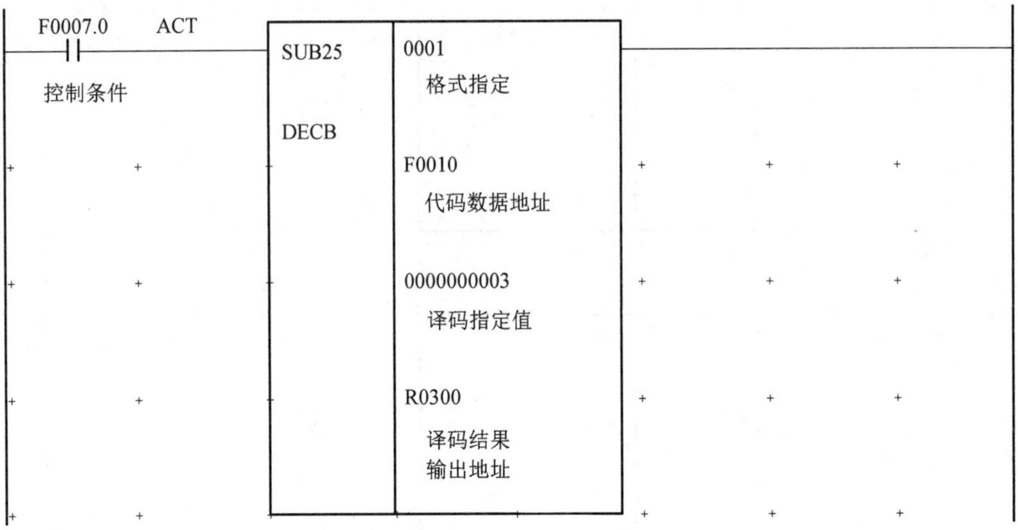

F0007.0　ACT
控制条件
SUB25
DECB
0001
格式指定
F0010
代码数据地址
0000000003
译码指定值
R0300
译码结果
输出地址

图 6.66　译码指令 DECB 指令格式

② 控制条件。

执行命令(ACT)。

ACT＝0:复位所有的输出数据。

ACT＝1:执行数据译码。

③ 参数。

a.格式指定。

参数第一位设定译码数据长度。

0001:译码数据为 1 字节二进制代码数据。

0002:译码数据为 2 字节二进制代码数据。

0004:译码数据为 4 字节二进制代码数据。

当设定为扩展格式时,DECB 可以一次译码多个(8n)字节。

0nn1:译码 8n 个数据,译码数据为 1 字节二进制格式。

0nn2:译码 8n 个数据,译码数据为 2 字节二进制格式。

0nn4:译码 8n 个数据,译码数据为 4 字节二进制格式。

数据 nn 的指定范围为 2 ～ 99,当设定 nn 为 00 或 01 时,其仅可译码 8 个数据。

b.代码数据地址。

指定被译码数据的地址。

c.译码指定值。

指定将被译码的第一个数据值。

d.译码结果输出地址。

指定译码结果输出地址。

输出地址需要占用 1 字节存储空间。当执行指令扩展格式时,需要占用的存储空间为 nn 个字节。

④ 指令实例(图 6.67)。

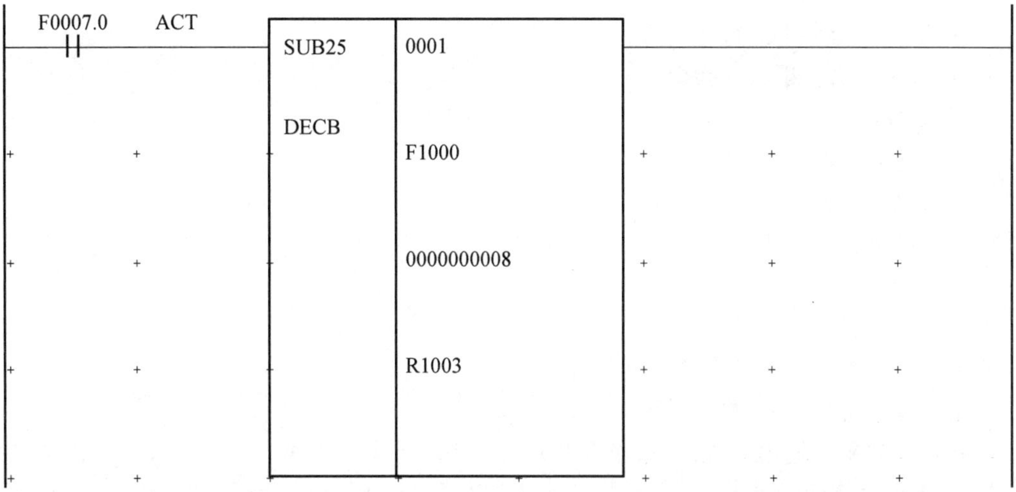

F0007.0 ACT	SUB25	0001
	DECB	F1000
		0000000008
		R1003

图 6.67　译码指令 DECB 指令实例

在图 6.67 中,若指定 R1000 为 12,从 8 开始计数 8 个数据,分别为 8、9、10、11、12、13、14、15,则 R1000 与 12 数值一致,于是 R1003 第 4 位设置为 1(从 0 开始算,则第 4 位为第 5 个数),则 BCD 格式的 R1003 显示为 10。

(3) 逻辑乘法数据传送指令 MOV。

逻辑乘法数据传送指令 MOV 的作用是把比较数据和处理数据进行逻辑“与”运算,即将输入数据和逻辑乘法数据进行按位与运算,并将结果传输到指定地址,数据大小为 1 字节。该指令也可用于清零 8 位数据里面不需要的位。在数控机床上主要应用于数据的运算,比如刀库程序中数据处理等。

① 指令格式(图 6.68)。

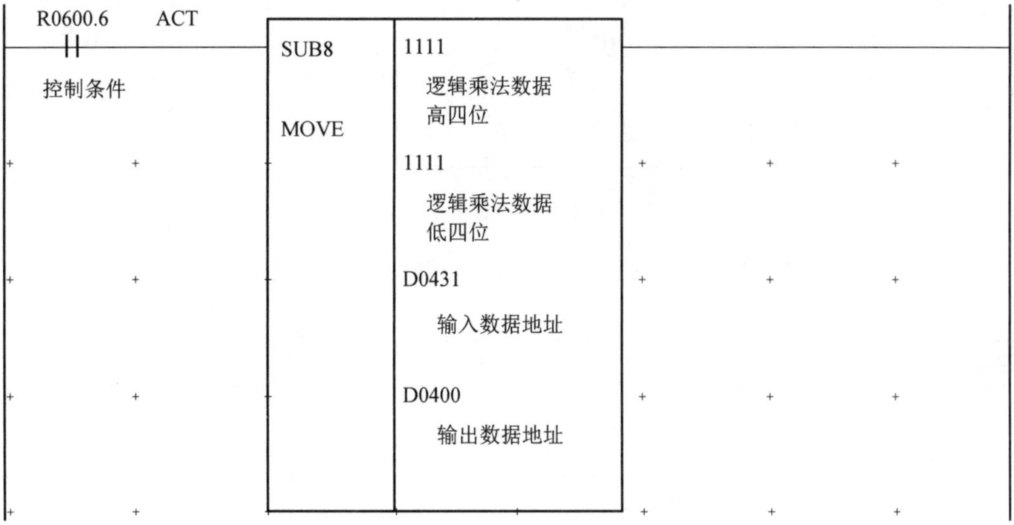

R0600.6 ACT 控制条件	SUB8	1111 逻辑乘法数据 高四位
	MOVE	1111 逻辑乘法数据 低四位
		D0431 输入数据地址
		D0400 输出数据地址

图 6.68　逻辑乘法数据传送指令 MOV 指令格式

② 控制条件。

输入信号(ACT)。

ACT＝0:指令不执行。

ACT＝1:执行逻辑乘指令。

③ 参数。

a.逻辑乘法数据高四位。

二进制数形式输入。

b.逻辑乘法数据低四位。

二进制数形式输入。

c.输入数据地址。

源数据所在一个字节存储空间地址。

d.输出地址。

指定逻辑乘后输出的地址(一个字节)。

④ 指令实例(图 6.69)。

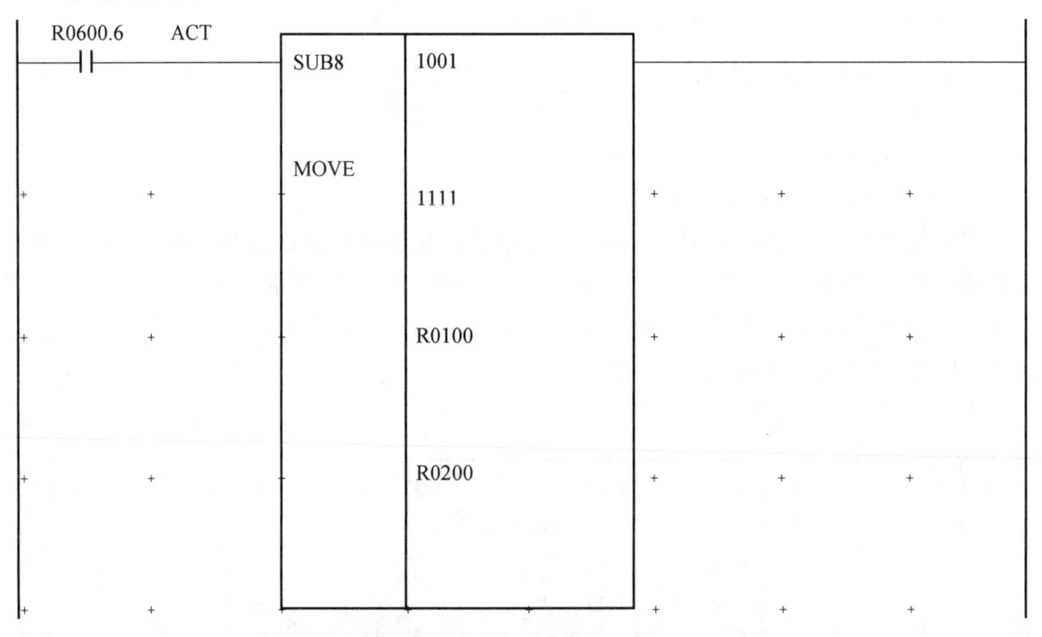

图 6.69　逻辑乘法数据传送指令 MOV 指令实例

该程序指令的逻辑乘法数据为 10011111，假设 R0100 中数据为 10111111，则 R600.6＝1 时输出结果如下：

逻辑乘法数据	1	0	0	1	1	1	1	1
操作数据	1	0	1	1	1	1	1	1
输出数据	1	0	0	1	1	1	1	1

计算结果 10011111 输出到 R0200 中。

2. FANUC 0i Mate D **数控机床主轴控制** PMC

(1) 主轴正反转控制 PMC(图 6.70)。

数控机床主轴正反转控制 PMC 程序如图 6.70 所示。

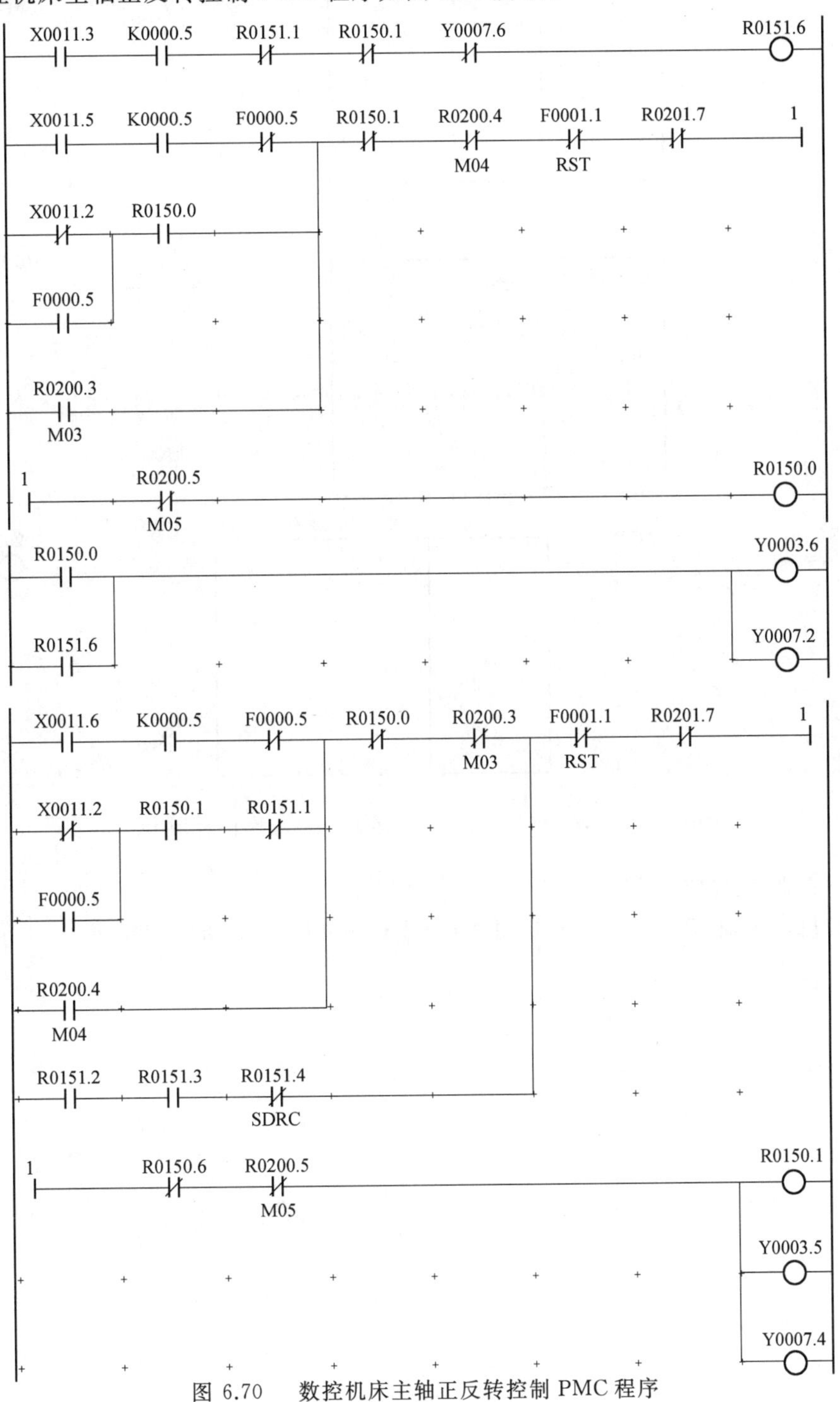

图 6.70　数控机床主轴正反转控制 PMC 程序

（2）主轴 M03、M04、M05 编译 PMC。

数控机床主轴 M03、M04、M05 编译 PMC 程序如图 6.71 所示。

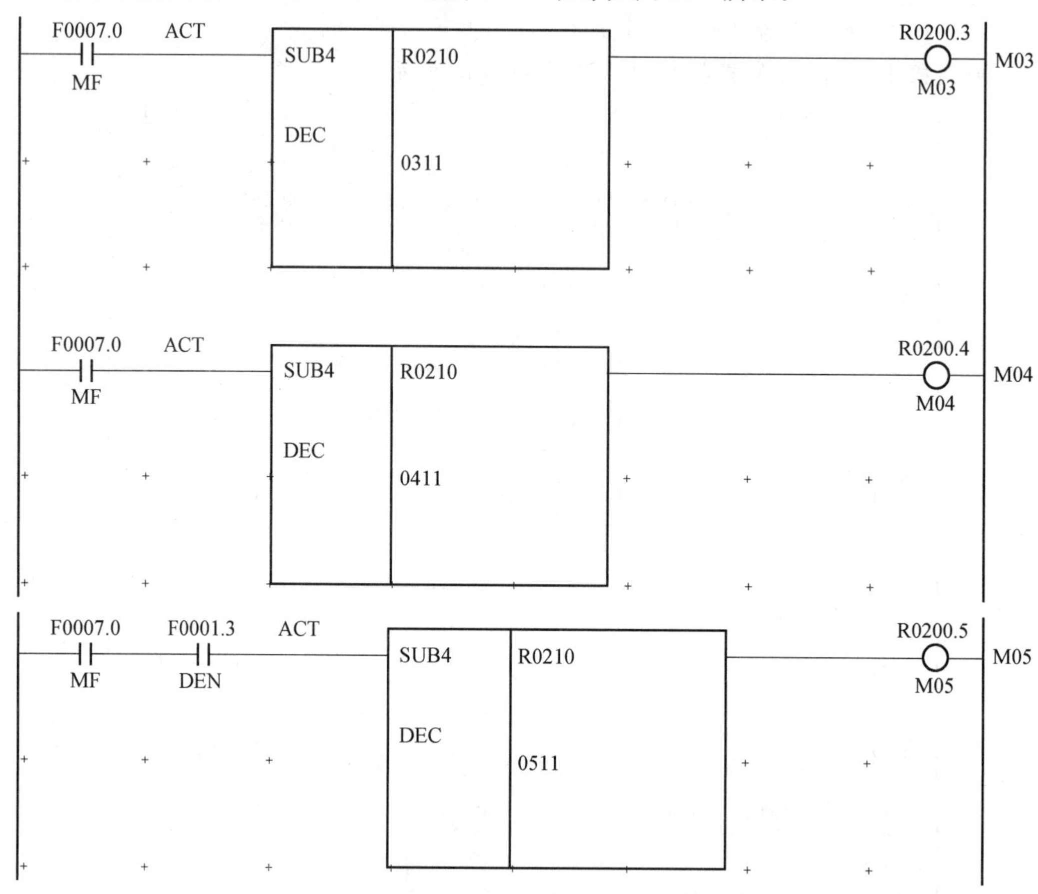

图 6.71　数控机床主轴 M03、M04、M05 编译 PMC 程序

（3）主轴倍率控制 PMC。

数控机床主轴 M03、M04、M05 编译 PMC 程序如图 6.72 所示。

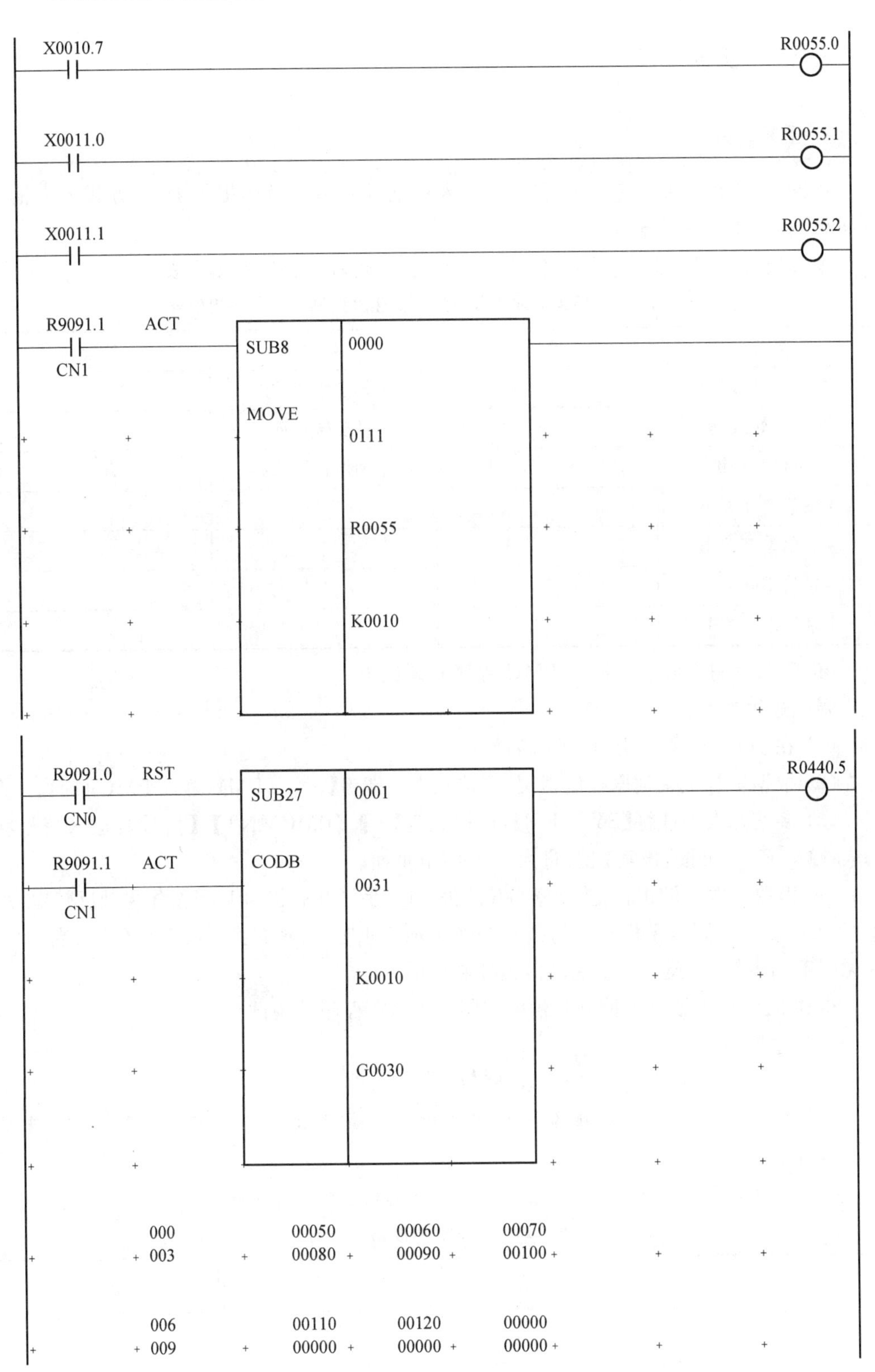

图 6.72 数控机床主轴 M03、M04、M05 编译 PMC 程序

6.5.5 实训步骤

1. 任务训练

步骤 1:找出主轴正转、反转和停止输入地址或由指导教师提供 JOG 方式下主轴正转、反转和停止按键的地址。

查找现场实训设备有关的主轴速度控制输入与输出信号,并填入表 6.14 中。

表 6.14 现场实训设备有关的主轴速度控制输入与输出信号

名称	地址	名称	地址
主轴正转按键		主轴正转指示灯	
主轴反转按键		主轴反转指示灯	
主轴停止按键		主轴停止指示灯	
主轴倍率开关 A			
主轴倍率开关 B			
主轴倍率开关 C			
主轴倍率开关 D			

步骤 2:编制主轴手动控制 PMC 程序并调试。

调试过程如下:

(1) 在 JOG 方式下,按主轴正转键。

(2) 根据串行主轴伺服控制框图,多按几次功能键【SYSTEM】,进入 PMC 页面。

(3) 多按几次功能键【SYSTEM】,再按软键【+】、【PMCMNT】、【信号】,进入信号状态表,输入 G70,再按【搜索】键,进入 G70 字节页面。

(4) 当按几次主轴正转键,观察 G70.5 为 1 时,手松开后仍为 1;当按住主轴反转键,观察 G70.4 为 1 时,同样手松开后仍为 1;当按主轴停止键后,观察到 G70.5 和 G70.4 都为 0,这说明手动主轴正、反转以及主轴停止控制正确。

步骤 3:编写主轴自动控制和倍率控制的 PMC 程序并调试。

调试过程如下:

(1) 在 MDI 方式下,输入程序段“M03S500;M05;M02;”

(2) 在 MDI 方式下,选择单段方式,按下循环启动键,运行“M03S500”,观察主轴电动机的运行情况。

(3) 按同样的思路进入 PMC 菜单的信号状态,观察并填写表 6.15。

表 6.15 主轴信号状态表(一)

G 信号地址	信号状态	功能	备注
G70.4			
G70.5			

续表6.15

G 信号地址	信号状态	功能	备注
G70.6			
G29.6			
G33.5			
G33.6			
G33.7			
G71.1			
电动机运转状态			

当旋转主轴倍率开关时，观察相应的X输入地址变换、G30变化情况以及主轴电动机速度变化情况。

再次按下循环启动键，运行M05程序，继续观察并填写表6.16。

表6.16 主轴信号状态表(二)

G 信号地址	信号状态	功能	备注
G70.4			
G70.5			
G70.6			
G29.6			
G33.5			
G33.6			
G33.7			
G71.1			
电动机运转状态			

步骤4:插座参数的修改对主轴控制的影响。

(1) 将参数3741设定为0，重复手动方式演示，观察主轴电动机的运行情况，运行后恢复原值。

(2) 将参数8133#5设定为0，重复手动方式演示，观察主轴电动机的运行情况，运行后恢复原值。

2. 完成第二模拟主轴的开发

(1) 设计并绘制数控系统侧至变频器、变频器至交流电动机连接框图，要求：

① 变频器动力输出端(电箱端子排)至交流电动机。

② 数控系统模拟指令电压接入变频器(电箱)端子排。

③ 系统正反转及公共端指令接入变频器(电箱)端子排，要求压接端子、标注线号(现场提供线号管)、接线。

(2) 开通第二主轴，激活模拟主轴接口。

(3) 编辑 PLC 程序，以及参数设置，实现：

① 通过 MDI 键盘输入 S 指令、M 指令控制主轴正/反转。

② 通过机床操作面板备用键(图 6.73)进行主轴正转、主轴反转、增速、减速、主轴停止，按下哪个键后，其对应的按钮 LED 灯亮，通过增速/减速按钮每按一次增/减速 10%。

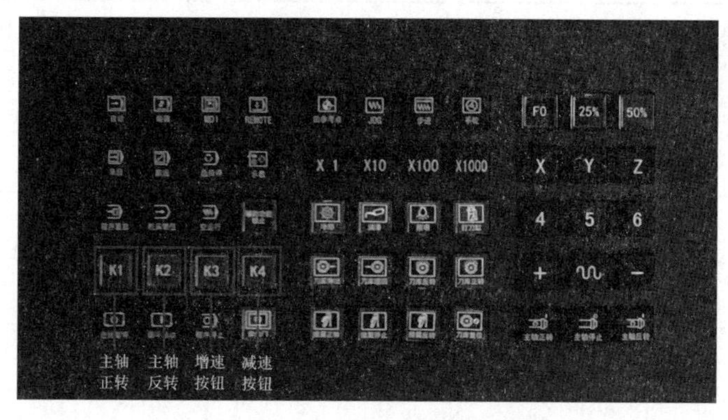

图 6.73　操作面板备用键位置

(4) 按表 6.17 进行第二模拟主轴开发，记录过程并评分。

表 6.17　模拟主轴调速控制功能记录和评分表

序号	项目	项目内容	过程记录	得分
1	连接图设计	完善数控系统侧至变频器、变频器至交流电动机连接框图		
2		异步电动机电源连接正确		
3	变频器连接与调试	系统模拟电压连接正确		
4		正反转及公共端信号线连接正确		
5		模拟主轴参数设置正确，模拟主轴被激活		
6		变频器通电及参数设置正确		

续表6.17

序号	项目	项目内容	过程记录	得分
7	PLC 编程	MDI 方式下执行主轴控制 M/S 代码,主轴正转		
8		MDI 方式下执行主轴控制 M/S 代码,主轴反转		
9		按下主轴正转按钮,主轴正转		
10		主轴正转 LED 指示灯亮		
11		按下反轴正转按钮,主轴正转		
12		主轴反转 LED 指示灯亮		
13		按下增速按钮,主轴增速 LED 灯亮		
14		按下增速按钮,每按一次主轴增速 10%		
15		按下减速按钮,主轴减速 LED 灯亮		
16		按下减速按钮,每按一次主轴减速 10%		
17		按下停止按钮,停止按钮 LED 灯亮		
18		按下停止按钮,主轴停止		
合计				

6.5.6 思考题

译码指令 DEC 的功能是什么?

项目7　数控加工中心自动上下料功能开发与调试

项目引入

数控机床综合了自动化技术、伺服驱动、精密测量和精密机械等各个领域的技术成果，随着数控技术和数控机床的发展，数控机床的自动化程度是机床的性能的一项重要指标，成为影响工件加工效率的主要因素，为了提高数控机床的加工优势，需要提高数控机床的自动化程度。机器人，是由通过伺服电动机驱动的轴和手腕构成的机构部件，其可以代替人，实现工件的上下料功能，在数控机床中得到了广泛的应用。

项目目标

(1) 了解数控加工中心自动上下料基本硬件配置。

(2) 掌握自动上下料PMC程序的编写与调试。

(3) 掌握自动上下料机器人程序的编写与调试。

(4) 培养学生从事数控机床PMC、机器人编程等职业的素质和技能，并让学生具备从事相关岗位的职业能力和可持续发展能力。

(5) 在数控机床自动上下料功能开发与调试中，要有严谨的态度，任何不恰当的参数设置和调整都会影响数控机床工作的安全性，导致设备和工件的报废。

(6) 在数控机床自动上下料功能联调中，应培养与其他同学团结协作的意识，较好地完成本项目的学习，养成良好的职业素养。

项目任务

编写并调试自动上下料PMC程序、机器人程序，实现机器人与数控机床自动上下料联调。

实训任务7.1　自动上下料PMC程序编写与调试

7.1.1　实训目标

(1) 了解FANUC数控系统的PMC与CNC、机器人之间的I/O信号。

(2) 掌握FANUC 0i－MF Plus数控加工中心上下料流程的PMC程序开发。

7.1.2　实训内容

利用富余的 M 指令,开发 PLC 程序,实现在 MDI 和单步方式下,使用机器人信号输出实现自动门开关,开发自动门开关与机器人安全联锁能,开发智能加工区域安全围栏功能,完成自动上下料 PMC 程序编写与调试。

7.1.3　实训工具、仪器和器材

工具、仪器和器材:FANUC 数控加工中心,包括数控系统。

7.1.4　实训指导

1. PMCLAD 的组成

进入梯形图监控与编辑画面可以进行梯形图的编辑与监控以及梯形图双线圈的检查等内容,如图 7.1 所示。再按 PMCLAD 键进入 PMC 梯形图状态画面如图列表画面,主要是显示梯形图的结构等内容。

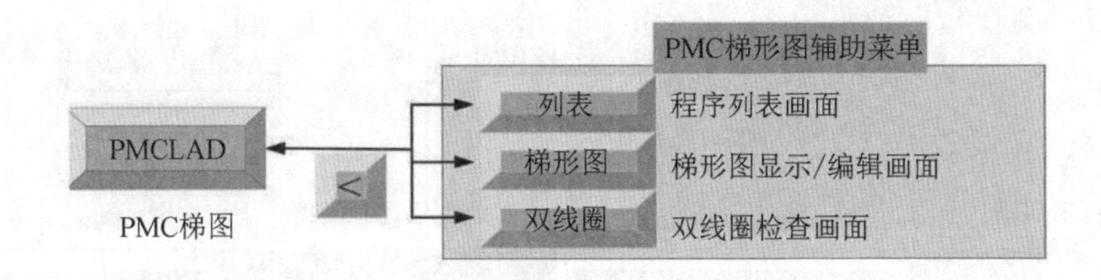

图 7.1　PMCLAD 内容

按功能键  SYSTEM,再按软键 + PMC梯图,PMC 梯形图画面显示如图 7.2 和图 7.3 所示。

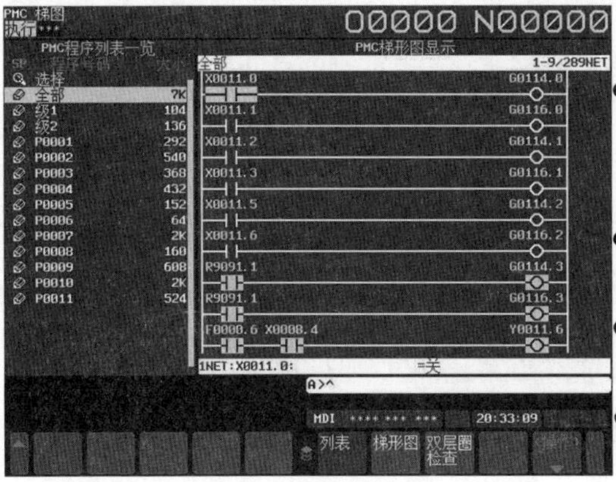

图 7.2　梯形图列表画

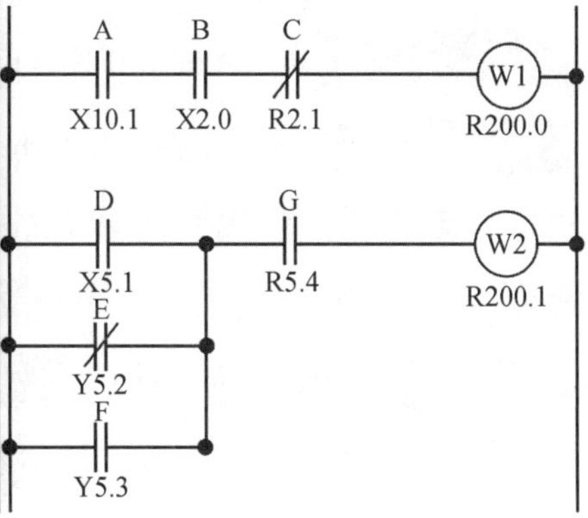

图 7.3　梯形图的画法

2. 梯形图画面

在 SP 区选择梯形图文件后，进入梯形图画面就可以显示梯形图的监控画面，在这个图中就可以观察梯形图各状态的情况。软键操作：①[列表] 软键切换至程序列表编辑画面。在程序列表编辑画面内，可以切换在梯形图编辑画面内显示的子程序。②[搜索] 软键搜索并切换菜单。按下[<] 软键可以返回主软键。搜索软键与梯形图监控画面中的该键完全相同。③[缩放] 软键切换至网格编辑画面，修改所选网格的结构。④[产生] 软键在光标位置创建新网格。按下该软键出现网格编辑画面，从而创建出新网格。

按下软键 梯形图 ，进入梯形图显示画面，如图 7.4 所示。

按软键 (操作) → 编辑 ，进入梯形图编辑画面，如图 7.5 所示。

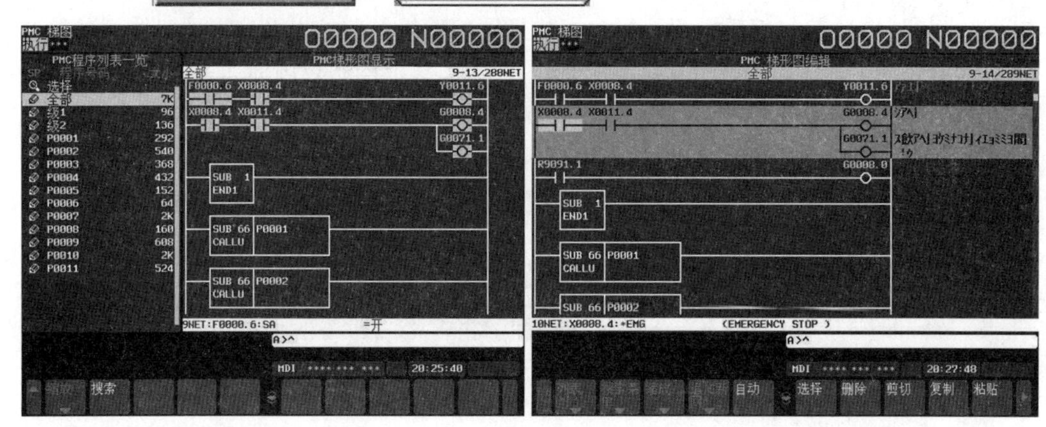

图 7.4　梯形图显示画面 1　　　图 7.5　梯形图编辑画面

编辑网格的步骤：

按下 缩放 或 产生 软键，进入网格编辑画面。

缩放 修改光标所在位置的网格。

产生 在光标位置之前编辑新的网格。

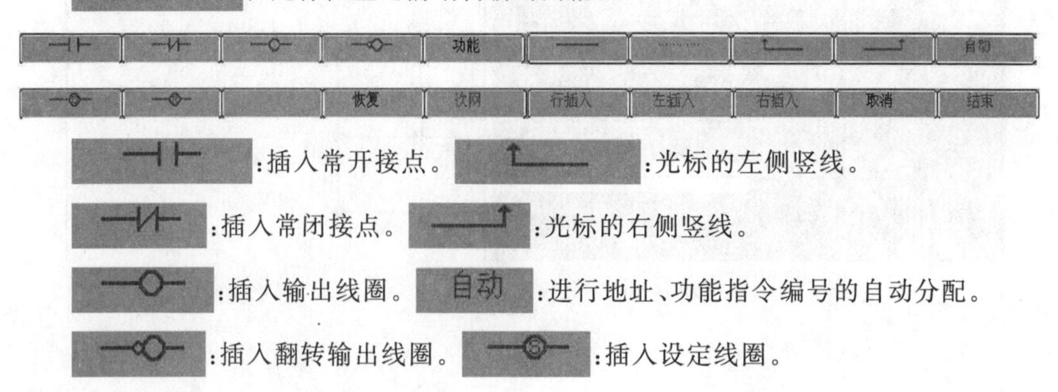

：插入常开接点。　：光标的左侧竖线。

：插入常闭接点。　：光标的右侧竖线。

：插入输出线圈。　自动 ：进行地址、功能指令编号的自动分配。

：插入翻转输出线圈。　：插入设定线圈。

功能:插入功能指令。:插入复位线圈。

:插入连接线。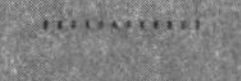:删除光标位置的元素。

按软键,进入双线圈检查画面,如图 7.6 所示。

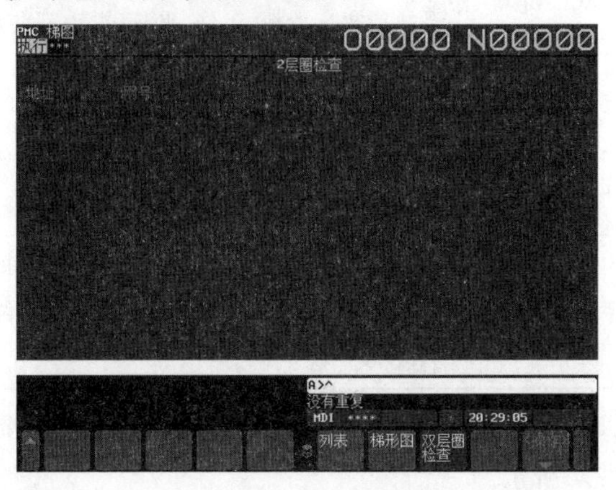

图 7.6　双线圈检查页面

3. 常用 M 代码

常用 M 代码(参考) 见表 7.1。

表 7.1　常用 M 代码(参考)

M 代码	功能	用途
M00	程序停止	中断程序执行的功能,程序段内的完成后,主轴及冷却停止。这以前的状态被保存。按自动运行按钮时,可重新启动自动运行
M01	选择停止	只要操作者按接通机床操作面板上的选择停止按钮,就可进行与程序停止相同的动作。选择停止按钮断开时,此指令被忽略
M02	程序停止	指示加工程序结束的指令。在完成该程序段的动作后,主轴及冷却停止,控制系统和机床复位
M03	主轴顺时针方向旋转	驱动主轴按顺时针方向旋转的指令
M04	主轴逆时针方向旋转	驱动主轴按逆时针方向旋转的指令
M05	主轴停止	使主轴停止的指令,冷却也停止
M06	换刀	使主轴在预定角度停止的指令(主轴定向)
M07	冷却 1	开冷却(冷却液) 的指令
M08	冷却 2	开冷却(喷雾) 的指令

续表7.1

M代码	功能	用途
M09	冷却停止	关掉冷却的指令
M10 M11	夹紧 松开	执行机床滑板、工件、夹具、主轴等夹紧和松开的指令
M19	主轴固定位置停止	使主轴在预定角度停止的指令(主轴定向)
M29	刚性攻丝	用主轴和进给电动机进行插补攻丝加工。在攻丝循环(G84)或逆攻丝循环(G74)之前的指令
M30	程序结束	是指示加工程序结束的指令。在结束该程序段的动作后,主轴及冷却停止。控制系统和机床复位。程序光标回到程序段头

M00、M01、M02、M30这4个M代码,由CNC直接输出,不需要PMC译码处理。M功能的控制顺序如图7.7所示。

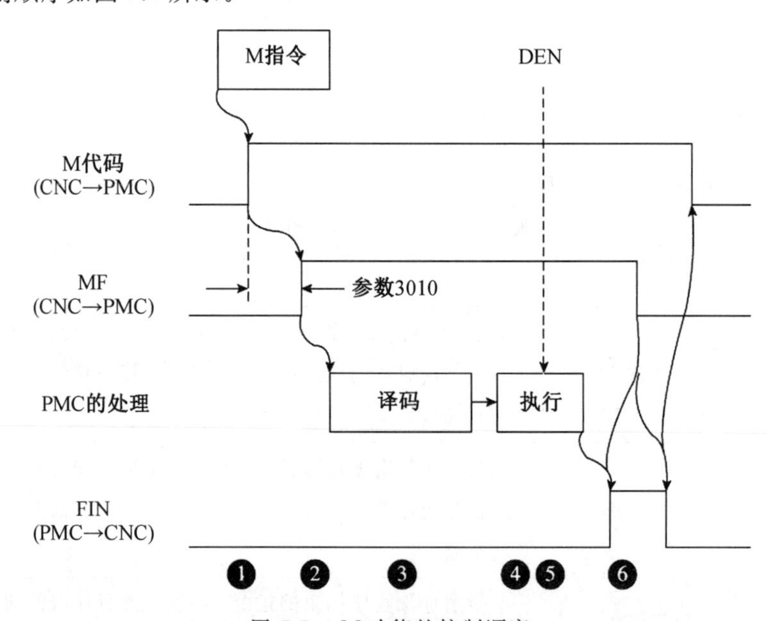

图7.7　M功能的控制顺序

在M代码输出后,延迟由参数3010所设定的时间,输出M代码读取指令(MF)。以下参数设定M代码的允许位数:

参数3030:M代码的允许位数。

参数30111:FIN信号的最小宽度。

4. 常用PMC信号介绍

R9091(系统定时器):

系统定时器可以使用 4 点信号。

各信号规格如下图所示：

R9091：

7	6	5	4	3	2	1	0

0，OFF 信号；1，ON 信号；5，200 ms 周期信号(104 ms ON，96 ms OFF 信号)；6，1 s 的周期信号(504 ms ON，496 ms OFF 信号)。

对于 R9091.0(常为 0) 和 R9091.1(常为 1) 在功能指令的条件选择上会经常用到。

5.格雷码

格雷码的特点是相邻数据只有一位进行变化，不存在不连续变化的现象。转动旋转式开关时，其输出信号就是格雷码。由旋转开关输入的格雷码变成二进制码即成为正常处理用数值，并且程序将变得容易书写。

(1) 二进制形式：

	0	1	2	3	4	5	6	7	8	9	10	11	12	13	14	15
b3	0	0	0	0	0	0	0	0	1	1	1	1	1	1	1	
b2	0	0	0	0	0	1	1	1	0	0	0	0	1	1	1	1
b1	0	0	1	1	0	0	1	1	0	0	1	1	0	0	1	1
b0	0	1	0	1	0	1	0	1	0	1	0	1	0	1	0	1

(2) 格雷码：

	0	1	2	3	4	5	6	7	8	9	10	11	12	13	14	15
g3	0	0	0	0	0	0	0	0	1	1	1	1	1	1	1	
g2	0	0	0	0	1	1	1	1	1	1	10	1	0	0	0	0
g1	0	0	1	1	1	1	0	0	0	0	1	1	1	1	0	0
g0	0	1	1	0	0	1	1	0	0	1	1	0	0	1	1	0

把格雷码转换为二进制码，使用异或(XOR) 真值表如表 7.2 所示。

表 7.2　异或真值表

输入 A	输入 B	结果
0	0	0
0	1	1
1	0	1

把该式用顺序程序书写出来，变成如图 7.8 所示。

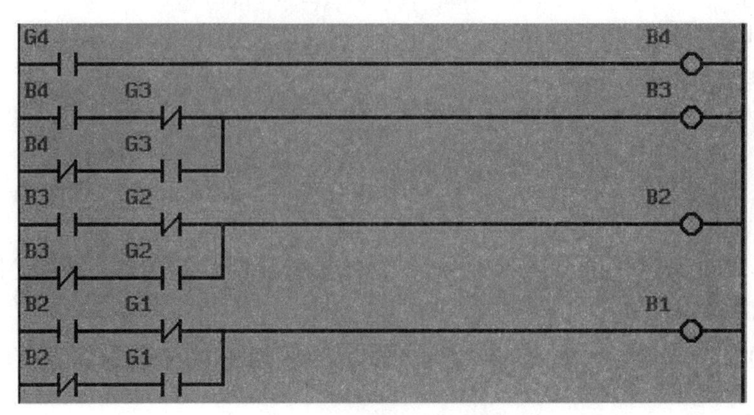

图 7.8　格雷码转换为二进制码

按下软键[PMCLAD]显示动态的梯形图。在此画面,可以监控梯形图的工作。

6.动态的进行诊断

LADDER 运行,动作却不能正常地执行,并带有误动作。通过梯形图进行直接诊断,查看相关点的接通 / 关断(ON/OFF)状态,如图 7.9 所示。

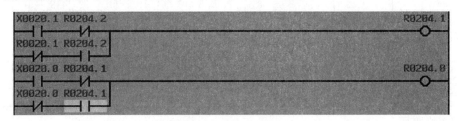

图 7.9　PMC 动态监控

通过不断查找相关联的点,来查出不输出的原因。

7.1.5　实训步骤

进行 PMC 程序的编写(梯形图的编写)时,先将机床上电开机后按 SYSTEM ,然后连续向右扩展软键菜单三次翻找到 PMC梯图 ,选择 PMC 梯图进入到 PMC 程序列表预览,如图 7.10 所示。

再在所示图片中将光标移动到级 2 中按 MDI 软键盘中的 INPUT 进入 2 级程序中进行添加子程序,进入 2 级程序后将光标移动到程序的结尾,如图 7.11 所示。

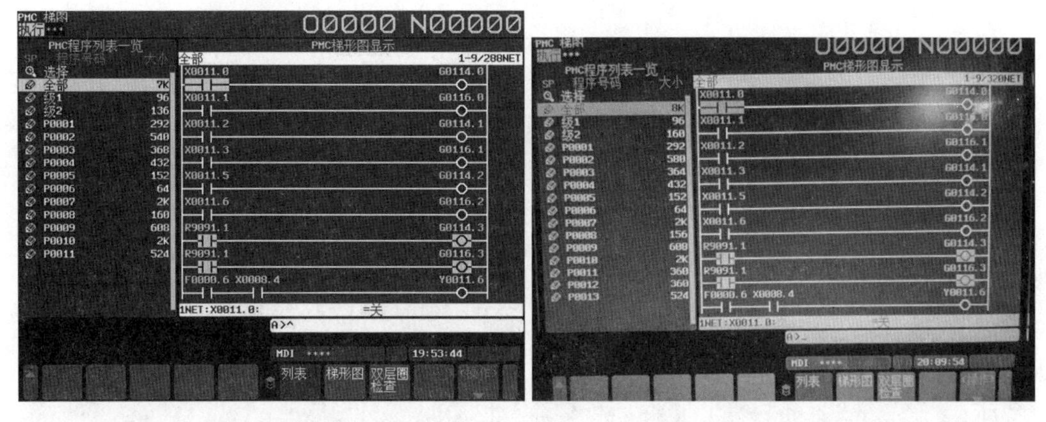

图 7.10 PMC 程序列表预览页面　　图 7.11 PMC 中 2 级子程序页面

根据图中所示按缩放下方的软键，接下来就可以添加想调用的子程序，将光标移动到最后一个子程序的下方，在输入栏中输入 66(66 为调用子程序的功能模块的序号)，如图 7.12 所示。

输入栏输入 66 后按下方的功能对应的软键，然后即插入调用子程序的功能模块，插入的调用子程序模块未进行命名如图 7.13 所示。

图 7.12 PMC 中 2 级子程序末尾添加页面　　图 7.13 插入调用子程序的功能模块

在输入栏中输入 P11 进行子程序的命名，输入 P11 后将光标移动到图 7.13 所示位置，然后将输入的 P11 按 INPUT，将 P11 插入所要命名的子程序中。输入完成后，连续按【扩展软键】，在屏幕菜单中找到缩放结束，按缩放结束下方的软键后，再连续向右扩展单次找到退出编辑，按退出编辑下方的软键。就完成了调用子程序编写，如图 7.14 所示。

编写完调用子程序后，进行子程序的编写，根据图7.14所示，按列表下方的软键进入到PMC程序列表预览，如图7.15所示。

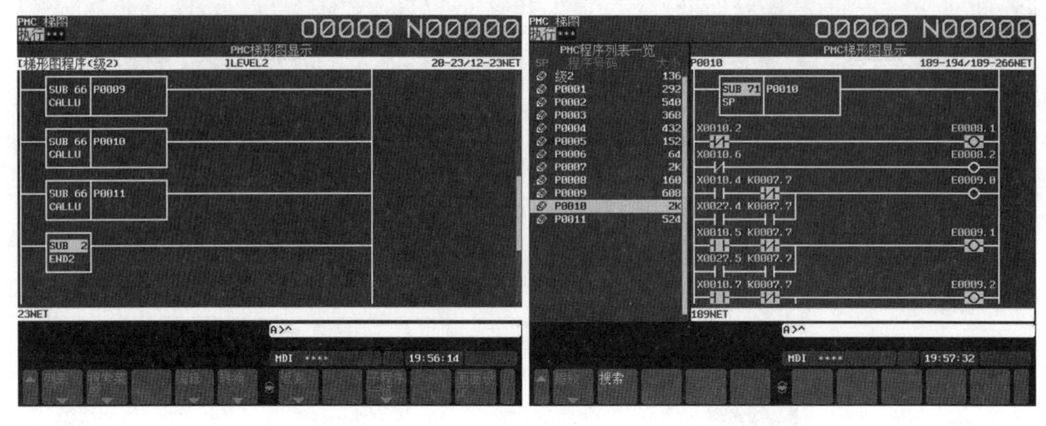

图7.14　完成调用子程序的功能模块编写　　　图7.15　进入PMC程序列表预览页面

在输入栏中输入P11，输入P11后在下方选项栏中选择下方对应的软键，就可以在PMC程序列表预览中创建所需要的子程序，如图7.16所示。

创建好一个子程序的目录后可以进去所创建的子程序里面进行编辑，将光标移动到创建的子程序P11后按MDI面板上的进入P11子程序后进行编写，进入子程序后如图7.17所示。

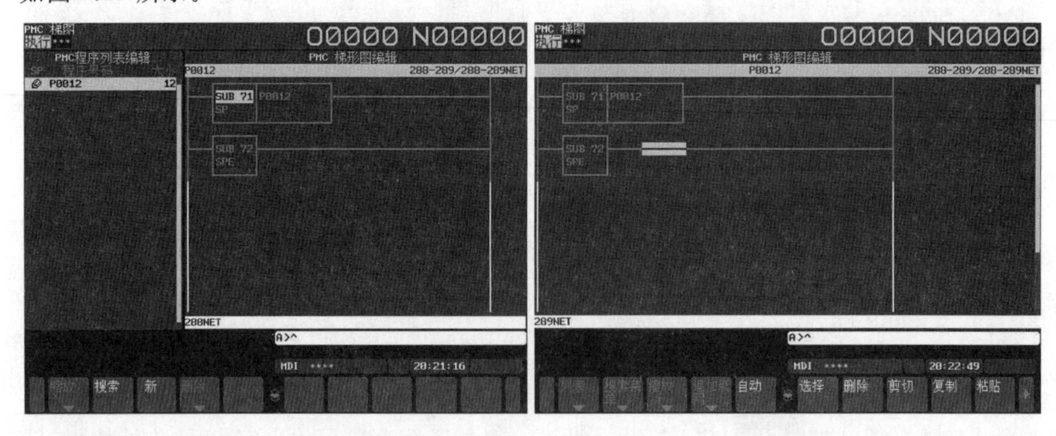

图7.16　PMC程序列表预览中创建子程序　　　图7.17　进入子程序编写页面

图7.17中所示SUB71为子程序的开头，SUB72为子程序的结尾。将光标移动到图中所示的位置后，看下方有追加新网，找到追加新网下方的软键，按后就可以添加所需要编写的梯形图，追加新网后出现的界面如图7.18所示。

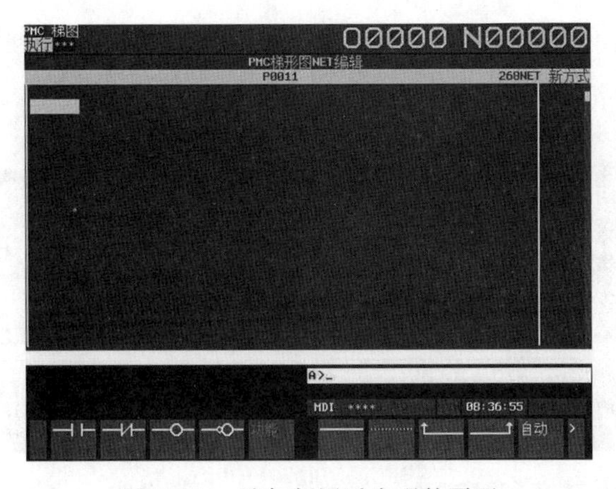

图 7.18　追加新网后出现的页面

图 7.18 中空白画面就可以编写所需的 PMC 程序，图片下方的为 PMC 梯图里面的“常开点位”，为 PMC 梯图里面的“常闭点位”，为 PMC 梯图里面的“线圈”，为 PMC 梯图里面的“反线圈”，为 PMC 梯图里面的“功能模块”，为 PMC 梯图里面的“连线”，为 PMC 梯图里面的“删除线”，为 PMC 梯图里面的“左上方插入线”，为 PMC 梯图里面的“右上方插入线”。向右扩展中的为 PMC 梯图里面的“置位输出”，为 PMC 梯图里面的“复位输出”，为可以在已经编写完的梯图之间进行行与行的插入，为可以在同一行的梯图之间进行列与列的插入(插入的列在地址的前面)，也是在梯图之间进行列与列的插入(插入的列在地址的后面)，为编写完成子程序后就可以进行取消编辑。为编完子程序后，若要添加完善自己的子程序，则可继续追加新网，追加新网完成后就要追加结束。

图 7.19 为部分编写的子程序页面。编写好子程序后下方选项栏中向右扩展找到，追加结束后出现图 7.20 所示页面。

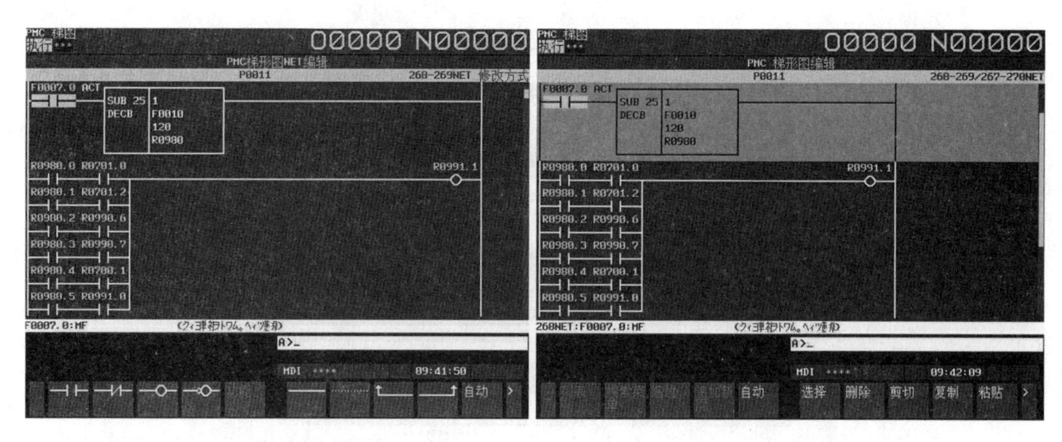

图 7.19　部分编写的子程序页面　　　　图 7.20　追加结束后的页面

在向右扩展界面找到退出编辑，退出编辑后就完成了子程序的编写，如图7.21 所示。根据图中的列表退出到 PMC 程序预览，就可以看到所创建的子程序列表，如图 7.22 所示。

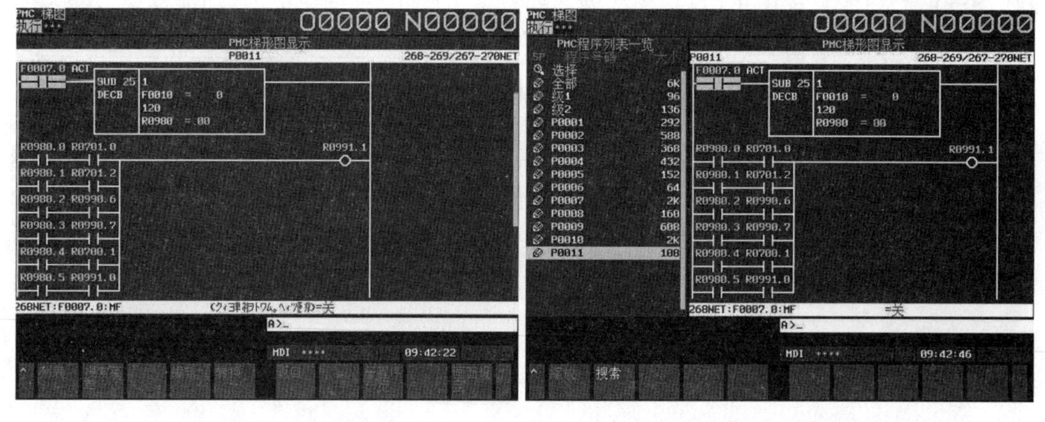

图 7.21　退出编辑后的页面　　　　图 7.22　创建的子程序列表页面

列表中的 P11 为所创建的部分的子程序，若要进行 P11 子程序的修改和添加优化等，则按下方的缩放。

编好后的自动上下料 PMC 程序调试如图 7.23 所示。

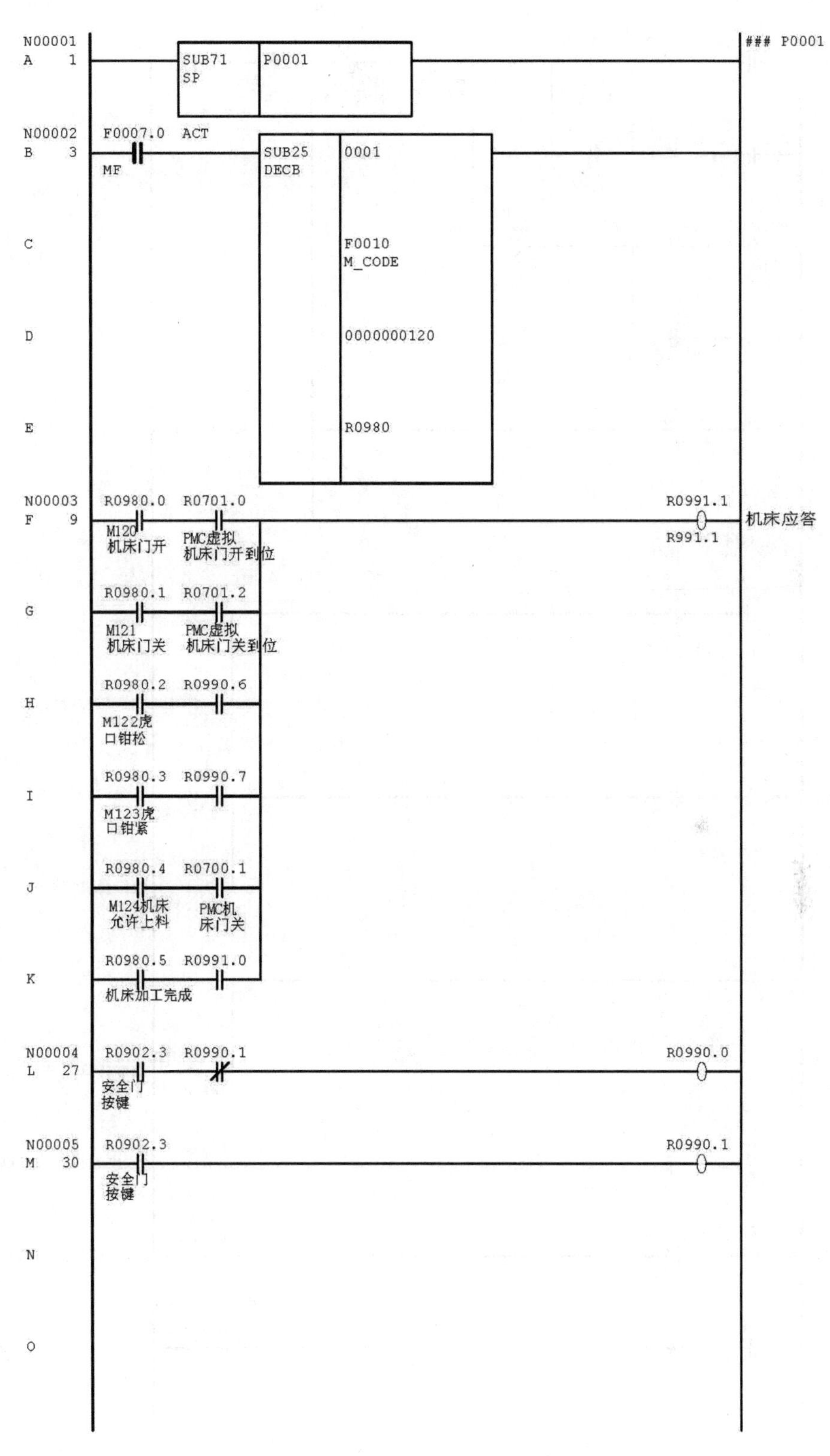

图 7.23　自动上下料 PMC 程序调试

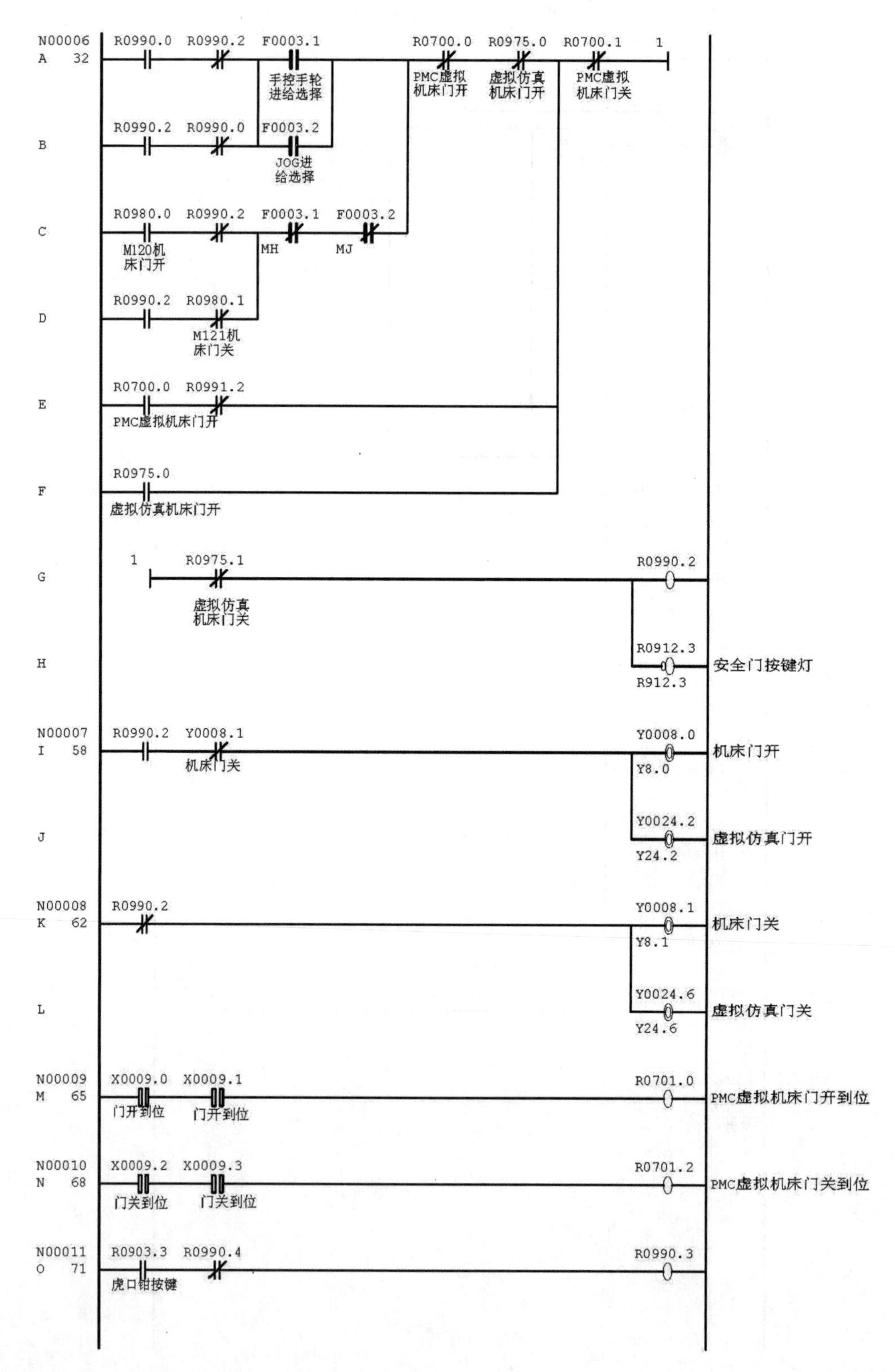

N00006
A 32
R0990.0
R0990.2
F0003.1
R0700.0
R0975.0
R0700.1
1
手控手轮进给选择
PMC虚拟机床门开
虚拟仿真机床门开
PMC虚拟机床门关
B
R0990.2
R0990.0
F0003.2
JOG进给选择
C
R0980.0
R0990.2
F0003.1
F0003.2
M120机床门开
MH
MJ
D
R0990.2
R0980.1
M121机床门关
E
R0700.0
R0991.2
PMC虚拟机床门开
F
R0975.0
虚拟仿真机床门开
G
1
R0975.1
虚拟仿真机床门关
R0990.2
H
R0912.3
R912.3
安全门按键灯
N00007
I 58
R0990.2
Y0008.1
机床门关
Y0008.0
Y8.0
机床门开
J
Y0024.2
Y24.2
虚拟仿真门开
N00008
K 62
R0990.2
Y0008.1
Y8.1
机床门关
L
Y0024.6
Y24.6
虚拟仿真门关
N00009
M 65
X0009.0
X0009.1
门开到位
门开到位
R0701.0
PMC虚拟机床门开到位
N00010
N 68
X0009.2
X0009.3
门关到位
门关到位
R0701.2
PMC虚拟机床门关到位
N00011
O 71
R0903.3
R0990.4
虎口钳按键
R0990.3

续图 7.23

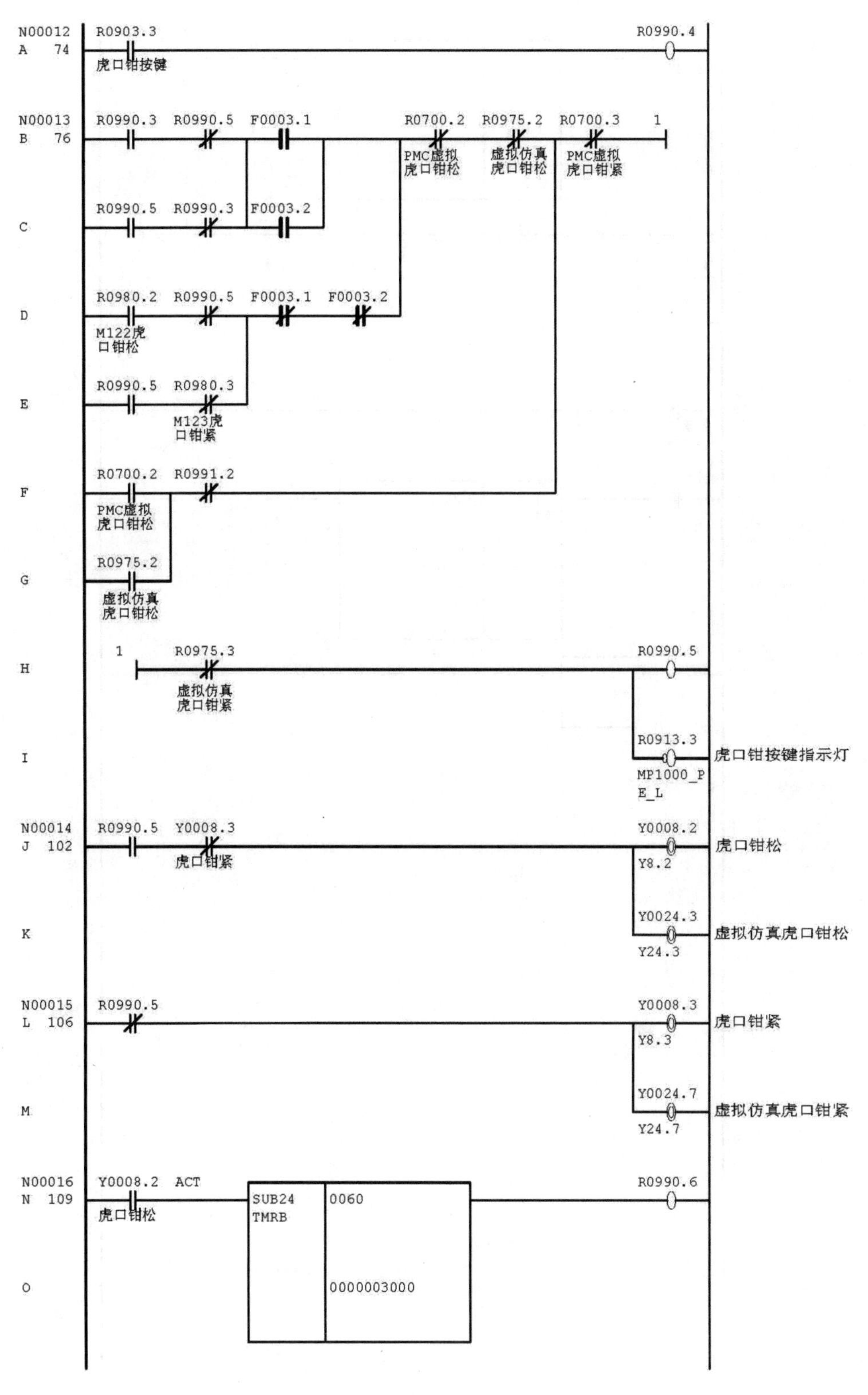
N00012
A 74
R0903.3
虎口钳按键
R0990.4
N00013
B 76
R0990.3
R0990.5
F0003.1
R0700.2
PMC虚拟虎口钳松
R0975.2
虚拟仿真虎口钳松
R0700.3
PMC虚拟虎口钳紧
1
C
R0990.5
R0990.3
F0003.2
D
R0980.2
M122虎口钳松
R0990.5
F0003.1
F0003.2
E
R0990.5
R0980.3
M123虎口钳紧
F
R0700.2
PMC虚拟虎口钳松
R0991.2
G
R0975.2
虚拟仿真虎口钳松
H
1
R0975.3
虚拟仿真虎口钳紧
R0990.5
I
R0913.3
MP1000_PE_L
虎口钳按键指示灯
N00014
J 102
R0990.5
Y0008.3
虎口钳紧
Y0008.2
Y8.2
虎口钳松
K
Y0024.3
Y24.3
虚拟仿真虎口钳松
N00015
L 106
R0990.5
Y0008.3
Y8.3
虎口钳紧
M
Y0024.7
Y24.7
虚拟仿真虎口钳紧
N00016
N 109
Y0008.2
虎口钳松
ACT
SUB24
TMRB
0060
0000003000
R0990.6
O

续图 7.23

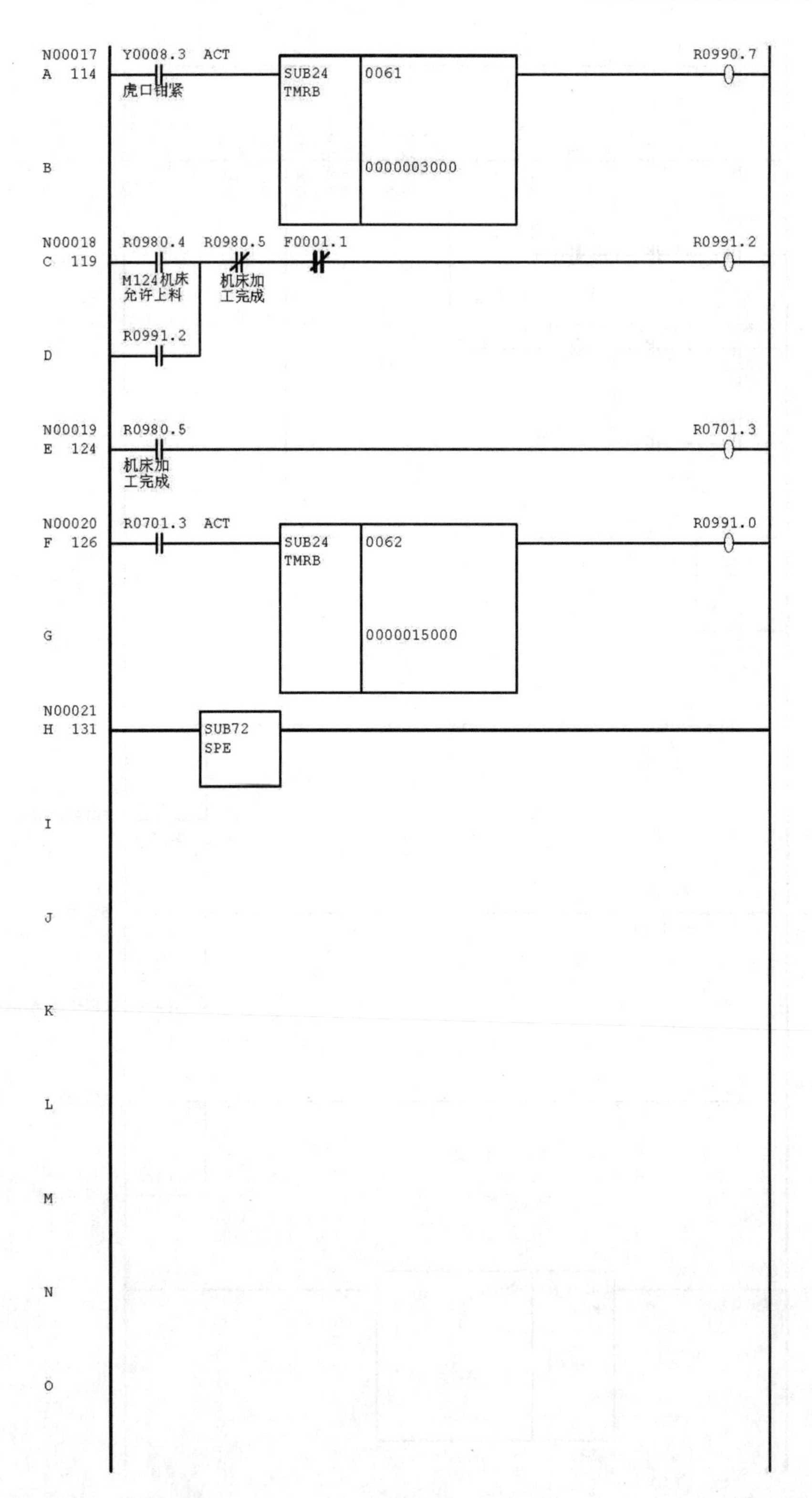

N00017
A 114
Y0008.3 ACT
虎口钳紧
SUB24
TMRB
0061
0000003000
R0990.7
B
N00018
C 119
R0980.4
M124机床允许上料
R0980.5
机床加工完成
F0001.1
R0991.2
R0991.2
D
N00019
E 124
R0980.5
机床加工完成
R0701.3
N00020
F 126
R0701.3 ACT
SUB24
TMRB
0062
0000015000
R0991.0
G
N00021
H 131
SUB72
SPE
I
J
K
L
M
N
O

续图 7.23

7.1.6 思考题

1. PMCLAD 的组成是什么？
2. 格雷码的特点是什么？

实训任务 7.2 自动上下料机器人程序编写与调试

7.2.1 实训目标

(1) 了解 FANUC 数控系统的 PMC 与 CNC、机器人之间的信号联系与通信。
(2) 掌握机器人上下料流程的程序开发。
(3) 掌握加工程序的编写。

7.2.2 实训内容

通过示教编程实现上料时机器人对第 1 件毛坯抓取，并放置到加工中心夹具中，实现夹紧，以及机器人退出加工位置。示教编程实现下料时机器人对夹具上的工件的抓取，配合夹具的松开，机器人将工件施加到毛坯 1 位置，移动到毛坯 2 位置上方。

7.2.3 实训工具、仪器和器材

工具、仪器和器材：FANUC 机器人包括示教器等控制装置。

7.2.4 实训指导

1. 机器人

机器人是由通过伺服电动机驱动的轴和手腕构成的机构部件(图 7.24)。手腕称为手臂，手腕的接合部称为轴杆或者关节。最初的 3 轴(J1、J2、J3) 称为基本轴。该基本轴由几个直动轴和旋转轴构成。 手腕轴对安装在法兰盘上的末端执行器(工具) 进行操控。如进行扭转、上下摆动、左右摆动之类的动作。有指机械手和吸盘式无指机械手分别如图 7.25 和图 7.26 所示。

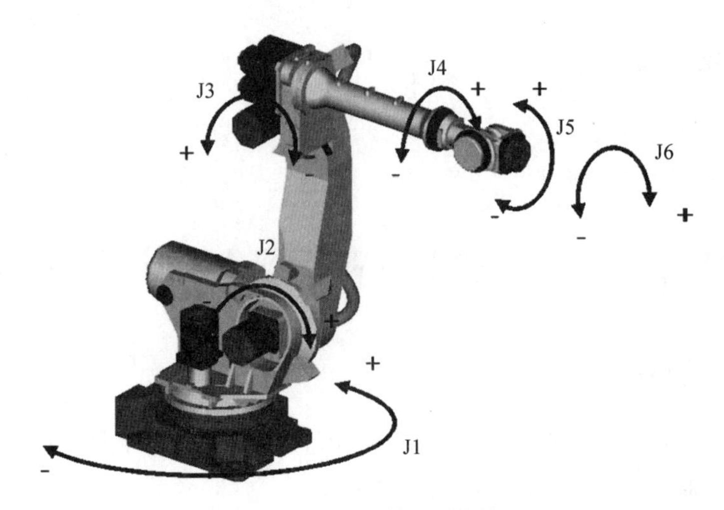

图 7.24　基本轴和手腕轴

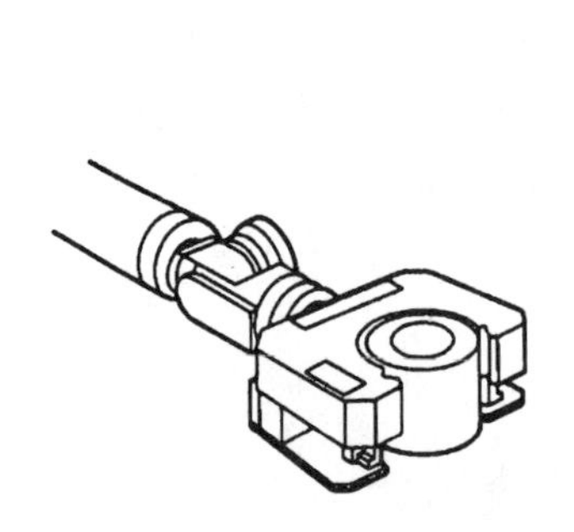

图 7.25　有指机械手

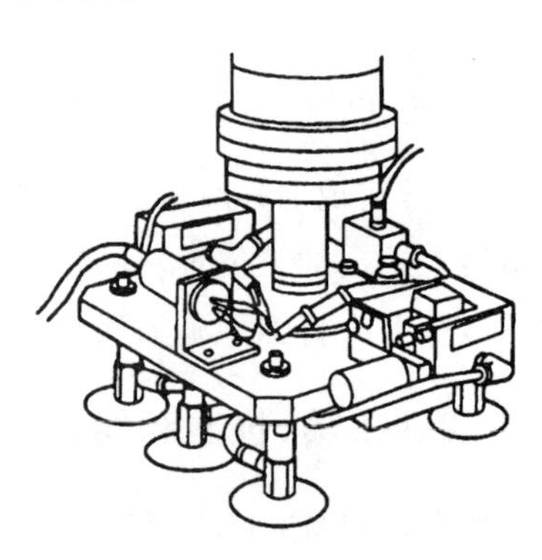

图 7.26　吸盘式无指机械手

2. **控制装置**

机器人控制装置，由电源装置、用户界面电路、动作控制电路、存储电路、I/O（输入输出）电路等构成。用户在进行控制装置的操作时，使用示教器和操作箱。

动作控制电路通过主 CPU 印刷电路板，对用来操作包含附加轴在内的机器人的所有轴之伺服放大器进行控制。

存储电路可将用户设定的程序和数据事先存储在主 CPU 印刷电路板上的 C－MOS RAM 中。

I/O 电路，通过 I/O 模块(I/O 印刷电路板）接收 / 发送信号来获取与外围设备之间的接口。遥控 I/O 信号进行与遥控装置之间的通信。

机器人控制装置 R－30iB 如图 7.27 所示。机器人控制装置 R－30iB Mate 如图 7.28 所示。

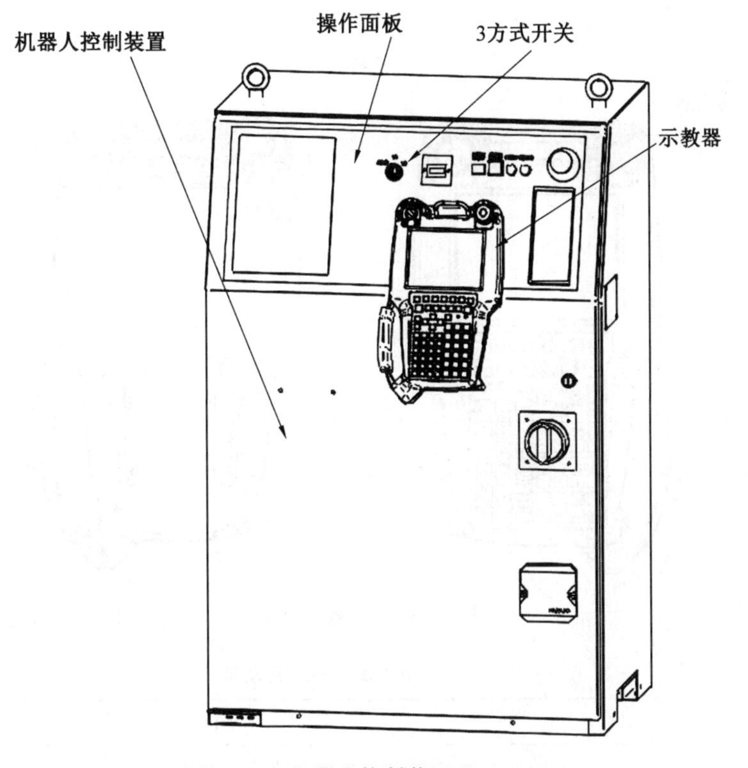

图 7.27 机器人控制装置 R－30iB

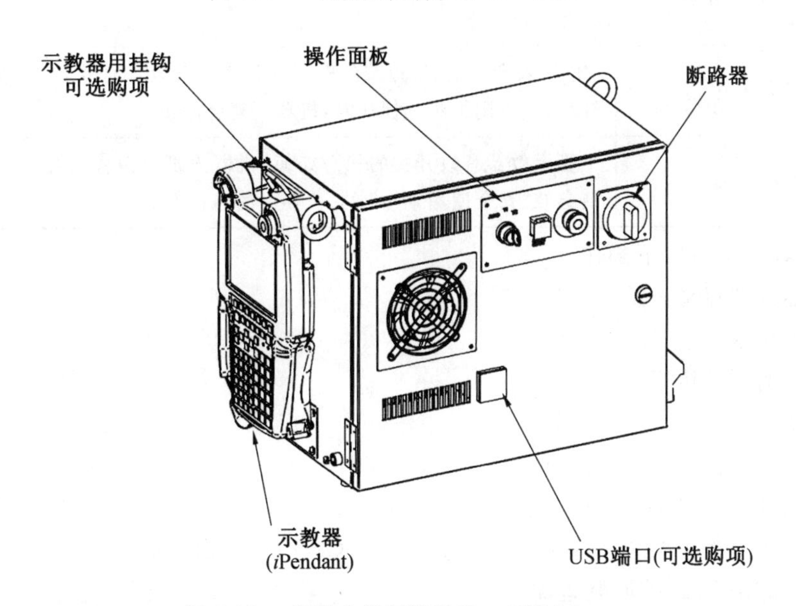

图 7.28 机器人控制装置 R－30iB Mate

(1) 示教器。

示教器是主管应用工具软件与用户之间的接口的操作装置，如图 7.29 所示。示教器通过电缆与控制装置连接。在一部分控制装置中，示教器为可选配置。示教器开关及其功能见表 7.3。

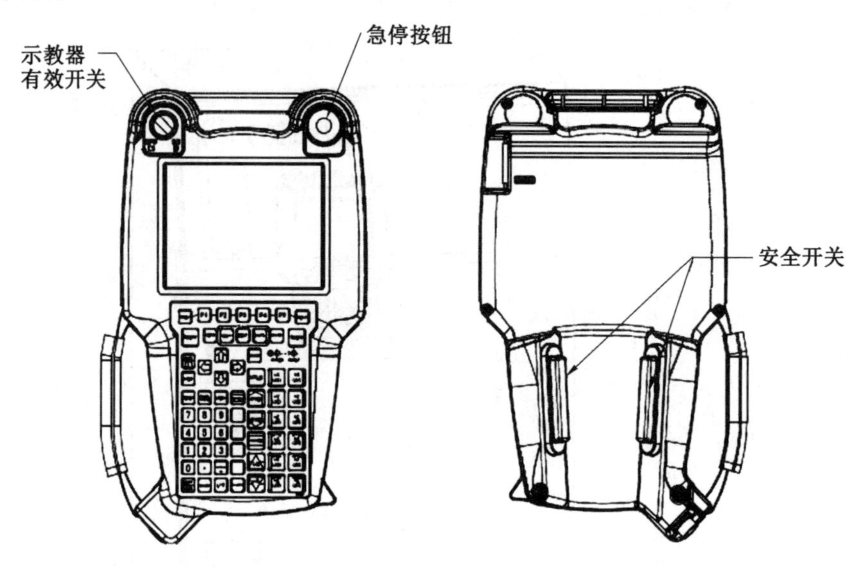

图 7.29　示教器开关

表 7.3　示教器开关及其功能

开关	功能
示教器有效开关	将示教器置于有效状态。示教器无效时，点动进给、程序创建、测试执行无法进行
安全开关	3 位置安全开关，通过按到中间点就成为有效。有效时，从安全开关松开手，或者用力将其握住时，机器人就会停止
急停按钮	不管示教器有效开关的状态如何，机器人都会急停（停止方法的详情，请参照“安全使用须知”的“机器人的停止方法”）

示教器可进行以下操作：

a.机器人的点动进给。

b.程序创建。

c.程序的测试执行。

d.变更设置。

e.状态确认。

示教器的主要构件：

a.R－30iB 控制装置需要 640 × 480 像素（VGA）的液晶画面。

b.R－30iB Plus 控制装置需要 1 024 × 768 像素（VGA）的液晶画面。

c.2 个 LED。

d.68 个键控开关（其中 4 个专用于各应用工具）。

示教器键控开关的布局如图 7.30 所示。

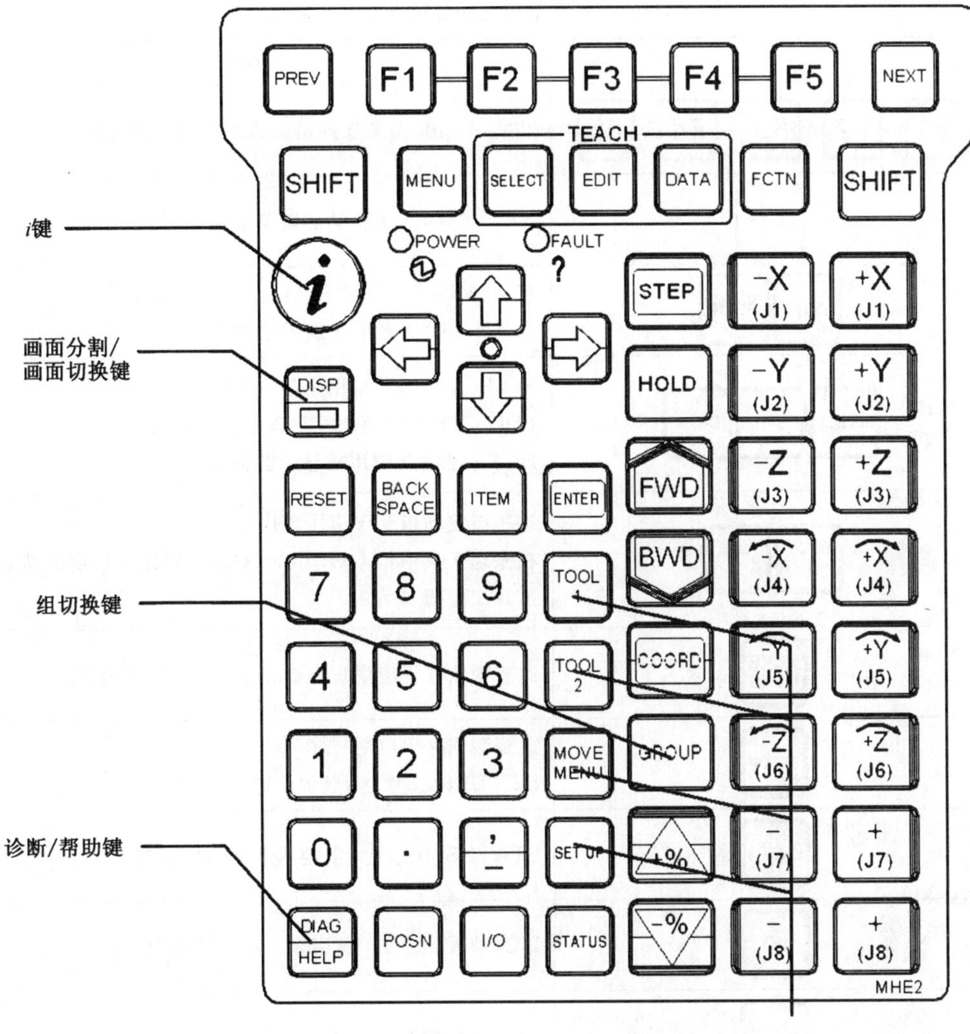

图 7.30　示教器键控开关的布局

① 示教器键控开关。

示教器键控开关主要由以下开关构成：与菜单相关的键控开关、与点动相关的键控开关、与执行相关的键控开关、与编辑相关的键控开关、其他键控开关。与菜单相关的键控开关及其功能见表 7.4。

表 7.4　与菜单相关的键控开关及其功能

按键	功能
F1 F2 F3 F4 F5	功能(F) 键,用来选择画面最下行的功能键菜单
NEXT	NEXT(翻页) 键将功能键菜单切换到下一页
MENU FCTN	按下[MENU](菜单) 键,显示出画面菜单。 FCTN(辅助) 键用来显示辅助菜单
SELECT EDIT DATA	SELECT(一览) 键用来显示程序一览画面。 EDIT(编辑) 键用来显示程序编辑画面。 DATA(数据) 键用来显示数据画面
TOOL 1 TOOL 2	这些按键均依存于应用程序。 在搬运工具中,TOOL1 和 TOOL2 键用来显示工具 1 和工具 2 画面
MOVE MENU	此按键依存于应用程序。在搬运工具中不提供
SET UP	此按键依存于应用程序。 SET UP(设定) 键,显示设定画面
STATUS	STATUS(状态显示) 键用来显示状态画面
I/O	I/O(输入 / 输出) 键用来显示 I/O 画面
POSN	POSN(位置显示) 键用来显示当前位置画面
DISP	单独按下的情况下,移动操作对象画面。 在与『SHIFT』键同时按下的情况下,菜单画面将会分割显示(单屏、双屏、三屏、状态 / 单屏)
DIAG HELP	单独按下的情况下,移动到提示画面。 在与 SHIFT 键同时按下的情况下,移动到报警画面
GROUP	单独按下时,按照 G1 → G1S → G2 → G2S → G3 → … → G1 → … 的顺序,依次切换组、副组。 按住 GROUP(组切换) 键的同时,按住希望变更的组号码的数字键,即可变更为该组。此外,在按住 GROUP 键的同时按下 0,就可以进行副组的切换

TOOL1、TOOL2、MOVE MENU、SET UP 的各按键,是 HANDLING TOOL(搬

运工具）用示教器上的应用专用按键。应用专用键，根据应用而有所不同。与应用相关的键控开关及其功能见表 7.5。与点动相关的键控开关及其功能见表 7.6。与与执行相关的键控开关及其功能见表 7.7。其他键控开关及其功能见表 7.8。

注意：GROUP 键，只有在订购了多动作(J601) 和附加轴控制(J518) 的软件选项，追加并启动附加轴和独立附加轴的情况下有效。

表 7.5 与应用相关的键控开关及其功能

按键	功能
SHIFT	SHIFT 键与其他按键同时按下时，可以进行点动进给、位置数据的示教、程序的启动。左右 SHIFT 键功能相同
+X (J1) +Y (J2) +Z (J3) +X (J4) +Y (J5) +Z (J6) -X (J1) -Y (J2) -Z (J3) -X (J4) -Y (J5) -Z (J6) + (J7) - (J8) - (J7) + (J8)	点动键，与 SHIFT 键同时按下而使用于点动进给。 J7、J8 键用于同一群组内的附加轴的点动进给。但是，5 轴机器人和 4 轴机器人等不到 6 轴的机器人的情况下，从空闲中的按键起依次使用。例：5 轴机器人上，将 J6、J7、J8 键用于附加轴的点动进给。 ※ J7、J8 键的效果设定可进行变更
COORD	COORD(手动进给坐标系）键，用来切换手动进给坐标系（点动的种类）。 依次进行如下切换：关节 → 手动 → 世界 → 工具 → 用户 → 关节。当同时按下此键与 SHIFT 键时，出现用来进行坐标系切换的点动菜单
-% +%	倍率键用来进行速度倍率的变更。依次进行如下切换：微速 → 低速 → 1% → 5% → 50% → 100%（5% 以下时以 1% 为刻度切换，5% 以上时以 5% 为刻度切换）

表 7.6 与点动相关的键控开关及其功能

按键	功能
FWD BWD	FWD(前进）键、BWD(后退）键(+ SHIFT 键）用于程序的启动。程序执行中松开 SHIFT 键时，程序执行暂停
HOLD	HOLD(保持）键，用来中断程序的执行
STEP	STEP(断续）键，用于测试运转时的断续运转和连续运转的切换

表 7.7　与执行相关的键控开关及其功能

按键	功能
PREV	PREV(返回)键,用于使显示返回到紧之前进行的状态。根据操作,有的情况下不会返回到紧之前的状态显示
ENTER	ENTER(输入)键,用于数值的输入和菜单的选择
BACK SPACE	BACK SPACE(取消)键,用来删除光标位置前一个字符或数字
↑ ↓ ← →	光标键用来移动光标。 光标是指可在示教器画面上移动的、反相显示的部分。该部分成为通过示教器键进行操作(数值 / 内容的输入或者变更)的对象
ITEM	ITEM(项目选择)键,用于输入行号码后移动光标。

表 7.8　其他键控开关及其功能

按键	功能
i	在状态窗口上显示闪烁的图标(通知图标)时按下 *i* 键,显示通知画面。或者,在与如下键同时按下时使用。通过同时按下 *i* 键,将会提高画面成为图形显示等基于按键的操作。 · MENU(菜单)键 · FCTN(辅助)键 · EDIT(编辑)键 · DATA(数据)键 · POSN(位置显示)键 · JOG(点动)键 · DISP(画面切换)键

② 示教器 LED。

示教器上有如下 2 个 LED,如图 7.31 所示。示教器 LED 含义见表 7.9。

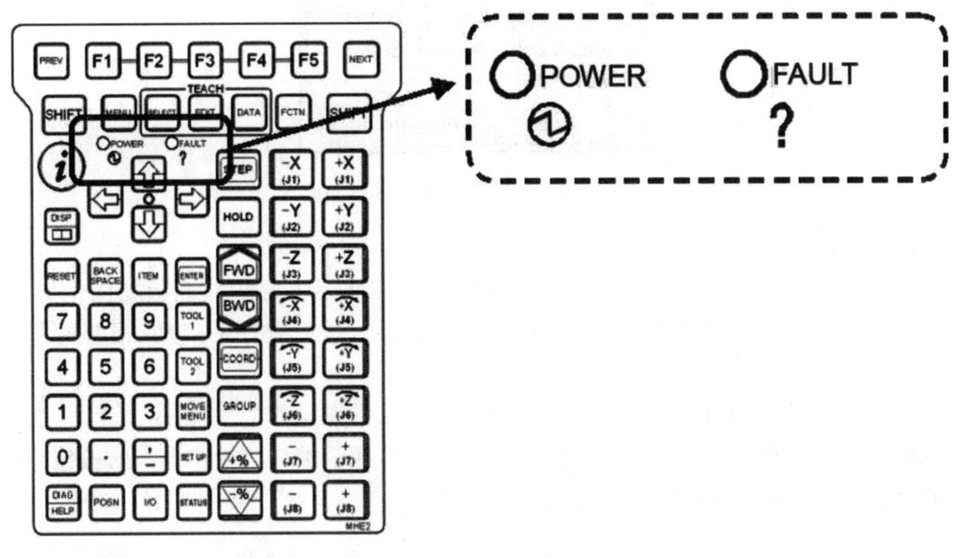

图 7.31 示教器 LED

表 7.9 示教器 LED

显示 LED	含义
POWER(电源)	表示控制装置的电源接通
FAULT(报警)	表示发生了报警

③ 触控板。

示教器上作为选项提供有触控板。可以使用触控板进行操作。需要注意的是,并非所有操作都可以通过触控板来进行。

a.软面板画面 / 因特网画面(Web 浏览器画面)/ 状态辅助窗口画面;

b.软键盘;

c.画面切换(多个画面显示时,通过触控画面来移动操作对象画面)、光标移动;

d.画面下半部分的从 F1 到 F5 的软件按钮。

使用触控板时,发生蜂鸣声。为了避免发生蜂鸣声,请将系统变量 $UI_CONFIG.$TOUCH_BEEP 从 TRUE 变更为 FALSE,并进行再启动(电源 OFF/ON)。

本系统变量自 7DC2 系列(V8.20 系列)01 版起可以使用。

注意:

a.同时按下触控板上的多个部位时,系统有时会识别与所按下的位置不同的位置,因而请务必按触控板上的某一处。

b.触控板会因故障而识别与所按下的位置不同的位置,与安全相关的操作,请勿通过触控板进行。

c.请使用手指,或者触控板操作用的笔来操作触控板。用作笔记的笔等前端锐利的器具来操作时,有可能导致触控板故障。

d.示教器的画面上显示有如图 7.32 所示画面时,有可能触控板已经故障,请切断控制装置的电源,更换示教器。

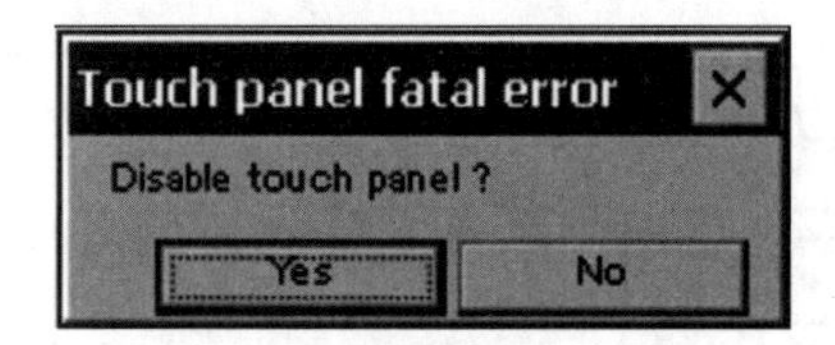

图 7.32　触控板报错页面

(2) 操作面板。

操作面板上附带有几个按钮、开关、连接器等。控制柜上的操作面板如图 7.33 和图 7.34 所示。可以通过操作面板 / 操作箱上配备的按钮，进行程序的启动、报警的解除等操作。

注意：在进行操作面板的操作时，应选用不会导致错误操作的手套。

操作面板上提供有 RS－232－C 通信端口和 USB 通信端口。操作面板的按钮开关及其功能见表 7.10，操作面板 LED 及其功能见表 7.11。

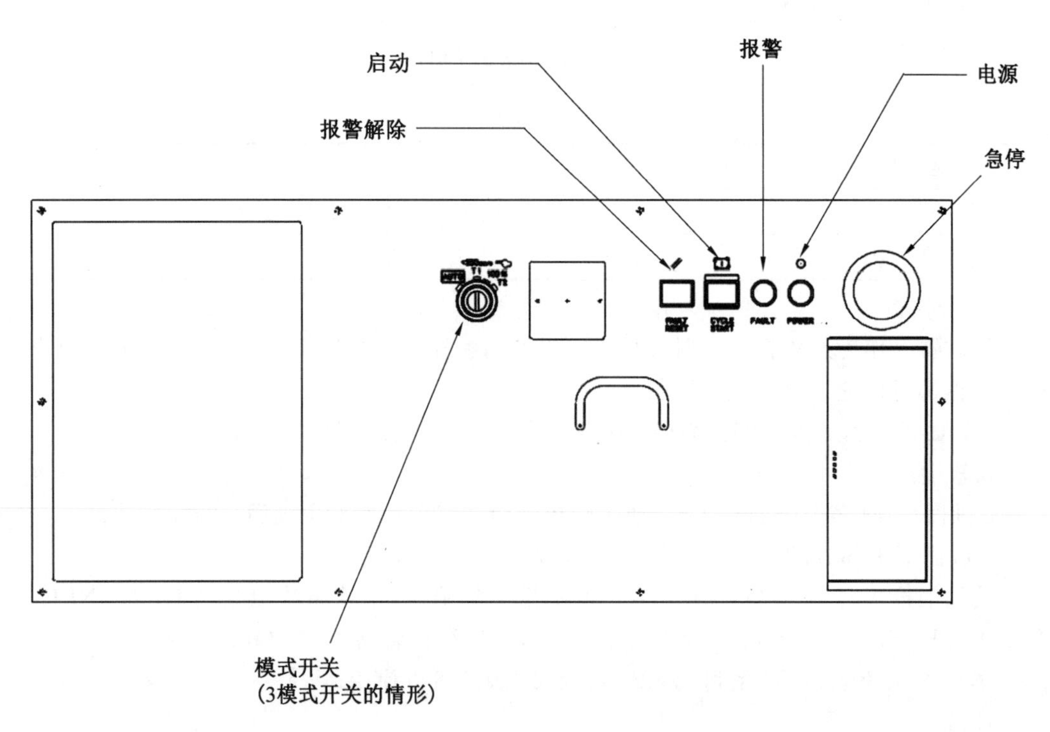

图 7.33　R－30iB 操作面板(标准)

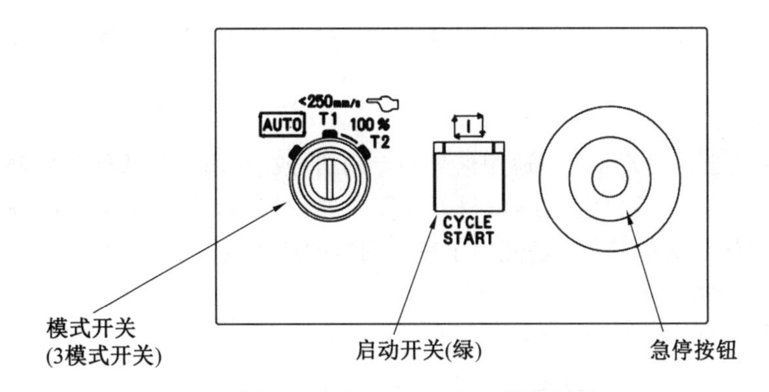

图 7.34　R－30iB Mate 操作面板

表 7.10　**操作面板上的按钮开关**

按钮开关	功能
急停按钮	按下此按钮可使机器人瞬时停止(停止方法的详情,请参照"安全使用须知"的"机器人的停止方法")。向右旋转急停按钮即可解除
报警解除按钮	解除报警状态
启动按钮	启动当前所选的程序。程序启动中亮灯
3 方式开关	选择对应机器人的动作条件和使用状况的适当的操作方式

表 7.11　**操作面板** LED

LED	功能
报警	表示处在报警状态。按下报警解除按钮,解除报警
电源	表示控制装置的电源接通

机器人控制装置的标准操作面板上没有电源 ON/OFF 按钮。电源的通 / 断操作应通过控制装置的断路器进行。

(3) 遥控装置。

遥控装置是连接于机器人控制装置而构成系统的各类外部装置。这是使用机器人控制装置所提供的外围设备、I/O 等而由用户自身创建的用来控制系统运转的控制装置。

(4)CRT/KB。

CRT/KB 是选项的操作装置。外部 CRT/KB 经由 RS232C 电缆与控制装置连接。

可使用 CRT/KB 来执行与机器人动作相关的功能以外的几乎所有示教器的功能。有关伴随机器人动作的功能,仅使用示教器来执行。

(5) 通信。

为进行通信而构成如下接口:

① 端口 1 RS232C。

②端口 2 RS232C(在 R－30iB Mate、R－30iB Mate Plus，R－30iB Compact Plus 中无法使用)。

(6)I/O。

I/O(输入 / 输出信号) 可使用通用信号和专用信号在应用工具软件和外部之间进行数据的收发。通用信号(用户定义的信号) 由程序进行控制，进行与外部设备之间的通信。专用信号(系统定义的信号) 是使用于特定用途的信号线。

I/O 具有如下种类：

① 外围设备 I/O；

② 操作面板 I/O；

③ 机器人 I/O；

④ 数字 I/O；

⑤ 组 I/O；

⑥ 模拟 I/O。

I/O 的种类和数量，随控制装置的硬件和所选 I/O 模块的类型和数量而不同。控制装置上可以安装 I/O 单元 MODEL A、I/O 单元 MODEL B 或者处理 I/O 印刷电路板。

(7) 外围设备 I/O。

外围设备 I/O 是与遥控装置和各类外围设备进行数据交换的、已被定义了用途的专用信号。

① 选择程序；

② 启动或停止程序；

③ 解除报警；

④ 其他情形。

(8) 机器人的动作。

机器人的动作，将从当前位置到目标位置的工具中心点(Tool Center point/ TCP) 的运动作为一个动作指令来处理。

机器人控制装置使用综合控制机器人的轨迹、加减速、定位、速度的动作控制系统。

机器人控制装置，可以将多个轴分割为多个动作组进行控制(多动作功能)。各自的动作组相互独立，但是可以同步地使机器人同时动作。

机器人的动作有两类：来自示教器的点动进给和基于程序中的动作指令。基于点动进给的机器人的动作，通过示教器的按键执行。点动进给时的动作，通过手动进给坐标系和速度倍率来确定。

基于动作指令的机器人的动作，通过动作指令中所指定的位置数据、动作类型、定位类型、移动速度、速度倍率等来确定。

动作类型有“J”(关节)、“L”(直线)、“C”(圆弧)、“A”(C 圆弧)，可从中选择来操作机器人。选定“J” 时，工具中心点在两个示教点之间单纯移动。选定“L” 时，工具中心点在两个示教点之间做直线移动。选定“C”“A” 时，工具中心点在 3 个示教点之间的圆弧上移动。

定位类型有两种：“FINE”(定位) 和“CNT”(平顺)。

(9) 急停装置。

机器人具有如下急停装置：

① 两个急停按钮(操作面板上及示教器上)。

② 外部急停(输入信号)。

按下急停按钮时，或者输入了外部急停时，机器人在任何情况下也都会急停(停止方法的详情，请参照“安全使用须知”的“机器人的停止方法”)。外部急停的信号端子位于控制装置内。

(10) 附加轴。

附加轴除了机器人的标准装备轴(通常为6个轴)外，还可以针对每一组控制最多3个轴。

附加轴有如下两类：

① 通常附加轴仅执行关节动作下的动作。

② 组合附加轴。

通过机器人的直线、圆弧和C圆弧动作，与机器人同时进行控制。在一边操作附加轴，一边使机器人执行直线、圆弧和C圆弧动作时使用。

注意：无法使用5轴以上的独立附加轴和变位机。

7.2.5　实训步骤

进行自动上下料机器人程序调试(机器人程序的编写和点位的示教)。将机器人的示教盒开启后将在示教盒进行程序的编写，示教器包括显示器和示教器键控开关。示教器键控开关如图7.30所示。

示教器背面有安全开关，上面有急停按钮和示教器有效开关，如图7.29所示。

了解示教器的各个部件后，进行机器人的程序编写。示教器开启后找到示教器键控开关上的 SELECT 按键，SELECT按键用来显示程序一览画面。图7.35为进入机器人程序一览页面。

切换到这个画面后可以根据下方的选项进行程序的编写和删除，每个选项下方都对应着相应的软键(分别为示教器键控开关的F1、F2、F3等)，NEXT 对应着显示器里面的向右扩展切换不同的选项。创建一个新的机器人程序先按创建下方对应的软键 创建 ，按创建出现的画面如图7.36所示。

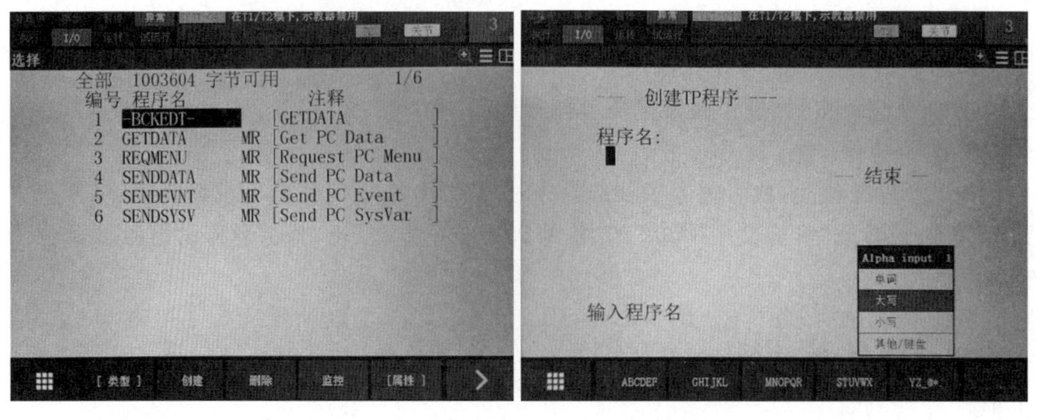

图 7.35 进入机器人程序一览页面　　　　图 7.36 创建页面

将光标移动到“大写”，然后下方出现大写的字母，根据所需要命名的程序进行命名。例如需要命名“初始化程序”，就把初始化的开头首字母作为程序名，即“CSH”，如图 7.37 所示。输入完成后，找到示教器按键开关的确认键ENTER，按了确认键后进入到机器人程序的编写页面，如图 7.38 所示。

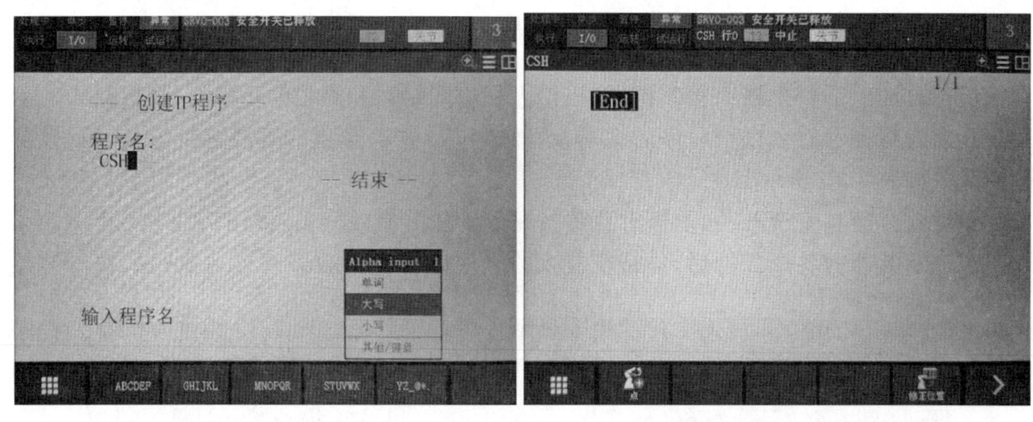

图 7.37 程序命名　　　　图 7.38 进入程序编写页面

机器人程序的编写下方的选项有机器人点位的选择

和

，向右扩展后出现新的选项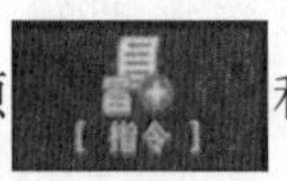

和[编辑]。指令为机器人发出的动作控制信号，如：机器人手爪的松开和夹紧、吹气，以及等待到位信号等。图 7.39 为机器人指令的页面，都是编写程序所要用到的指令。

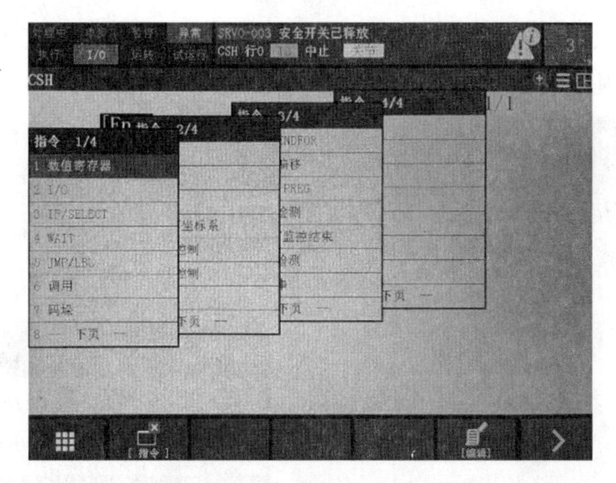

图 7.39　机器人指令的页面

接下来，简单介绍三个常用的指令。I/O 是机器人的控制信号的 I/O（输入/输出信号）指令，如图 7.40 所示。等待指令 WAIT，其功能是机器人程序中等待某个指令的执行完成后，即可将次程序中的等待信号导通，等待指令列表页面如图 7.41 所示。程序调用指令 调用，其功能是实现在一个程序中调用程序列表任意一个程序，如图 7.42 所示。

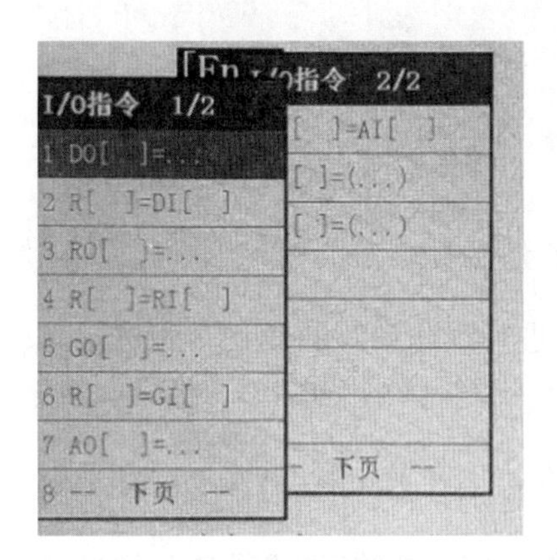

图 7.40　I/O 指令功能的页面

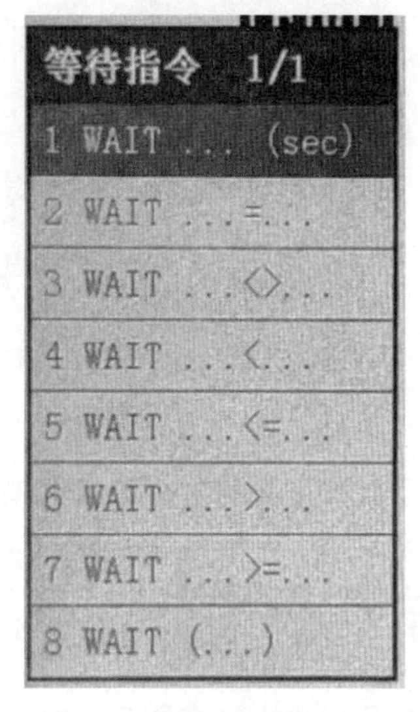

图 7.41　等待指令列表功能的页面

利用上述三个指令，即可根据机器人所需执行的动作进行程序编写。除了指令控制，机器人还有点位控制。点位控制是先利用示教盒记录所需用到的位置信息，再通过按键来选择机器人是通过“关节坐标系”还是“世界坐标系”的方式到达所记录

的点位。“J”为机器人关节运动方式,“L”为机器人直线运动方式(可实现多个关节一起运动)。点位控制选项的页面如图 7.43 所示。

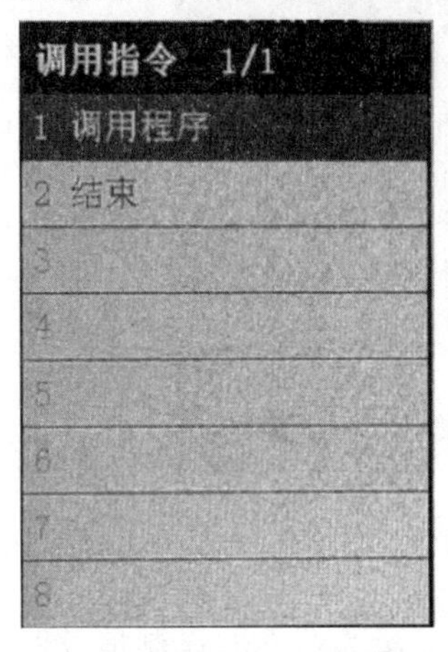

图 7.42　调用程序列表程序的页面

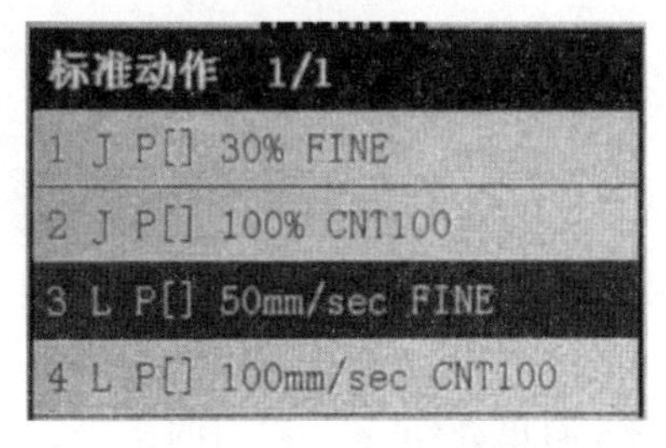

图 7.43　点位控制选项的页面

编写机器人程序时可以选择,编辑按键的内容,如图 7.44 所示,可以进行程序插入、删除等各种选项。

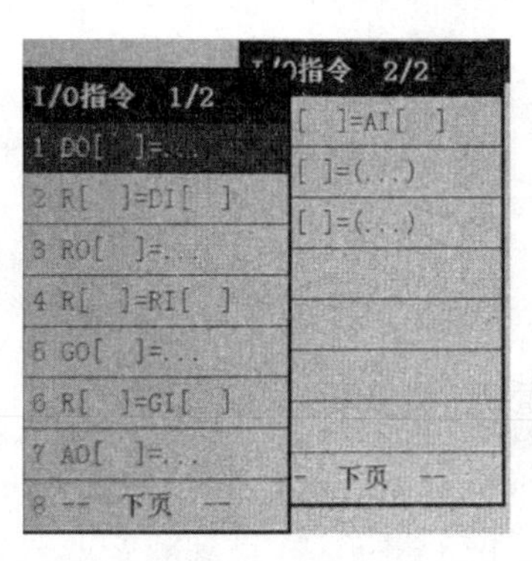

图 7.44　编辑按键内容的页面

了解了示教器里面的各个编辑选项后,下面进行程序编写的教程。先选中示教器中的指令,再从指令里面选择 I/O,再从 I/O 指令选择,将光标移动到 1 DO[ ]=...,选择这个指令后在按键开关中找到 ENTER,将光标所选中的指令输入到程序段中。在图 7.45 所示光标处输入定义的数字(这里输入 101),输入 101 后继续按 ENTER 确认数字,输入后出现如图 7.45 所示画面。

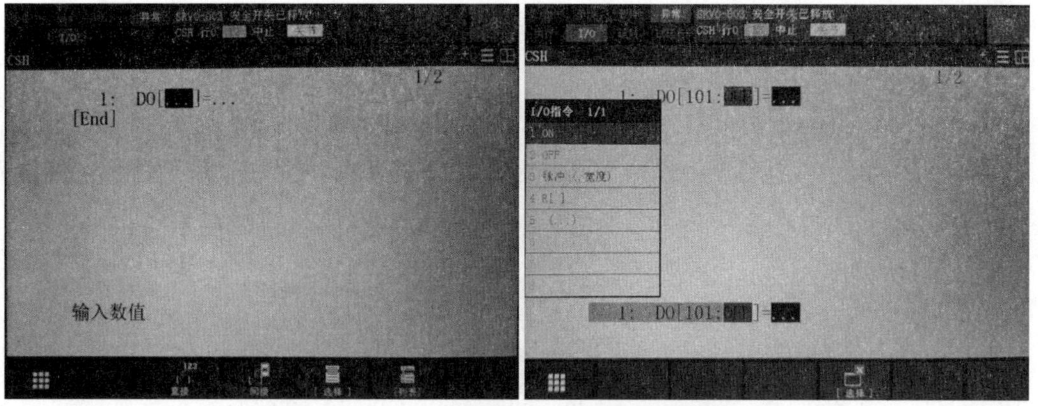

图 7.45 指令输入到程序段中的页面

可以选择运行程序后这个 DO101 信号会变成什么状态(图中所示括号里面的 OFF 为当前这个信号为 OFF 状态),将光标移动到 OFF 后,按确认键完成一段程序的编写,如图 7.46 所示。接下来的操作同上。

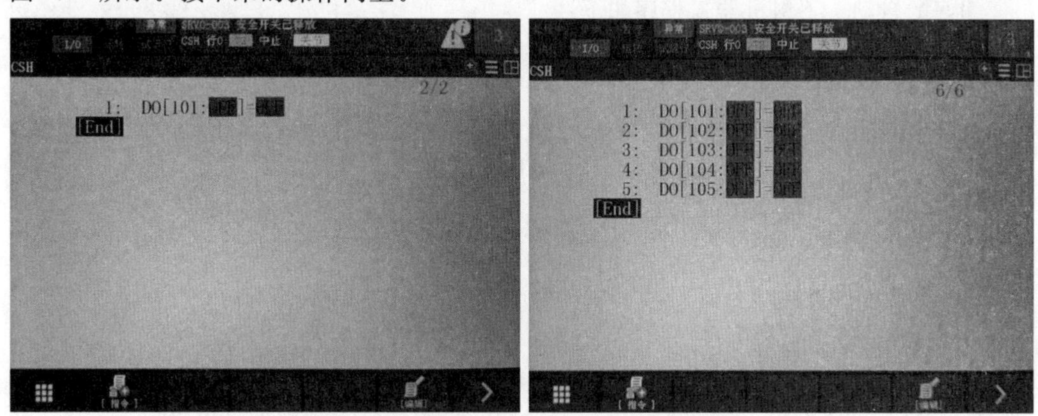

图 7.46 按确认键完成程序编写后的页面

输入完成后该程序就会保存到图 7.47 所示的程序中。

创建的初始化程序已经出现在列表当中,可以将光标移动到“CSH”,然后按【确定】键,即可进入到里面运行和修改程序等。

机器人程序的编写,不仅只有指令的编写,还可以插入一些动作进行运行,编写一些动作进行抓取和放置,如图 7.48 所示。

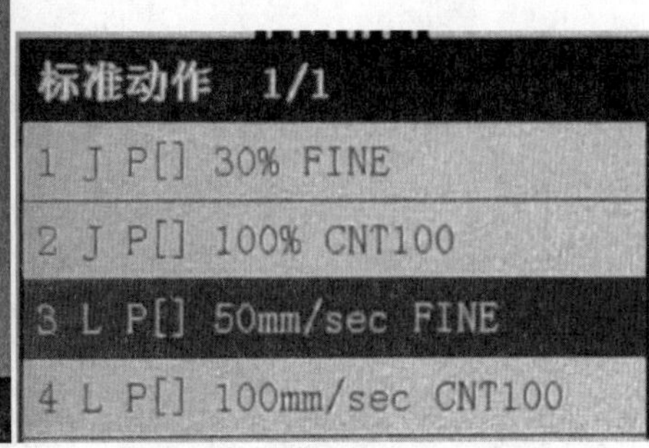

图 7.47　保存程序后的页面　　　　图 7.48　动作编写的页面

例如：记录好一块物料的位置，然后通过编写程序让机器人自动运行到所记录好的位置，不需要手动移动到物料位置，再通过一些指令控制机器人夹持物料和放置物料。

编好的自动上下料机器人程序如下：

```
主程序                                  注释：
/MN
  1:  CALL CSH ;                        调用初始化
  2:  WAIT      1.00(sec) ;             延时 1 s
  3:  DO[105] = ON ;                    机床启动开
  4:  WAIT      3.00(sec) ;             延时 3 s
  5:  DO[105] = OFF ;                   机床启动关
  6:  WAIT      1.00(sec) ;             延时 1 s
  7:  CALL SL0 ;                        调用第一件料上料程序
  8:  CALL CSH ;                        调用初始化程序
  9:  WAIT      1.00(sec) ;             延时 1 s
 10:  CALL XL0 ;                        调用第一件料下料程序
 11:  CALL CSH ;                        调用初始化程序
 12:  WAIT      1.00(sec) ;             延时 1 s
/POS
/END

初始化
/MN
  1:  DO[101] = OFF ;
  2:  DO[102] = OFF ;
```

```
  3:  DO[103] = OFF ;
  4:  DO[104] = OFF ;
  5:  DO[105] = OFF ;
/POS
/END
```

上料	注释:
/MN	
1: WAIT DI[121] = ON ;	等待门开信号
2:J PR[41] 30% FINE ;	料仓前过渡点
3: RO[3] = OFF ;	卡爪紧关
4: RO[2] = ON ;	卡爪松开
5: WAIT RI[1] = ON ;	等待卡爪松到位信号
6:L PR[1] 500mm/sec FINE ;	第一件料取料点 1
7:L PR[2] 200mm/sec FINE ;	第一件料取料点 2
8: RO[2] = OFF ;	卡爪松关
9: RO[3] = ON ;	卡爪紧开
10: WAIT RI[2] = ON ;	等待卡抓紧到位信号
11:L PR[3] 200mm/sec FINE ;	第一件料取料点 3
12:L PR[41] 500mm/sec FINE ;	料仓前过渡点
13:J PR[42] 30% FINE ;	机床前过渡点
14:L PR[31] 500mm/sec FINE ;	放料点 1
15:L PR[32] 200mm/sec FINE ;	放料点 2
16: RO[3] = OFF ;	卡爪紧关
17: RO[2] = ON ;	卡爪松开
18: WAIT RI[1] = ON ;	等待卡爪松到位信号
19: DO[103] = OFF ;	平口钳松关
20: DO[104] = ON ;	平口钳紧开
21: WAIT 3.00(sec) ;	延时 3 s
22:L PR[33] 50mm/sec FINE ;	放料点 3
23:L PR[31] 200mm/sec FINE ;	放料点 1
24:L PR[42] 500mm/sec FINE ;	机床前过渡点
25:J PR[41] 30% FINE ;	料仓前过渡点
26: DO[102] = ON ;	门关信号

```
  27:  WAIT       3.00(sec) ;                  延时 3 s
/POS
/END

下料                                            注释:
/MN
   1:  WAIT DI[124] = ON ;                      等待加工完成信号
   2:  WAIT DI[121] = ON ;                      等待门开到位信号
   3:J PR[42] 30% FINE  ;                       机床前过渡点
   4:L PR[31] 500mm/sec FINE   ;                放料点 1
   5:L PR[33] 200mm/sec FINE   ;                放料点 3
   6:  RO[2] = OFF ;                            卡爪松关
   7:  RO[3] = ON ;                             卡爪紧开
   8:  WAIT RI[2] = ON ;                        等待卡抓紧到位信号
   9:L PR[31] 200mm/sec FINE   ;                放料点 1
  10:L PR[42] 500mm/sec FINE   ;                机床前过渡点
  11:J PR[41] 30% FINE  ;                       料仓前过渡点
  12:L PR[6] 500mm/sec FINE   ;                 第一件料放料点 1
  13:L PR[7] 200mm/sec FINE   ;                 第一件料放料点 2
  14:  RO[3] = OFF ;                            卡爪紧关
  15:  RO[2] = ON ;                             卡爪松开
  16:  WAIT RI[1] = ON ;                        等待卡爪松到位信号
  17:L PR[6] 200mm/sec FINE   ;                 第一件料放料点 1
  18:L PR[41] 500mm/sec FINE   ;                料仓前过渡点
  19:L PR[11] 500mm/sec FINE   ;                第二件料取料点 1
/POS
/END
```

7.2.6 思考题

1. 机器人的定义是什么?
2. 机器人控制装置的组成有哪些?

实训任务 7.3　数控加工中心与机器人自动上下料联调

7.3.1　实训目标

(1) 熟悉掌握机器人运动轨迹示教。

(2) 熟练掌握数控加工中心与机器人自动上下料联调。

7.3.2　实训内容

根据 7.1.2 与 7.2.2 的实训内容要求，联合调试数控加工中心与机器人自动上下料程序。

7.3.3　实训工具、仪器和器材

工具、仪器和器材：FANUC 数控加工中心、FANUC 机器人。

7.3.4　实训指导

进行数控加工中心与机器人自动上下料联调，即建立机器人和机床之间的联系，则可实现自动加工。

首先，机器人、机床是通过机床里面的PMC梯图进行建立联系，则实现自动上下料的首要目的就是建立 PMC 运行程序。PMC 程序的具体编写参见“实训任务 7.1 自动上下料PMC程序编写与调试”。然后，通过机器人示教器对上下料和初始化程序进行编辑，参见“实训任务 7.2 自动上下料机器人程序编写与调试”。最后，机器人在机床侧完成一定的动作后，机床的功能需要在机床编辑一定的程序来实现，其机床程序为结合 PMC 运行程序所对应的 M 代码(如：夹具的松紧，自动门的闭合)，如图 7.23 所示。

7.3.5　实训步骤

进行完以上的编辑，机器人与机床的联调即完成建立，接下来只需对装夹料和机器人夹具进行示教：

(1) 操作示教器将机器人姿态调至工作状态，安装机器人手抓。

(2) 将工件放置机器人手爪上，强制机器人手爪夹紧 I/O 信号使机器人手爪夹紧工件。然后将工件移动至料仓中使其为基准面调整手爪夹料的空间姿态。

(3) 在示教器中点击 TEACH 功能区中的 DATA 键进入数值寄存器，在【类型】中选择位置寄存器，如图 7.49 所示。

(4) 对抓料点、放料点进行示教，图 7.50 为未示教点位的页面。

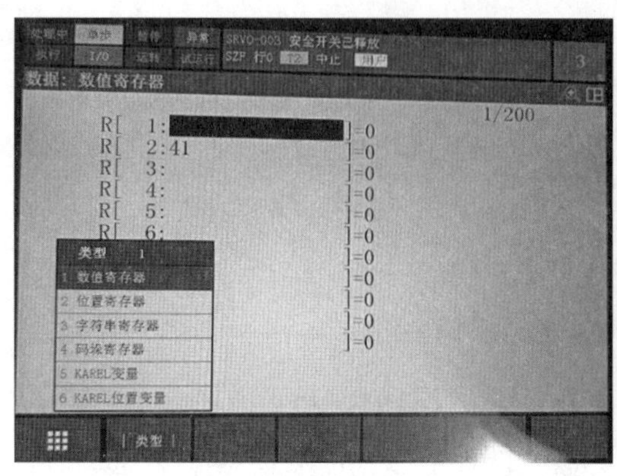

图 7.49 在【类型】中选择位置寄存器

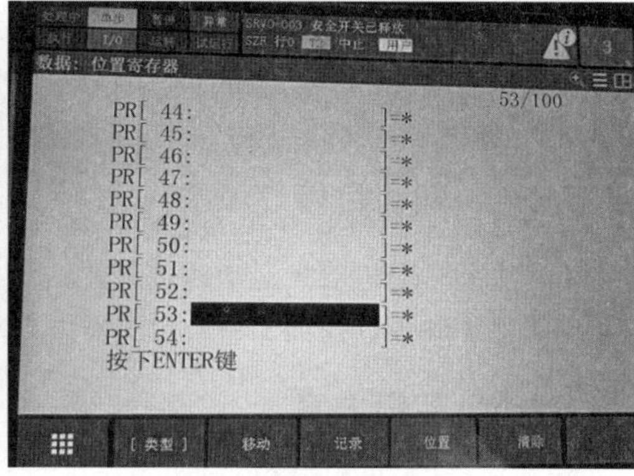

图 7.50 未示教点位的页面

当点位示教完毕后按住示教器【shift】键按记录选项，此时点位已记录完成，如图7.51所示。

点位记录完毕后，在所记录点位的后方会出现 R 表示该点位已被记录，此时点击【位置】选项会出现该点位的详细数据，如图 7.52 所示。

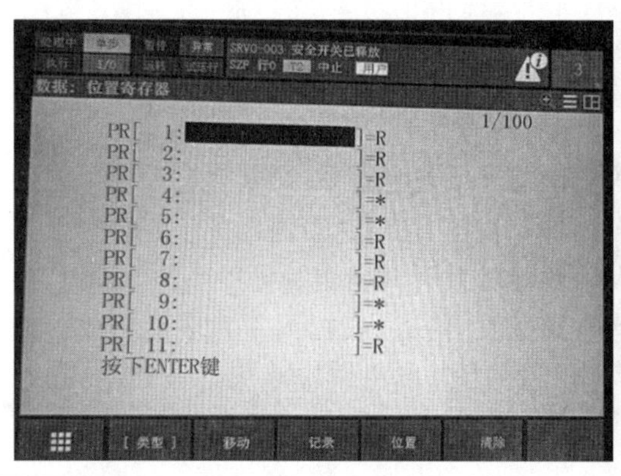

图 7.51 按【shift】键按记录点位

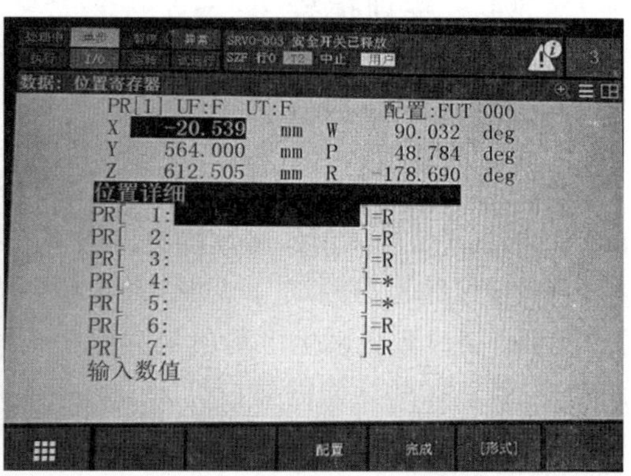

图 7.52 【位置】中的点位数据

在此可对点位数据进行修改，机器人示教已完毕。

结合上述联调说明在示教器程序中选取第一或其他料的上下料主程序进行单步测试。确认无误后，在机床处选取加工程序按循环启动，使其处于工作状态，接着示教器选取好加工料的主程序后禁用示教器(将示教器左上方的旋转按钮打至 OFF)，在机器人控制单元将手动切换为自动(AUTO)，按下启动按钮，机器人开始工作(注意：自动状态下需将单步模式取消，否则机器人将无法工作)。

7.3.6 思考题

数控加工中心与机器人自动上下料联调的含义是什么？

参 考 文 献

[1] 李海清. 数控机床装调与维修技术[M]. 北京:中国人民大学出版社, 2023.
[2] 朱强,赵宏立.数控机床故障诊断与维修[M]. 北京:人民邮电出版社, 2014.
[3] 孟凯,翟志永.典型数控机床电气连接与功能调试[M]. 北京:机械工业出版社, 2018.
[4] 杨仙. 数控机床[M]. 北京:机械工业出版社, 2016.
[5] 罗英俊,张军.FANUC 数控系统连接与调试实训[M]. 北京:机械工业出版社, 2023.
[6] 滕士雷.通用机电设备装调技术训练教程[M]. 北京:机械工业出版社, 2019.
[7] 何四平.数控机床装调与维修[M].2 版. 北京:机械工业出版社, 2024.